岩石结构面损伤规律与动力剪切特性

Damage Characteristics and Dynamic Shear Properties of Rock Discontinuities

孟凡震 王斐笠 修占国 王在泉 著

科学出版社

北京

内 容 简 介

本书主要论述岩石结构面损伤规律与动力剪切特性，全书共10章，围绕两个核心问题展开。第一，不同类型的岩石结构面剪切损伤规律及其与宏观力学性质的联系。主要包括：充填结构面剪切力学行为与损伤规律、基于声发射监测的结构面损伤特性与预估模型、粗糙花岗岩结构面的剪切特性和表面细观微损伤、锯切和劈裂花岗岩结构面剪切行为与岩壁损伤特征、花岗岩矿物粒径对粗糙结构面滑移特征和损伤特性的影响等。第二，动力荷载作用下岩石结构面的力学性质及其滑移特性分析。主要包括：高应力下花岗岩结构面剪切破坏的率效应、粗糙结构面的冲击剪切强度特性及其变形特征、低频扰动荷载下花岗岩结构面的活化滑移行为等内容。

本书可供岩土工程、地质工程、矿业工程和水利水电工程等行业从事岩体力学研究工作和现场工程实践的科研人员、技术人员和高校师生参考阅读。

图书在版编目(CIP)数据

岩石结构面损伤规律与动力剪切特性/孟凡震等著.—北京：科学出版社，2024.6

ISBN 978-7-03-077065-3

Ⅰ.①岩…　Ⅱ.①孟…　Ⅲ.①岩石结构-损伤(力学)-研究 ②岩石结构-抗剪强度-研究　Ⅳ.①P583

中国国家版本馆CIP数据核字(2023)第228048号

责任编辑：刘信力　杨　探／责任校对：杨聪敏
责任印制：赵　博／封面设计：无极书装

科学出版社 出版
北京东黄城根北街16号
邮政编码：100717
http://www.sciencep.com
涿州市般润文化传播有限公司印刷
科学出版社发行　各地新华书店经销
*
2024年6月第 一 版　开本：720×1000　1/16
2024年11月第二次印刷　印张：14
字数：278 000

定价：138.00元
(如有印装质量问题，我社负责调换)

前　言

当前我国国民经济持续快速发展带动了基础工程建设和资源开发以前所未有的速度蓬勃发展，出现了大量以“西电东输”“南水北调”“西部大开发”“川藏铁路”等为代表的具有国家重大战略背景的岩体工程。上述工程岩体内富含大量节理、裂隙、断层等不连续结构面。结构面的存在往往会削弱岩体的强度及稳定性，为滑坡、岩爆、地震等断裂滑移型地质灾害的发生提供了有利条件。岩体沿不连续面发生剪切滑移破坏是工程中常见的致灾形式，并成为制约岩体工程安全建设的瓶颈问题。另外，随着“向地球深部进军”这一国家战略的持续推进，深部资源的开采和深埋地下工程的建设快速发展，而深部岩体典型的“三高”赋存环境及“强扰动”的附加属性极易诱发结构面动力失稳破坏，为深部工程建设带来了巨大挑战。无论是滑坡、崩塌等静力破坏，还是地震、断层滑移和滑移型岩爆等动力失稳，其力学本质均为沿结构面的剪切滑移失稳破坏。所以，开展复杂应力地质条件下结构面剪切力学行为的研究具有重要的工程意义和科学价值。

结构面在复杂应力状态下发生剪切滑移，并产生细观剪切损伤和宏观剪切破坏，进而改变原始结构面的表面形貌特征及岩壁原有性质。结构面损伤特征的演变影响着工程岩体的宏观力学性质及整体破坏模式，甚至给岩体工程安全建设的合理评估带来更大的不确定性。结构面的剪切损伤程度与宏观剪切力学性质及剪切破坏特征存在内在的联系，深入探究结构面的剪切损伤演化规律对了解工程岩体的力学性质及潜在的破坏特征具有重要的指导意义。而深部地下工程施工过程中，除了复杂的赋存环境导致的静荷载外，不可避免地存在扰动荷载，如爆破扰动、机械扰动、地震扰动、岩爆扰动等，工程岩体所受荷载也由单一的静载，向动载或动静组合荷载演变，动载作用下结构面的剪切力学性质变得更加复杂，结构面的强度特性、变形规律、损伤演化特征、活化的影响因素和活化判据等科学问题亟须深入研究。

本书围绕两个核心问题展开。一是不同类型的岩石结构面剪切损伤规律及其与宏观力学性质的联系。首先，对于充填结构面而言，围绕充填物的种类、剪切历史及法向压力等因素对结构面的剪切力学性质及损伤规律进行了研究。其次，对于无充填结构面而言，针对结构面表面粗糙度、应力状态、结构面岩壁强度及岩石矿物粒径等因素，研究了结构面表面和岩壁的宏、细观损伤特征，建立了结构面剪切力学性质与结构面损伤之间的内在联系，揭示了结构面的破裂损伤机理等。

二是动力荷载作用下岩石结构面的力学性质及其滑移特性分析。针对深部岩体中遭受的不同扰动荷载，首先，进行了低加载速率范围内不同剪切速率条件下结构面的剪切力学特性与损伤特征分析；其次，针对工程中面临的强扰动荷载，开展冲击荷载作用下结构面的剪切强度和变形特性的研究；最后，考虑静应力和扰动荷载耦合作用，分析了低频扰动荷载下花岗岩结构面的活化滑移行为。研究成果对于富含结构面的岩体工程稳定性分析及动力灾害的机制解释、监测预警和防灾减灾具有重要意义。

本书的研究内容得到国家自然科学基金 (51609121，51879135，42272334，52309130)、山东省自然科学基金 (ZR2016EEQ22，ZR2022QD004，ZR2023QE074)、山东省重点研发计划 (2019RKB01083)、山东省“泰山学者”计划、山东省高等学校青年创新团队发展计划 (2019KJGO02)、“香江学者”计划等项目的大力支持。另外，课题研究过程中得到了香港大学地球科学系 Louis Wong 教授，中国科学院武汉岩土力学研究所周辉研究员、张传庆研究员，多伦多大学夏开文教授和东北大学王述红教授等专家的热心指导和帮助，在此深表感谢！本书得到青岛理工大学学术著作出版基金资助，特此感谢！

本书可供岩土工程、地质工程、矿业工程和水利水电工程等行业从事岩体力学研究工作和现场工程实践的科研人员、技术人员和高校师生参考阅读。书中凡有不妥之处，希望得到读者的批评指正。

作 者

2023 年 7 月

目　录

第 1 章　绪　　论

1.1　引　　言

为了适应我国国民经济快速发展的需要，“西电东输”“南水北调”“西部大开发”等国家战略相继实施，带动了基础工程建设和资源开发快速蓬勃发展，出现了众多规模宏大的岩体工程。在水利水电工程领域，我国有 20 多个世界级的大型水利水电工程正在或即将兴建，这些工程大多位于西部地区且地形和地质条件极端复杂的高山峡谷地段，形成了大量的高陡岩质边坡和大尺度深埋水工隧洞，如锦屏一级水电站边坡总开挖高度达 470 m，锦屏二级水电站包括 7 条单洞长约 17 km，最大埋深超过 2500 m 的隧洞 [1]。据统计，在采矿工程领域，我国矿井开采深度平均每年以 8～10 m 的速度递增，每年需掘进数十万米的巷道 [2]。在交通工程领域，早在 2015 年底全国高速公路通车总里程就已经达 12.3 万km，居世界第一 [3]；高铁营业里程超过 1.9 万km，居世界第一。受复杂地形影响，公路或铁路在修建过程中往往需要穿山凿洞、切削边坡，修建大量隧道和边坡工程。可见，岩体工程涉及领域范围广阔、建设规模宏大且赋存环境复杂，给施工带来前所未有的难度。

岩体是在各种复杂地质作用及漫长地质演化过程中形成的复杂结构，具有明显的不连续特征，岩质边坡和地下隧道的围岩中往往分布有数量众多、规模各异的层理、断层等软弱结构面。岩体结构面的存在极易引发严重的工程地质灾害，例如，坝基渗透、滑坡、山体崩塌、隧洞围岩失稳破坏及结构面型岩爆等。对于岩体结构面，一方面，空隙内部常被软泥、黏土、沙砾、岩石碎屑物等填充，形成充填结构面，其力学特性受软弱夹层的控制 [4]。充填结构面的力学特性与无充填时具有显著差异，其中最大特点表现为剪切强度低、剪切刚度小、变形能力强、渗透性高等。另一方面，深部岩体结构面处于相对干净的闭合状态，结构面之间不含充填物，其剪切力学特性和剪切损伤特征很大程度上由结构面粗糙度控制。对于深部地下洞室 (巷道、隧道、引水隧洞等) 而言，含结构面的岩体在满足一定的岩性条件和应力条件时，结构面的突然错动滑移会诱发结构面型岩爆，造成小规模地震等工程灾害。例如，2009 年 11 月 28 日，锦屏二级电站施工排水洞突发极强型结构面岩爆，事故造成 7 死 1 伤和近亿元的隧道盾构机 (TBM) 被毁，微震监测到该事件的里氏震级为 2 级 [1]，本次极强结构面型岩爆是由一条长约 7 m、倾角 40°～50° 的硬性结构面滑移错动引起的 (如图 1.1 所示)。由上述工程案例可知，岩体结构面广泛存在于国家重大工程建设中，并严重制约着工程的建设，威胁着人们的生命安全。无论是小尺度上的矿震、岩爆等形式，还是大尺度上的地震、岩坡断层滑移等形式，其致灾的力学本质都是岩体剪切滑移失稳破坏。

图 1.1　2009 年 11 月 28 日锦屏二级电站施工排水洞极强岩爆形成的 "V" 形破坏区及其暴露的硬性结构面 [1,5]

另外，深部岩体典型的 "三高" 赋存环境和附加 "扰动" 属性为深部工程建设同样带来了巨大挑战。在交通工程领域，铁路工程沿线活跃断层的滑移、大埋深隧道建设中的开挖爆破以及可能发生的地震和冲击地压等都会对岩体工程中广泛存在的结构面造成扰动作用。在水利水电工程中，水电站建设过程中的爆破开挖以及水电站引水隧道开挖过程中发生的岩爆也会对结构面造成扰动。在采矿工程领域，采掘活动诱发产生的岩爆、冲击地压、顶板垮落和矿震等扰动影响着周围岩体的力学性质。另外，地震作为分布广泛、危害性大的地质灾害，在强震发生时对已有地下隧道和厂房等同样产生强烈扰动作用。地质工程中常见的扰动作用示意图如图 1.2 所示。随着类似扰动行为的增多，越来越多的结构面处于扰动环境中，并影响其剪切力学特性。

可见，岩体结构面不仅在静力荷载作用下导致剪切损伤破坏、诱发岩体工程灾害，在动力与静力荷载耦合作用下的损伤破坏同样威胁着岩体工程的稳定性及施工的安全性。结构面的剪切力学性质受表面粗糙度、充填情况、剪切历史及应力状态等众多因素的影响。上述因素不仅控制着结构面的剪切力学性质，还影响着结构面的滑移特征及结构面表面起伏体的损伤状态。因此，一方面，研究岩体结构面在复杂地质环境和应力条件下的力学特性，阐明不同地质因素和应力水平对岩体结构面力学特性的影响，对揭示由结构面控制的岩体工程灾害的孕育诱发机理，对岩体工程灾害的预警预报及防治，以及保障施工人员的生命安全，具有重要的理论意义和工程意义。另一方面，岩体结构面的损伤状态在一定程度上与其表面的损伤情况密切相关。量化分析结构面在剪切过程中和剪切后的宏细观损伤情况，确定结构面的主要损伤区域，建立结构面损伤与力学性质的对应关系，对全面揭示结构面的剪切力学机制及损伤演化过程具有重要的指导意义。

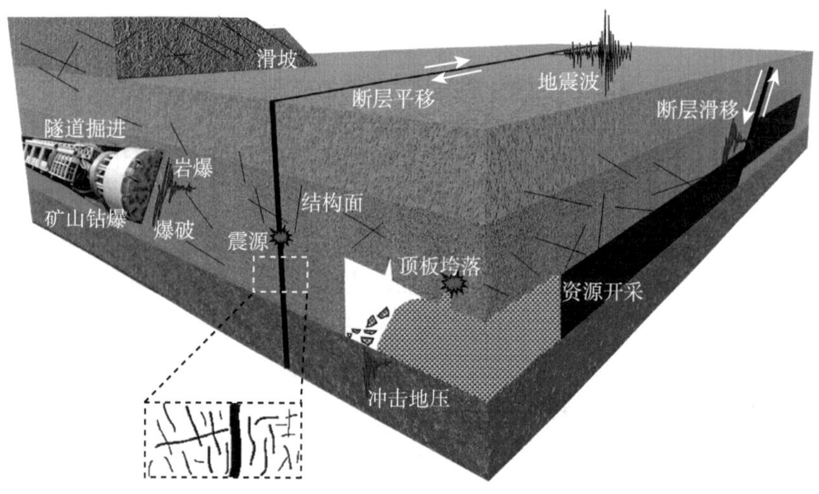

图 1.2 地质工程中常见的扰动作用示意图

1.2 充填结构面剪切力学特性研究进展

由于天然结构面受风化、溶蚀和水流冲刷等作用影响，其内部往往含有各类充填物 (如图 1.3 所示)，由于充填物的存在，充填结构面较无充填结构面的力学性质发生了显著变化。充填结构面的力学行为和剪切强度除了受法向压力、剪切速率、岩壁强度和结构面表面起伏特征影响外，还受充填物种类、成分、厚度、物理状态 (含水率、颗粒粒径) 等众多参数影响。结构面的充填物质主要包括黏土质、砂质、角砾、钙质、石膏质和含水蚀变物等 [6]，充填结构面的力学性质更加复杂，但由于其具有较低的剪切强度，岩体结构更易沿着充填弱面发生剪切破坏。因此，对充填结构面力学性质、抗剪强度的研究尤为重要，而研究人员对充填结构面的研究远不及无充填结构面深入。目前，对于充填结构面剪切力学性质及其损伤特征的研究主要集中在实验室剪切试验方面。

(a) 碎石颗粒充填物

(b) 结构面风化物充填物

(c) 泥质充填物[7]

图 1.3　工程岩体充填结构面的现场赋存形式

在充填物厚度对结构面剪切力学特性的影响研究方面，Goodman[8] 在人造锯齿结构面上放入不同厚度的碎云母充填物进行剪切试验，较详细地说明了充填度的力学效应。Xu 和 Freitas[9] 发现充填厚度达到临界值前，充填结构面峰值强度对应的剪切位移随充填厚度的增加而增加，之后，在发生较小剪切位移时充填结构面即可达到峰值强度。Papaliangas 等 [10] 通过对充填粉煤灰的类岩石结构面开展直剪试验，发现充填厚度较薄时，较小的剪切位移可达到峰值强度，并且峰值强度曲线中存在明显的峰值点。中等充填厚度时峰值强度变得不明显，且经过很大的剪切位移才能达到。Xu 等 [11] 通过现场原位试验分析了石灰岩泥质充填结构面的剪切力学性质，并认为当充填厚度大于粗糙度幅值时，不连续面的抗剪强度受充填体强度支配，且充填物的黏聚力不可忽略。Wu 等 [7] 根据软弱夹层充填条件的不同，发现了两种不同的充填结构面剪切破坏模式：充填厚度较厚时，弱夹层内发生剪切破坏 (如图 1.4(a) 所示)；充填厚度较薄时，出现凹凸体咬合破坏与弱夹层剪切破坏的耦合效应 (如图 1.4(b) 所示)。Luo 等 [12] 采用直剪仪对不同充填厚度的弱夹层岩石结构面进行了多级正应力下的抗剪强度试验。发现软弱夹层结构面的峰值抗剪强度随着充填厚度的增加先减小后趋于稳定。随着弱夹层充填厚度由小到大，锯齿状结构面从剪胀模式转化为剪缩模式。郭志 [13] 以黏土作为充填物，研究了结构面夹泥层厚度的力学效应，发现当夹泥层厚度 h 大于或等于结构面的起伏差 H 时，抗剪强度值完全由夹泥本身的力学作用控制；当 $h < H$ 时，摩擦系数随夹泥层厚度增大而减小。Tian 等 [14] 和 She 等 [15] 建立了剪切强度模型来预测水泥充填结构面的剪切强度，并对不同的充填厚度进行了讨论，建立了分段函数表达式。

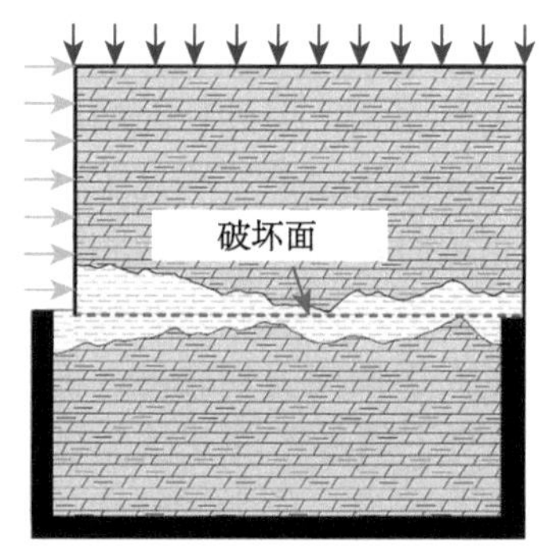

(a) 弱夹层内发生剪切破坏

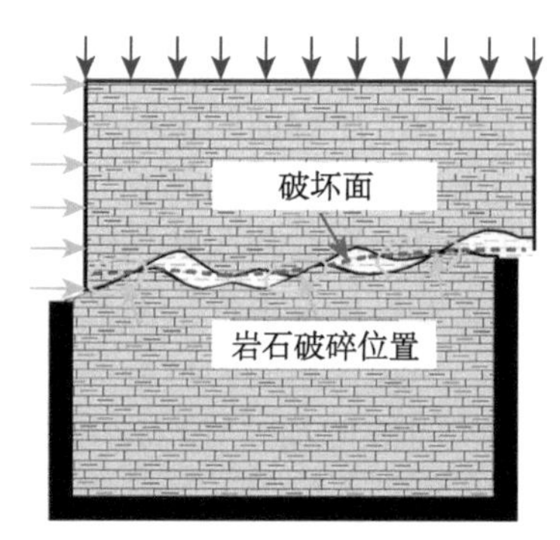

(b) 夹层与岩石凹凸体咬合、耦合破坏

图 1.4 充填结构面的剪切破坏模式 [7]

在充填物类型对结构面剪切力学特性的影响研究方面，Ladanyi 和 Archambault[16] 在混凝土制作的规则锯齿状结构面之间填充高岭黏土和砂质粉土，研究了不同充填厚度对结构面强度的影响，认为起伏体越陡峭、充填厚度越小，充填结构面的剪切强度越高。Ehrle[17] 利用环氧树脂和固化剂的混合物模拟岩石，用砂子、高岭土、重晶石和石膏作为充填材料，发现充填材料降低了结构面的内摩擦角，但增加了结构面的黏聚力。Zhao 等 [18] 将结构面二维粗糙剖面线复制到类岩石材料上，对砂和黏土充填岩体结构面进行直剪试验，发现在相同正应力条件下，无填充结构面的抗剪强度最大，砂填充结构面次之，黏土填充结构面最小。李鹏和刘建 [19] 采用配制的膨润土、砂岩岩屑型充填物，研究了砂岩结构面的剪切蠕变特性，发现在相同的应力下砂岩结构面蠕变变形随充填物含水率的增加而增加，蠕变速率显著加快。许江等 [20−22] 开展了充填物的性质对结构面剪切特性的影响分析，发现充填结构面的峰值剪切应力和法向位移从充填石膏、岩屑到黄泥依次递减。无充填结构面剪切后表面发生明显磨损，充填结构面的磨损情况与充填物的性质密切相关，含不同充填物结构面的剪切破坏模式如图 1.5 所示。Zhao 等 [23] 在结构面内部放置不同含水率的黏粒充填体，进行一系列直剪试验，发现充填体含水量对粗糙岩体结构面抗剪强度的影响与充填体厚度的影响一样显著。

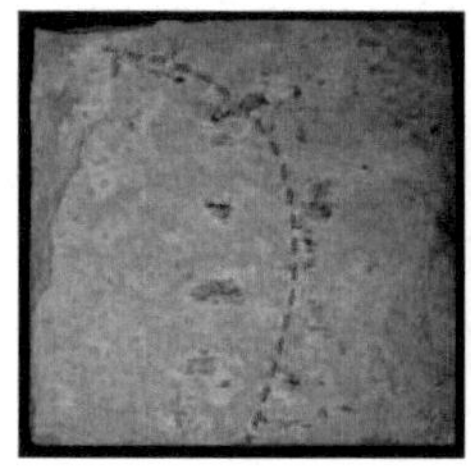

(a) 无充填

(b) 充填石膏

(c) 充填岩屑

(d) 充填黄泥

图 1.5 不同充填物结构面剪切试验后的表面破损形貌图

在结构面粗糙度对充填结构面剪切力学特性的影响研究方面，Kutter 等 [24] 发现黏土充填的结构面强度随结构面粗糙程度增大而变大，但砂粒充填的结构面强度受结构面粗糙程度的影响较小。Jahanian 和 Sadoghiati[25] 研究了两种不同起伏角度的锯齿形结构面被不同厚度的砂质黏土充填时，其正向剪切和逆向剪切的强度存在差异，发现低法向应力时充填物起更大作用，而高应力时起伏体发挥更大作用；小起伏角度的结构面正向剪切时的强度大于反向剪切强度，而大起伏角度的结构面则相反。Mirzaghorbanali 等 [26] 研究了两种不同起伏角度的锯齿形结构面充填有不同厚度的黏质砂土在循环剪切荷载作用下的力学特性。范文臣等 [27] 采用云母片作为充填材料，研究了不同压剪比作用下结构面倾角对类岩石材料充填结构面破坏模式的影响。魏继红等 [28] 采用钢制模具和混凝土材料预制不同起伏角度的结构面，研究了重复剪切作用下充填物对结构面变形和强度的影响。发现充填物的存在基本不会改变结构面的剪切破坏方式，但会使剪切过程中结构面的爬坡效应增强，使结构面被剪断或磨损的作用减弱，峰值法向位移增大。

在充填结构面的数值模拟研究方面，Saadat 和 Taheri[29] 提出了一个新的黏性本构模型，并将其应用于离散元法 (DEM) 模拟中，对充填岩体结构面的破坏机理进行了数值分析。Shrivastava 和 Rao[30] 等对不同粗糙度的充填岩石结构面进行了模拟试验研究，试验结果表明，恒法向荷载和恒法向刚度条件下，抗剪强度均随充填比的增大而减小，但恒法向荷载条件下抗剪强度的减小幅度大于恒法向刚度条件下。徐磊和任青文 [31] 应用数值直剪试验研究了充填度与充填结构面抗剪强度之间的关系。Wang 等 [32] 利用 FLAC-3D 有限差分软件对充填结构面进行了恒法向刚度条件下的直剪试验，发现充填结构面的抗剪强度随着起伏角的增大和充填比的减小而增大；数值分析方法也能够量化多因素 (初始正应力和填充比) 对填充结构面剪切特性的影响。Cheng 等 [33] 使用离散元程序 PFC-2D 模拟变粗糙度和砂体充填厚度下岩石结构面的剪切行为，发现峰值抗剪强度随厚度比的减小呈双曲函数关系，同时测量了剪切过程中结构面的渗透率演化，发现填充结构面的渗透率随厚度比和粗糙度 (JRC) 的增大而增大。

由上述研究可知，研究者大多采用砂浆、石膏等类岩石材料制作的锯齿形结构面而非具有天然形貌的粗糙结构面作为研究对象，虽然锯齿形结构面制作简单方便且可以保证每次试验结构面形貌特征的一致性，但由于天然结构面三维形貌特征更加复杂，充填结构面的剪切破坏机理往往受其三维形貌特征的影响；研究所采用的充填物主要集中在黏土质 (砂质黏土、高岭土、石膏、不同含水率的湿土) 充填物上，对于角砾、岩石碎屑等颗粒状充填物缺乏相关研究。并且，前述的研究中，对于充填结构面的损伤分析大多局限于剪切试验后结构面上下盘之间的摩擦破坏，缺少剪切过程充填结构面的损伤量化分析。对于充填结构面受不同剪切变形历史影响时的力学行为和损伤特征较少有研究涉及。虽然采用数值模拟手段能够解决剪切过程中结构面损伤的实时观测难题，但是数值模型参数的标定存在主观性，无法精确地表征岩石材料的物理力学性质。

1.3 岩石结构面损伤演化规律研究进展

岩体作为天然地质体，其典型特征是不连续性，内部含有大量断层、节理和其他软弱结构面。结构面的存在能够显著影响岩体的力学行为，并在岩体的抗剪强度和岩石渗透性等性质上产生明显的各向异性。沿软弱结构面的剪切破坏是岩体工程的主要破坏模式之一，众多重大工程灾害问题是由沿地基、水坝、隧道和斜坡等内部的不连续面滑移引起的。因此，了解结构面在剪切荷载作用下的剪切摩擦特性和损伤演化特征极其重要。结构面粗糙度是影响其相应剪切性能的重要因素之一 (不仅影响结构面的峰值抗剪强度，还影响其峰后的摩擦行为)。大量实验室和数值研究 [34−45] 表明，高应力下剪切时引起的结构面磨损和微凸体断裂会导致结构面表面的粗糙度降低。

目前，主要有 5 种方法用于研究岩石结构面粗糙度劣化程度，如表 1.1 所示。其中，直接观察和照片分析可归纳为拍照分析法。

表 1.1 目前结构面起伏体劣化研究中常用的方法

编号	方法	优点	缺点	举例
1	直接观察法	简单直观	只能进行粗略的定性分析，如果受损区域与未受损区域的色差非常小，则无法使用	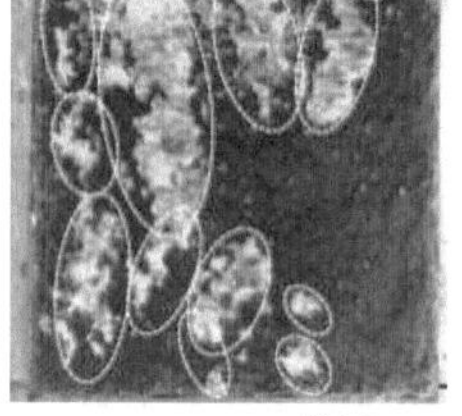 Indraratna 等[41]
2	照片分析	可准确、定量地测量损伤面积	仅能测量损伤区域，不能评估微凸体高度的退化，破损区与未破损区色差很小时，其效果较差，只有剪切试验后才能进行测量	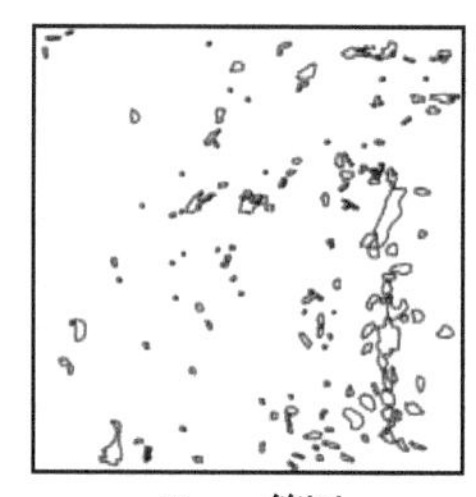 Hong 等[43]

续表

编号	方法	优点	缺点	举例
3	激光扫描形貌	该方法可以准确、定量地测量起伏体高度、倾角等参数	只能得到表面粗糙度的几何参数，剪切试验后才能进行测试，剪切过程中不能实时获得微凸体的损伤情况	Indraratna 等[41]
4	数值模拟	该方法可以实现裂纹萌生、扩展、连通、局部化和全破坏过程的可视化，能够区分剪切断裂或拉伸断裂	通过分析剪切过程中任意时刻的声发射事件率和能量率，可以定位损伤和断裂，确定损伤程度，但材料参数难以确定，很难合理反映真实的岩石材料	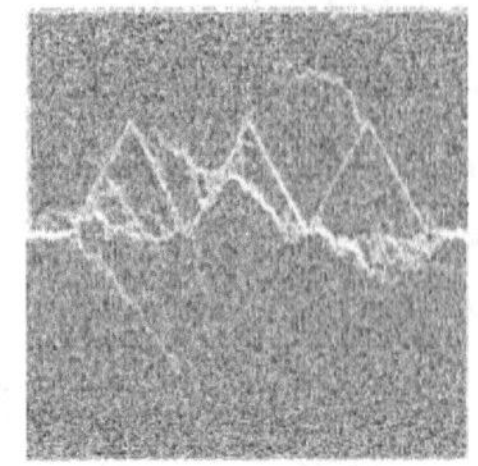 Asadi 等[40]
5	声发射源定位	通过分析剪切过程中任意时刻的声发射事件率和能量率，可以定位损伤和断裂，确定损伤程度，可区分剪切断裂或拉伸断裂	有时事件的定位精度低于上述方法，难以将剪切过程中的全部事件进行精确定位	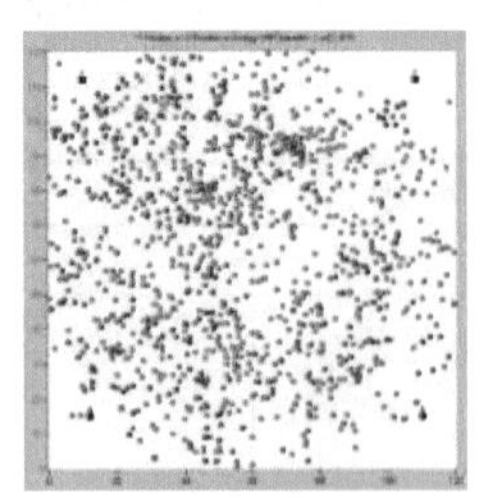 Moradian 等[46]

1.3.1　拍照与结构面形貌扫描法

在分析结构面表面损伤程度时，最简单的方法是直接观察剪切破坏后的结构面，破坏带可以通过不同的颜色和表面上的粉末及小碎块区别于未损坏的表面。然而，这种方法只能对结构面表面的损伤进行粗略的评估。为了提高评估精度，研究人员还使用图像分析方法，借助高分辨率的数码相机拍摄剪切后的表面图像，如果损伤表面的颜色与未损伤区域不同，则可区分出损伤区域和未损伤区域，还可以进一步计算出损伤区的长度、宽度和面积 [43]。但对于某些类型的岩石，结构面表面损伤与未损伤的微凸体颜色差异较小 (例如，花岗岩、白色大理岩等)，低法向应力下粗糙度劣化引起的颜色变化并不明显。因此，很难采用这种方法确定结构面的损伤范围。随着高精度测量技术的成熟，三维激光扫描或拍照扫描技术已经被广泛应用于结构面粗糙度表征 [44,47−52]，该方法可以准确、定量地测量起伏体高度、倾角等参数。通过对比剪切前后表面起伏高度、角度等参数的变化，定量分析表面粗糙度的劣化程度。但是，该方法与上述其他方法一样，只能对剪切之后的试样进行测试，无法实时获得结构面的损伤情况。

在具体的研究方面，Patton[53] 基于模型试验较早发现了起伏体在低应力下的爬坡磨损破坏和高应力下的剪断破坏两种模式。Asadi 等 [45] 发现随着起伏体高度和压力的增大，结构面破坏逐渐从摩擦滑移到剪断破坏和拉伸破裂转换。Indraratna 等 [41] 提出了一种根据起伏体高度劣化特征表征表面损伤程度的新方法，发现起伏体损伤和断层泥的累积随着法向压力和粗糙度增大而增大。Jiang 等 [51,52] 采用三维雕刻技术制作了形貌一致的岩石结构面，利用三维扫描仪定量分析了剪切前后结构面形貌参数的变化 (具体量化过程如图 1.6 所示)，并且对天然结构面和光滑结构面试件进行不同剪切方向和正应力下的剪切试验，发现由于起伏体的磨损损伤，剪切强度的各向异性随着正应力的增大而逐渐减弱，天然结构面的损伤体积随着正应力的增大而逐渐增大，但在不同剪切方向上损伤体积的大小有所不同。Wan 等 [54] 通过常荷载下的直剪试验，发现起伏体倾角增大往往会导致损伤面积增加。Zhao 等 [55] 采用三维激光扫描仪和激光衍射粒度分析仪对剪切引起的起伏体体积损失和剪切后碎片的尺寸分布进行了研究。Liu 等 [56] 发现常法向刚度条件下结构面表面损伤比常法向荷载条件下更明显，随着结构面临界倾角的增大，法向位移和剪断的起伏体质量增大。Kou 等 [57] 对不同起伏角度的岩石结构面分别进行峰前剪切循环试验和静态恒法向荷载试验，发现静态荷载下主要发生爬升破坏、爬升-咬啮混合破坏和咬啮破坏，剪切循环次数较少时，起伏体发生磨损破坏。Ma 等 [58] 发现在剪切过程中，潜在破坏区域主要受结构面倾角的影响，潜在破坏程度主要受结构面高度的影响，剪切荷载主要作用于高度较大的凸起处。Zhang 等 [59] 对 6 组具有规则剖面的人工岩石结构面进行了直剪试验，发现除法向应力外，锯齿的幅值和倾角对破坏模式有重要影响。Chen 等 [60] 通过对柱状裂隙砂岩样品进行剪切渗流试验，结合三维扫描测量，表征剪切引起的裂缝几何形状和渗透率变化，并提出了一种简化的建模算法，定量表征了剪切过程中起伏体损伤和断层泥积聚。Yuan 等 [61] 基于三维扫描技术，计算了损伤面积和损伤体积，获得微凸体高度、倾角等统计参数，用于量化微凸体在剪切过程中的损伤。

直接观察法、拍照分析法以及结构面扫描测量被广泛地应用于结构面的定性和定量化表征研究，但以上三种方法只能在完成剪切试验后使用，或者剪切过程中随时停止试验再进行损伤的表征。对于连续的剪切过程，上述方法无法直接获得结构面粗糙体损伤的实时信息。

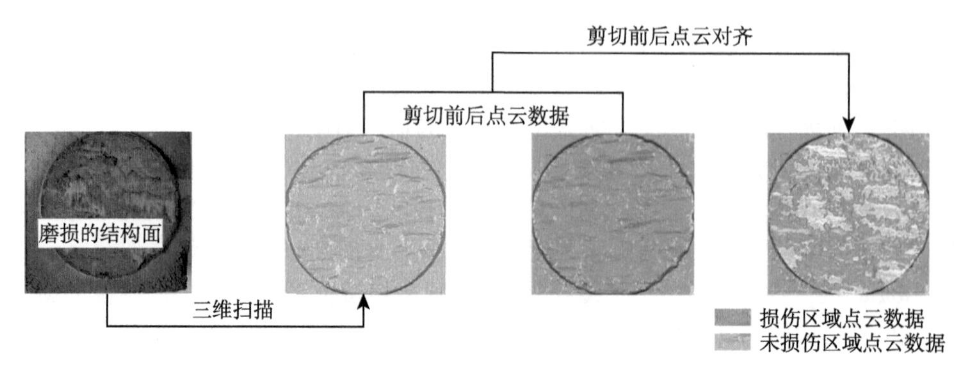

图 1.6　基于三维扫描仪定量分析剪切前后结构面损伤过程

1.3.2　数值模拟与模型解析法

随着计算机技术的快速发展，大量数值分析软件被应用到岩石材料的力学计算中，其中，以 PFC-2D/3D、FLAC-3D 等数值方法为代表的典型数值分析软件被用来研究岩石结构面的破坏机理 [38−40,45,62−68]。具体地，Saadat 等 [65−67] 采用 PFC-2D 研究了不同法向应力和粗糙度条件下岩石结构面的剪切行为，给出了常法向刚度和法向荷载两种不同条件下结构面的破坏差异性。Xu 等 [68] 采用 PFC-2D 离散元方法进行细观数值模拟，模拟了考虑剪切循环次数的锯齿状和波浪状岩石结构面细观疲劳损伤演化过程。利用这些技术，可以获得不同结构面的宏观抗剪强度；在整个剪切过程中，微裂纹的萌生和扩展过程清晰可见，并且可以确定剪切裂纹和拉伸裂纹的比例。郭玮钰等 [69] 利用颗粒流程序 PFC-2D 建立了结构面直剪模型，进行不同倾角和不同粗糙度下结构面的直剪试验数值模拟，研究发现，对于较小倾角锯齿结构面或在低法向应力作用下，剪切机理为沿结构面发生滑动；而对于较大倾角锯齿结构面或在高法向应力作用下，拉伸裂纹沿着结构面凸体向内部扩展，导致结构面剪切破碎。蒋宇静等 [70] 利用 FLAC-3D 数值分析软件，对剪切过程中结构面接触和受力的分布及其演化规律进行了研究。研究表明，不同剪切位移阶段的结构面接触面积比下降速率不同，弹性阶段下降最快，软化阶段次之，残余阶段下降最慢。马成荣等 [71] 建立了岩样颗粒流模型，发现剪切过程中试样下半部颗粒单元的运移程度随着法向应力的增加而减小，且颗粒移动的数量沿着加载方向逐渐减小，颗粒位移比较大的地方容易产生裂纹损伤。赵科 [72] 采用 PFC 软件建立了含真实煤体结构面的数值模型并模拟了不同粗糙度结构面的剪切破坏过程。模拟结果表明，在低法向应力作用下，裂纹主要产生在层理结构面上较大凸起体的表面，且以拉裂纹为主；随着法向应力的增大，凸起体内部裂纹逐渐增多并连接贯通，形成明显的剪切裂隙带；随着煤体层理结构面粗糙度的增大，结构面会产生较大的剪胀变形，且沿凸起体根部会产生向试样内部延伸的宏观拉裂隙。杨志东等 [73] 基于颗粒流程序 PFC-2D，采用同一套细观参数对 JRC 的精准取值及结构面直剪细观过程进行了研究，并认为结构面剪切数值模拟可再现其剪切破坏过程，可为剪切破坏机理分析提供数值试验数据。

同时，部分学者通过提出经验模型或解析公式来研究结构面损伤规律。Liu 等 [74] 通过三维形态扫描试验和直剪试验建立新的峰值剪切强度准则，发现损伤区位于面向剪切方向的最陡区域，当法向应力增加时，它从最陡的区域向坡度较小的区域延伸。Gui 等 [75] 提出了一种岩石结构面剪切特性的经验模型，该模型考虑结构面的形貌特征及法向应力对基本摩擦角的影响，与修正后的 Barton 模型吻合度较高。Li 等 [76] 考虑二阶起伏体的剪胀和退化，提出了一种预测粗糙岩石结构面在常法向刚度条件下剪切特性的解析公式。Ghazvinian[77] 通过建立剪切过程中的剪胀模型经验公式来预测结构面剪切过程中起伏体的损伤情况，并基于建立的剪胀模型经验公式推导了新的剪切强度模型。Li 等 [78] 针对不同岩壁强度的结构面剪切试验结果，定义了等效面壁强度计算方法，基于拟合关系给出了峰值剪胀角与等效面壁强度的理论关系，并建立了不同面壁强度下的剪切强度准则。近来人们不仅考虑了岩体结构面的静态稳定性，而且由于地震、岩爆和爆炸等动荷载引起的问题逐渐增多，也亟须评估岩石结构面的动态稳定性 [79−84]。此外，岩石结构面的循环剪切和动力剪切行为对于理解高频加载下岩体结构面的破坏变得更加重要，不同研究者提出了在循环剪切作用下的不同粗糙度损伤模型 [34,35,85,86]。Lee 等 [79] 对大理岩结构面和花岗岩结构面进行了循环剪切试验，认为结构面的退化机理和抗剪性能主要是由二阶微凸体和岩石材料强度的影响所致；在循环剪切荷载作用下，微凸体的退化服从指数退化规律。Jafari 等 [87] 发现，在循环剪切位移过程中，根据施加的循环位移和正应力，一阶和二阶起伏体都会发生退化。Sainoki 和 Mitri[80−82] 对采矿引起的断层滑动进行了动态建模，发现断层表面粗糙体剪切引起的应力降的大小是决定断层滑动引起的近场地面运动强度的关键因素。Li 等 [84] 提出一种预测循环荷载作用下岩石结构面剪切行为的本构模型，利用结构面剖面线的定量描述来评价岩石结构面的剪切行为。

基于数值模拟的方法可以实时获取剪切过程中结构面的实时损伤状态，但是，数值模拟软件中微观组分的性质通常不为人知，需要进行烦琐的微观参数校准过程，以确保模型的宏观结果与实验室测试结果相一致。经验公式和理论方法预测结构面的剪切，虽然可以预测任意时刻下的量化损伤结果，但是该结果大多是由经验公式或者拟合结果获得的，其适用条件和计算结果具有一定的局限性。另一方面，相应的损伤量化结果仅为数值上的差别，无法实时反馈结构面真实的损伤情况。

1.3.3 声发射实时监测法

当岩石发生脆性断裂时，会产生弹性波 (即声发射现象，acoustic emission, AE)，可用于定位断裂事件和分析破裂强度。根据 Li 等 [49] 的研究，结构面上的损伤区域对应面向剪切方向的最陡凸起，声发射事件的分布与结构面表面实际损伤的分布一致。因此，声发射监测是一种良好的损伤监测方法，可以确定剪切过程中任何时刻的结构面微凸体损伤 [46,88]。根据起伏体的强度和法向应力的大小，在剪切过程中可能会发生起伏体的爬坡、磨损、剪断和压碎，并产生 AE 信号。每个 AE 信号对应一个损伤或微裂纹，通过对撞击、能量、事件和幅值关系等 AE 参数的分析，可以实时确定损伤的程度和位置。许多研究人员 [37,43,46,83,88−92] 将声发射监测技术用于监测结构面的剪切破坏中。Moradian 等 [46,88] 研究了黏结和非黏结结构面 (混凝土-混凝土、混凝土-岩石和岩石-岩石表面) 的声发射特性，发现 AE 源位置在峰值剪切强度之前是分散的，并且在峰值强度之后局部化，代表性的声发射监测结果如图 1.7 所示。Meng 等 [83] 使用人工齿状结构面研究了在直剪试验过程中起伏体高度和剪切速率对声发射参数的影响。Wang 等 [91] 研究了结构面粗糙度和吻合度对结构面 AE 特性的影响。试验结果表明，能量率和 AE 事件随着吻合度的增加而增加。Meng 等 [83,92,93] 系统地研究了岩石类型、充填物、剪切历史和法向应力对岩石结构面剪切行为和声发射特征的影响，重点研究了不同法向应力作用下花岗岩结构面的起伏体损伤特性。郭佳奇等 [94] 利用声发射监测了岩体结构面在持续开挖效应下的剪切力学性质、声发射特征和能量的演化规律，并认为声发射活动强度与开挖扰动强度正相关，结构面磨损区域及破坏程度均随开挖扰动强度增加而增加。丁秀丽等 [95] 基于声发射系统，对中等蚀变结构面剪切变形破坏特性进行了分析，结果表明，AE 信号在应力变化时突增并在应力平衡后趋于平静，在试样剪切破坏前突然活跃。金嘉怡等 [96] 对岩石结构面剪切破坏过程的声发射特征进行了研究，在结构面剪切条件下声发射的变化特征与剪切应力变化特征相似，声发射的产生及其特征与结构面的粗糙度密切相关，累积振铃数与累积能量从剪切总位移的 60%附近开始激增，声发射累计振铃计数与累计能量在达到峰值剪切应力后呈现明显的台阶式递进上升特征。王强等 [97,98] 将含有天然弱面辉绿岩试件进行单轴压缩声发射试验研究，结果发现，含有纵向弱面辉绿岩试件的声发射信号与完整试件压缩时产生的声发射信号相近，含有斜三角弱面试件的声发射信号非常活跃，试件撞击率出现阶段性峰值，含双横向弱面试件比含单横向弱面试件声发射信号更活跃。江权 [99−101] 等以“三维光学扫描技术 + 数控刻录技术”手段制备的天然岩石结构面，利用声发射信号特征，将剪切过程大体分为 3 个阶段：Ⅰ摩擦滑动阶段、Ⅱ剪切啃断阶段、Ⅲ峰后磨损下降阶段。Ishida 等 [89] 报道了对大型非均质砂岩进行原位剪切试验的声发射结果，并得出声发射聚集区对应于被结构面和松动裂纹包围的完整岩石。Cheon 等 [102] 发表了使用室内弯曲和剪切测试中 AE 参数来确定裂隙类型和损坏程度的标准，并用于监测和评估岩质边坡的潜在剪切破坏情况。

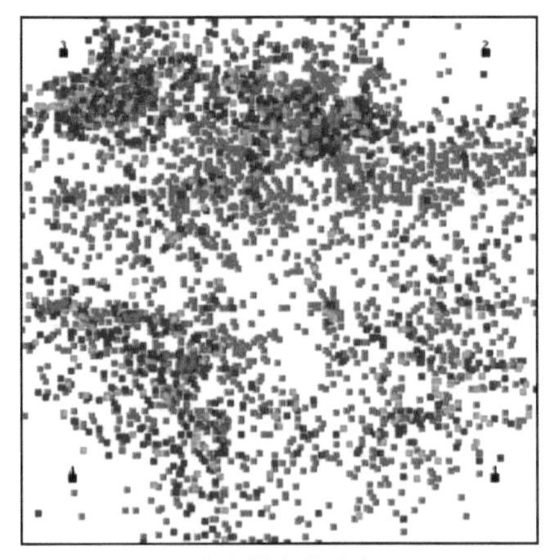
(a) 声发射定位分布图

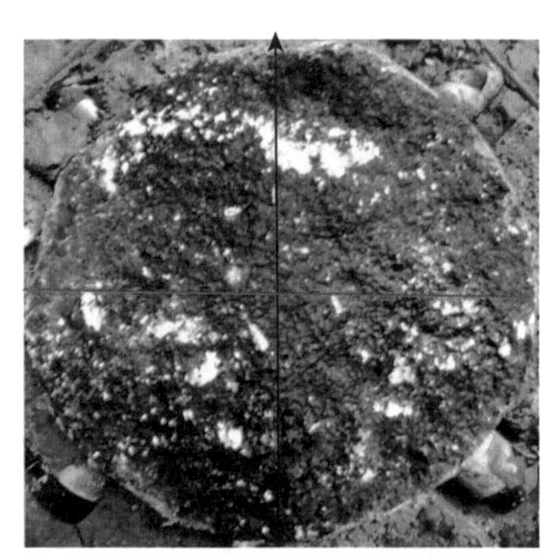
(b) 结构面实际破裂损伤结果

图 1.7 结构面声发射信号定位结果与实际的破裂损伤对比结果

上述研究增进了对岩石结构面剪切破坏机理的认识，促进了声发射技术在岩体结构面剪切破坏监测中的应用。然而，受其复杂性约束，结构面起伏体损伤过程有待深入了解。此外，上述实验室和原位结构面剪切声发射监测的研究主要集中在不同控制变量 (即剪切速率、法向应力、粗糙度) 与峰值声发射参数 (即撞击、能量和事件) 之间的关系上。起伏体损伤特征和剪切应力水平之间的定量关系仍然知之甚少。

1.4 岩石结构面动力剪切特性研究进展

1.4.1 不同剪切速率下的结构面剪切特性

岩质边坡和隧道中的岩体常常沿天然结构面、层理或开挖诱发的裂隙发生剪切破坏。破坏过程中，剪切速率随加载类型 (开挖、爆破或地震等) 的不同而变化。在低剪切速率下，岩体结构面的蠕变变形时间较长，例如由隧道和岩质边坡开挖引起的静力荷载以及地下核废料储存的热应力引起的结构面剪切破坏 [103]。另外，当结构面受到开挖爆破和地震荷载作用时，其结构面的剪切速率往往较高 [104,105]，例如地下核废料处置库、大坝和地铁隧道等的建设需要考虑爆破荷载对岩体结构面的动力影响。因此，研究不同剪切速率下结构面的剪切力学行为可以为静、动态荷载作用下岩石结构面的剪切破坏机理提供理论依据，并为岩体结构的减灾防灾设计提供参考依据。

在过去的研究中，研究者大多通过直剪试验来揭示剪切速率对岩石结构面剪切力学行为的影响，尤其研究了在不同试验条件下对岩石结构面剪切强度的影响 [90,103,105−111]。表 1.2 总结了岩石结构面和类岩石材料结构面与剪切速率相关性的研究。大量研究表明，结构面的剪切特性取决于岩石类型 [103,105]、剪切速率范围 [106,112]、法向加载速率 [109] 和剪切循环次数 [107,113] 等。如表 1.2 所示，关于较高的剪切速率对岩石结构面抗剪强度影响的结论并不完全一致。但是，基于使用石膏或水泥砂浆制备的结构面，较多的研究得出结构面抗剪强度随着剪切速率的增加而降低的结论 [103,106,107,109,110]。

表 1.2 岩石结构面和类岩石材料结构面剪切速率效应研究综述

材料	结构面类型	剪切速率 /(mm/s)	法向应力 /MPa	是否 AE 监测	重要发现	参考文献
花岗岩	平面结构面	0.01，0.1，0.8	1，2，3，4	否	随着剪切速率和充填厚度的增加，抗剪强度和摩擦角略有增加	Liu 等 [111]
黑色石英正长岩，灰色白云岩，波茨坦砂岩，粉色花岗岩	锯切结构面	0.05～50 (10 级)	0.62，1.24，2.71	否	剪切速率对摩擦阻力的影响取决于岩石类型和法向应力水平	Crawford 和 Curran[105]
软弱黏土岩	锯切光滑结构面	0.000167，0.00167，0.0167，0.167，1.67，3.33	0.3～2	否	摩擦阻力随剪切速率的对数线性增加	Schneider[114]
石膏，石灰岩	复制结构面 劈裂结构面	0.000167，0.042，3.33	1.6，5	否	剪切速率越大，摩擦阻力峰值越大，残余强度越小	Schneider[115]
水泥砂浆	复制结构面	0.01，0.02，0.1，0.2，0.4	2	否	峰值抗剪强度随剪切速率呈非线性降低，随粗糙度呈线性增加	Wang 等 [110]
石膏	复制结构面	0.01，0.1，0.8	0.1，0.5，1	否	高法向加载速率下，剪切速率对剪切性能的影响较小。在低法向加载速率下，剪切速率对剪切性能影响明显	Tang 和 Wong [109]
水泥砂浆	锯齿结构面	0.0052，0.0084，0.012，0.01683	0.25，0.5，1，1.5	否	剪切强度随剪切速率的增加而略有增加	Budi 等 [108]
水泥砂浆	锯齿结构面	0.2，1，5	2.2，4.4，8.9，13.3	否	剪切强度随剪切速率先增大后减小，黏聚力随剪切速率的增加而减小	Zhou 等 [90]

续表

材料	结构面类型	剪切速率 /(mm/s)	法向应力 /MPa	是否 AE 监测	重要发现	参考文献
石膏	锯齿结构面	0.0083，5，20	0.56，1.64，2.4	否	剪切强度随循环次数和剪切速率的增加而降低，在较高的法向应力下，剪切速率效应变得不那么明显	Mirzaghor-banali 等[107]
水泥砂浆，石膏	锯齿结构面	0.005，0.03，0.1，0.25，0.5	0.6，1.2，1.8 石膏试样；0.64，1.28，1.92 砂浆试样	否	除齿角 $i = 10$ 外，所有石膏结构面的抗剪强度均随剪切速率的增大而减小，混凝土结构面的抗剪强度随速率的增大而增大	Atapour 和 Moosavi[103]
石膏	复制结构面	0.0083，0.083，0.17，0.35，0.83	1，2，4	否	残余剪切应力随剪切速率的增大而增大，摩擦角随剪切速率先增大后保持不变	Li 等[113]
水泥砂浆	锯齿结构面	0.02，0.1，0.4，0.8	1，2，3	否	剪切强度随剪切速率的增大而减小，但剪切强度的减小程度随剪切速率的增大而减小	Li 等[106]

注：前三行采用天然岩石，后九行采用相似材料。

Atapour 和 Moosavi[103,116] 对平直型石膏结构面试样、平直型混凝土结构面试样和平直型石-混凝土结构面试样进行不同法向应力不同剪切速率的直剪试验，认为在较高法向应力和较低剪切速率下，由于软岩结构面微凸体的“挤压蠕变”特性增强，结构面之间的真实接触面积增多，抗剪作用增强，因此随着剪切速率的减小，抗剪强度提高。随着法向应力降低和剪切速率升高，微凸体的“挤压蠕变”作用减弱，结构面之间的真实接触面积减少，抗剪能力降低，相同法向力下，剪切刚度随剪切速率的增加而逐渐降低。Mirzaghorbanali 等 [26,107] 进行了定法向刚度条件不同法向应力不同剪切速率的直剪试验，得到在较低法向应力下，随着剪切速率的增大抗剪强度减小；在较高法向应力下，剪切机理受微凸体的剪断破坏控制，同样随剪切速率的增大抗剪强度减小；在中等法向应力下，前期剪切行为与较低法向应力的剪切行为相似，后期剪切行为与较高法向应力的剪切行为相似。

上述总结表明，与剪切速率相关的力学行为是许多变量相互作用的结果。由于所使用的水泥砂浆和石膏的抗压强度较低，其施加的正应力通常较低 (通常低于 10 MPa)，而且很少监测结构面在不同速率剪切时的声发射信号。石膏和水泥砂浆制作的复制结构面或锯齿结构面强度低、脆性小，与真实硬岩结构面相比，无法获得真实的硬岩结构面剪切力学特性 (特别是在峰后阶段)。更重要的是，随着越来越多的隧道和地下工程的埋藏深度大于 1000 m，甚至达到 2000 m，在高法向应力条件下，了解剪切速率对硬质岩石结构面剪切行为的影响对于动态荷载作用下岩石结构的设计和稳定性分析尤为重要。

1.4.2 循环剪切荷载对结构面剪切特性的影响

在地震荷载作用下，岩石结构面可能受到周期性的剪切作用，岩体结构面的循环剪切室内试验，按剪切位移控制方式可分为斜线段加载试验、三角波形加载试验、正弦波形加载试验、随机波形加载试验；按法向荷载控制方式可分为：定法向荷载条件下的剪切试验和定法向刚度条件下的剪切试验 [117]。针对循环荷载作用对结构面剪切特性的影响，国内外学者已开展了大量研究。Kana 等 [118] 根据一级起伏体对结构面法向位移-剪切位移曲线和剪切应力-剪切位移滞回曲线的影响，对“内锁/摩擦”本构模型优化，使得该模型能充分描述结构面的一阶和高阶动态剪切响应。Fox 等 [119] 在 Kana 工作的基础上利用砂浆结构面试样做了进一步研究，验证了“内锁/摩擦”模型参数与结构面粗糙度和相对吻合度的经验关系，给出考虑剪切速率的法向位移-剪切位移关系。Jafari 等 [87] 基于人工结构面的循环剪切实验，分析剪切速率、正应力等因素对结构面剪切力学性质的影响，基于试验结果，提出了剪切应力的经验计算模型。李海波等 [120] 利用人工浇筑的表面为锯齿状的混凝土结构面试样，研究了不同剪切速率下起伏角度对结构面剪切强度特征的影响，并提出了考虑不同剪切速率的岩石结构面峰值强度模型。基于此，刘博等 [121,122] 对循环剪切荷载作用下岩石结构面的强度劣化规律进行了试验研究，分析起伏角度、法向应力、岩壁强度对循环剪切荷载作用下结构面强度劣化规律的影响。尹敬涵等 [123] 采用相似材料批量复制劈裂结构面试样，开展循环荷载作用下结构面的剪切力学特性研究，研究结果表明，第 1 次循环的剪切曲线较其他循环的差异性较大 (如图 1.8(a)∼(c) 所示)；低法向应力下，循环剪切次数对剪切应力的影响较小 (如图 1.8(d) 所示)；高法向应力下，循环剪切次数会造成明显的剪切磨损，减缩现象明显 (如图 1.8(e) 所示)；最后，通过 Barton 经验公式中劣化参数，提出了岩体结构面循环剪切强度公式。

Homand 等 [124] 通过对结构面循环剪切试验的相关研究，发现结构面表面起伏度可以分为两阶。Fathi 等 [125] 确定了不同剪切阶段接触区域的分布和几何特性，并对一阶和二阶微凸体的退化进行了评估。Lee 等 [79] 通过对剪切、劈裂结构面的研究，分析了法向应力与循环剪切次数对结构面力学性质的影响。Mirzaghorbanali 等 [26] 利用石膏浇筑的锯齿状结构面分析了循环加载和常法向刚度条件下抗剪强度的变化规律。许江等 [126] 研究了循环荷载条件下无充填及不同充填石膏厚度条件下，结构面的力学性质和三维形貌演化规律。试验结果表明，当充填厚度大于 1 mm 时结构面在循环剪切过程中还存在滑移破坏，说明充填厚度通过影响结构面的破坏模式来影响其力学性质。Nemcik 等 [127] 利用相似材料制作锯齿形结构面，在常法向刚度下进行循环剪切试验，分析了循环剪切的滑动机制，并建立了循环荷载作用下岩石结构面的弹塑性本构模型。朱小明等 [128] 通过对含二阶起伏体的岩石结构面试样进行循环剪切试验，建立了结构面中凸起球面接触的细观模型，并揭示了循环剪切中结构面破坏现象的力学机制。刘新荣等 [129,130] 采用相似材料制作含结构面的试件并开展循环直剪试验，分析了循环剪切次数、剪切速率等因素对结构面剪切特性的影响规律。

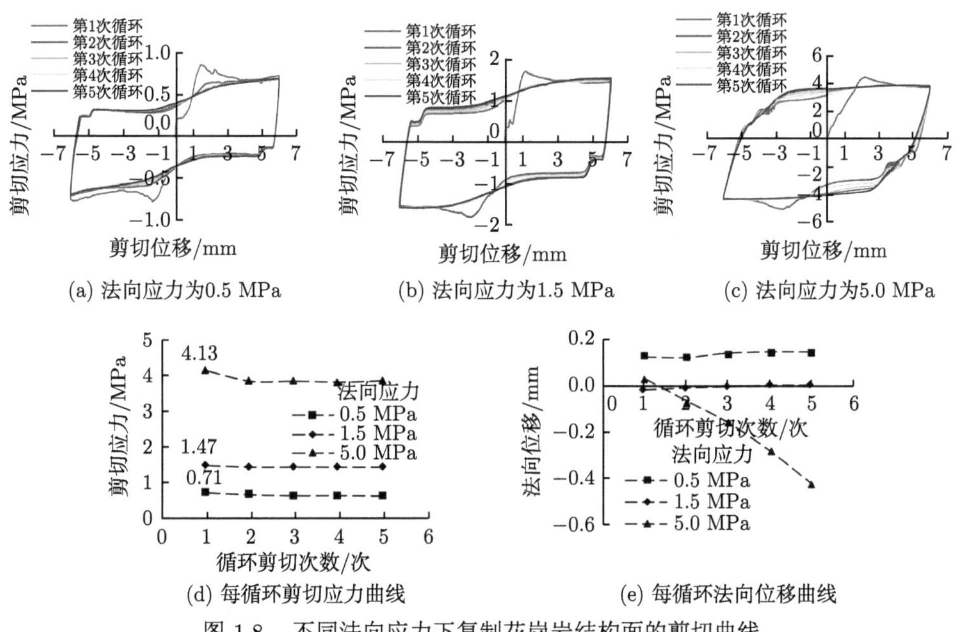

(a) 法向应力为0.5 MPa　(b) 法向应力为1.5 MPa　(c) 法向应力为5.0 MPa

(d) 每循环剪切应力曲线　(e) 每循环法向位移曲线

图 1.8　不同法向应力下复制花岗岩结构面的剪切曲线

上述研究表明，循环荷载作用下的结构面力学性质不同于单向加载作用下的测试结果。循环剪切荷载在一定程度上能够表征岩体结构面在地震或者动力荷载作用下诱发结构面往复剪切的力学性质。但是，相较于真实地震或者爆破荷载作用下结构面的力学行为而言，其实验室采用的加载速率明显要低很多。因此，工程岩体结构面在动态荷载作用下的剪切力学性质需要进一步研究。

1.4.3　高加载速率下结构面剪切力学特性

为分析地震作用下结构面的动力响应特征，Qi 等 [131] 自主研发了可实现动态荷载下岩体结构面剪切特性研究的试验装置。Li 等 [132] 运用该设备进行了不同剪切速率和法向荷载下粗糙结构面的动态剪切试验，分析了中应变率下剪切速率和法向荷载对粗糙节岩石结构面剪切行为的影响。研究发现，在中应变率加载条件下，剪切速率对粗糙结构面的抗剪强度有显著的影响，随着剪切速率的增大结构面的抗剪强度增大，并且增长的幅度受法向荷载的影响。同时，基于对试验结果的分析，将静态结构面剪切刚度与动态结构面的剪切刚度相关联，Li 等 [132] 建立了可描述剪切过程中剪切刚度演变的结构面黏性理论模型。另外，随着开挖爆破、岩爆、冲击地压和顶板垮落等强扰动的增多，冲击荷载下结构面的剪切行为普遍存在，Yao 等 [133] 自主研发了冲击荷载下岩体结构面的剪切特性研究试验装置，并研究了光滑结构面的冲击剪切性质。

上述分析可知，研究人员开展了大量从准静态到动态荷载作用下结构面的动力剪切特性，研究了剪切速率对结构面剪切力学特性的影响，但普遍采用的是规则齿状结构面或相似材料复制的结构面，较少采用能反映真实三维形貌特征的复杂结构面。并且由于相似材料只能承受较低的法向压力，因此对于深埋高应力下剪切速率对岩石结构面力学特性的影响较少有人研究，对不同剪切速率、不同法向压力作用下结构面剪切破坏过程中的能量释放水平和对动力剪切参数 (例如，峰后应力降低、黏滑幅值、黏滑间隔) 的影响也缺乏深入研究。同时对于更高剪切速率下岩石结构面动态剪切力学特性和变形特性的研究由于缺乏相应的试验设备，相关研究极少，限制了人们对高速率下岩石结构面力学行为的了解。

1.5 扰动诱发岩体动力破坏研究进展

深部工程中的岩体不仅受到静力荷载的作用而产生破坏失稳，对于爆破、地震、钻井等因素引发的周期性荷载对岩体的稳定性同样起着关键性作用。研究扰动诱发的岩体动力破坏对揭示岩石扰动破坏机理，分析扰动作用下的岩体稳定性具有重要的意义。目前，岩体的动力特性研究主要集中在冲击荷载作用下的力学特性研究。为了进一步探究扰动荷载对岩石的力学性质的影响，研究人员开始在实验室条件下探究循环扰动加载下岩石的力学特性和变形行为。

1.5.1 扰动荷载对完整岩石力学性质的影响

在单轴或围压作用下扰动荷载对完整岩样的动力特性研究方面，Attewell 和 Farmer[134] 认为循环扰动加载产生的变形是不断累积的，当岩样中储存的应变能超过破坏对应的临界应变能时，岩样就会发生破坏。针对不同的扰动加载波形，Tao 和 Mo[135] 的研究发现，在每个扰动加载周期内，正弦波加载引起的变形大于三角波加载引起的变形。Bagde 和 Petroš[136] 的研究发现，在方波循环扰动加载下，岩样的损伤更易迅速累积。Bagde 和 Petroš[137,138] 同样发现，岩石的动态模量 (割线模量和杨氏模量) 大多随频率的增加呈现出增加的趋势，频率越低岩石越容易发生断裂。

在循环扰动荷载作用下岩样的损伤演化规律研究方面。Xiao 等 [139,140] 对花岗岩试样进行了单轴循环扰动试验研究，获得了单轴扰动损伤变量 (包括弹性模量、能量耗散和最大应变) 的演化规律，并提出了岩石非线性循环扰动损伤的倒 S 型理论模型。Song 等 [141] 提出了两个损伤因子 (即损伤程度因子 D_f 和局部损伤因子 L_f) 来表征岩石在循环扰动荷载作用下的损伤演化和局部化规律。Fan 等 [142] 基于试验结果建立了岩盐试样的经验扰动强度模型。Scholz 和 Koczynski[143] 对围压作用下的岩石进行循环扰动三轴加载试验，结果发现，岩石的剪胀性在循环扰动加载过程中会得到逐渐发展，表现出与蠕变曲线相似的演化规律。Fuenkajorn 和 Phueakphum[144] 研究了循环扰动加载对岩盐抗压强度、弹性模量和力学性能在时间依赖性上的影响，并报道了岩盐的抗压强度随着加载循环次数的增加而降低。Liu 和 He[145,146] 对砂岩试样进行了循环扰动加载试验研究，研究了围压和扰动频率对岩样动态力学特性的影响，发现岩样破坏剪切带随着频率的增加而逐渐变宽。此外，有研究人员还研究了饱和岩石试样在循环扰动三轴荷载作用下的孔隙压力发展特征。Tien 等 [147] 发现岩样中的孔隙水压力在扰动加载破坏前瞬间会发生迅速下降。Yoshinaka 等 [148] 根据孔隙水压力的演化规律，将岩样的循环扰动破坏划分为不同的模式。Miao 等 [149] 采用图像相关技术 (DIC) 和声发射监测手段研究了循环扰动作用下红砂岩和花岗岩试样中微观结构的差异性对损伤演化的影响，研究表明，循环扰动会导致试样中产生大量的拉伸裂纹和微裂纹分支。循环荷载作用下轴向应变变化趋势可分为 3 个不同的阶段 (如图 1.9 所示)。Zhu 等 [150] 分析了凝灰岩在循环三轴荷载作用下的损伤演化，从而揭示了循环扰动荷载对岩石强度的弱化作用。Wang 等 [151] 研究发现在循环扰动加载过程中试样内部发生的微压裂过程和积累损伤会导致岩石最终发生破坏。另外，在微扰动和高静应力组合加载条件下，考虑围压和温度 [152,145]、孔隙水 [153]、加载速率和中间主应力 [154,155] 及卸载速率 [156] 等因素的影响，也开展了相应的试验研究。

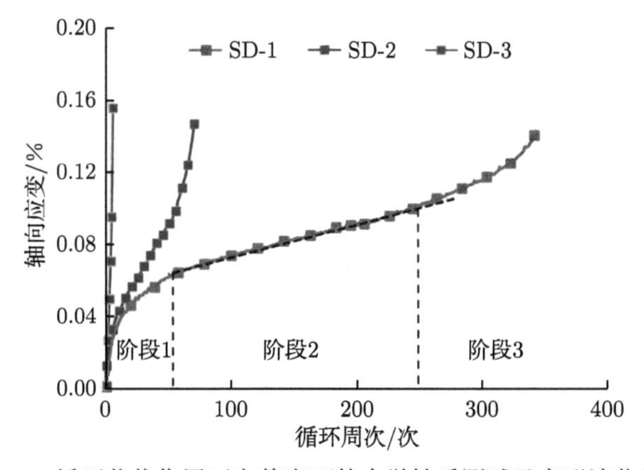

图 1.9 循环荷载作用下完整岩石的力学性质测试及变形演化规律

上述研究加深了人们对静动组合荷载作用下完整岩石的力学性质的认识，但实际工程开挖时，由于工程岩体的非连续性，岩体破坏往往发生在结构面或节理面处 [1]。在深埋岩体中，地应力大，岩体结构面封闭，因而储存大量的能量。然而，在高静应力条件下，轻微的扰动可能导致岩体内部结构面破坏，导致沿着结构面方向滑动，从而释放能量。因此，结构面岩体在动静组合荷载作用下的力学性质需要进一步研究。

1.5.2　扰动荷载作用下岩体结构面的力学性质

深部岩体结构面同时受到动荷载和静荷载的共同作用，与仅受静荷载作用时相比，其力学性质和损伤破坏特征存在显著差异。根据工程中动力扰动的来源和位置的不同，岩体结构面所遇到的动力扰动一般可分为两种类型：微扰动和冲击扰动 [157]。同样，动力扰动和高静应力的组合效应可分为 “高静应力 + 轻微扰动” 和 “低静应力 + 冲击扰动” 两种作用模式。工程中的微扰动一般是由岩体岩爆和强扰动的远距离传播产生的，例如深部矿山邻近采区爆破产生的强动荷载。当处于高静应力状态下的深埋岩体结构面受到扰动作用时，岩体结构面可能发生破坏，其中储存的大量弹性能会突然释放出来，诱发岩体工程灾害 [158,159]。因此，研究扰动荷载和高静应力共同作用下岩体结构面的力学性质和损伤破坏特性，对揭示深部岩石结构面的破坏机理具有重要意义。

对于非贯通节理岩体试样而言，其在循环扰动作用下的破坏过程包括结构面的滑移和节理间的岩桥断裂，蕴含了结构面起伏体尖端裂纹的萌生、扩展和合并 [160]。在单轴压缩试验的基础上已有大量学者研究了循环扰动下试样的疲劳破坏 [161]、动态加载频率的影响 [162]、节理角度和贯通性的影响 [163,164]，以及动态加载 [165] 对岩石破坏模式和力学性能的影响。Xu 等 [166] 采用改进的霍普金森分离式压杆和轴向围压室联合作用，研究了砂岩试样在动静联合荷载作用下的压剪力学响应及破坏机理。Li 等 [167] 研究了扰动荷载作用下具有非连续节理面花岗岩的力学特性和破坏模式，揭示了花岗岩节理面的存在对强度的弱化效应。另外，众多的试验研究结果表明，加载循环次数和法向应力 [168,169]、结构面的表面形貌 [79,118,125] 和填充物的性质 [26] 对岩体结构面的峰值强度、残余强度、损伤机理和破坏模式均有重要影响。Yang 等 [160,170] 利用 X 射线设备对结构面扫描发现，扰动循环加载对岩石弹塑性应变的影响比对三轴强度的影响更明显。Li 等 [162] 对单轴应力条件下的不连续节理岩样进行循环扰动加载试验研究，提出了与断裂因子 K_1 和 K_2 相关的循环扰动损伤本构模型。Liu 等 [171] 基于试验研究了随机循环压缩波形 (即不同波形组合加载，如图 1.10 所示) 的频率和幅值对不连续节理岩样的动力力学特性的影响。Gatelier 等 [172] 在有围压条件下对岩样施加循环扰动荷载，发现随着围压的增加，岩样的各向异性对循环扰动力学特性的影响显著减小。

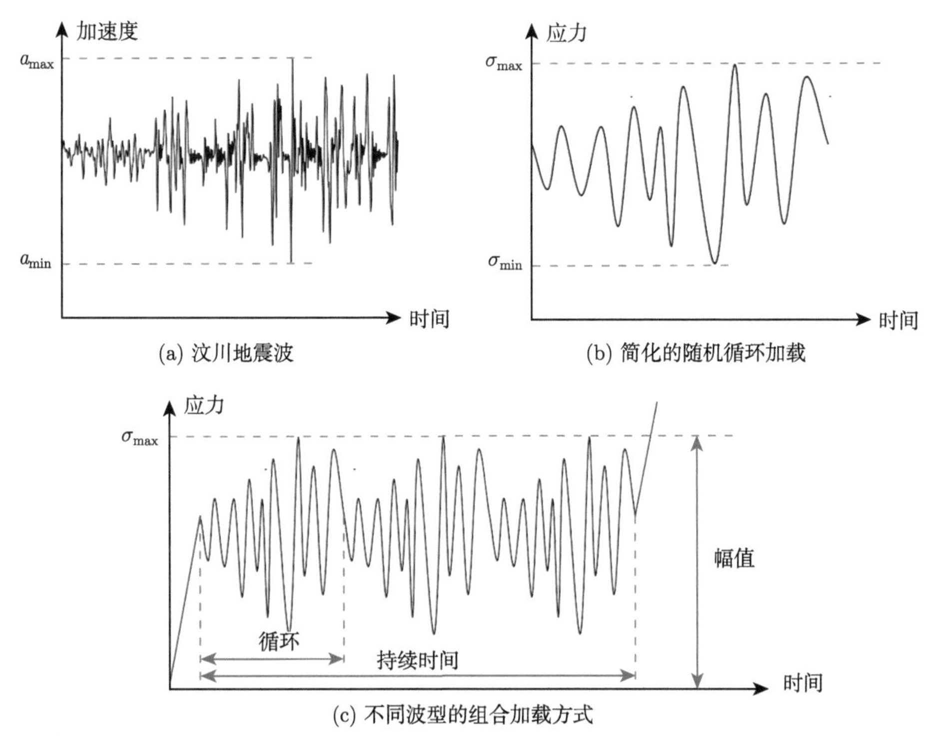

(a) 汶川地震波　(b) 简化的随机循环加载

(c) 不同波型的组合加载方式

图 1.10　依据天然地震波型简化形成的实验室随机加载波型

由上述的研究成果可知，已有众多研究学者利用室内试验的方式对扰动荷载诱发岩体动力破坏进行了大量的研究，相应的研究结果对揭示完整岩样和含有非贯通节理岩样的扰动动力响应、变形演化规律及扰动破坏模式具有重要意义。然而对于含有贯通节理裂隙的岩石而言，其在高初始静应力和低频扰动荷载作用下的剪切滑移特性及诱发滑移破坏失稳的机理尚不明确。下一步的研究应在完整试样和非贯通裂隙试样的基础上，考虑贯通裂隙试样在不同扰动因素下 (扰动频率、幅值及初始扰动静应力) 的力学性质及滑移特性。以此揭示循环扰动荷载对断层 (或结构面) 滑移失稳的活化作用及对滑移型岩爆等地质灾害的诱发机理，为深部地下工程岩体的长期稳定提供理论指导。

1.6　目前研究中存在的问题

通过上述分析可知，近年来研究人员对充填结构面的剪切力学行为、结构面起伏体的损伤特性、剪切速率对结构面剪切力学特性等进行了大量研究，加深了人们对复杂地质应力环境下岩体结构面力学特性、破坏机理和理论模型的了解及认识，为复杂地质和应力环境下岩体工程的施工提供了理论基础和依据。然而，在深埋高应力条件下，结构面、断层等不连续地质构造的存在不仅会诱发岩体发生塌方、滑坡、围岩蠕滑破坏等一般的静力剪切破坏，当岩性、结构面几何性质和周围环境应力满足一定条件时，结构面、断层等由于开挖、卸荷、扰动等作用发生动态失稳破坏，诱发工程地质灾害。为了保障岩体工程的安全施工以及地下资源的合理高效开发，以下问题亟须深入研究。

(1) **岩石结构面的损伤规律及其与宏观力学行为的联系**。岩石结构面的宏观力学特性受结构面基本性质 (例如，结构面充填情况、粗糙度大小等) 影响。不同影响因素条件下的岩石结构面其剪切损伤规律差异性较大。目前，通过对剪切实验后结构面表面拍照或三维形貌扫描的方式进行剪切损伤量化分析。然而，对于剪切过程中的结构面实时损伤破裂特征分析涉及较少；对包含不同充填物的结构面剪切力学特征、声发射特征以及充填物对结构面剪切失稳的影响等缺乏系统的研究；对剪切过程中结构面表面起伏体损伤的时空分布规律、损伤的定量描述、起伏体损伤对峰后摩擦特征、破坏能量释放水平等参数缺乏足够认识；对结构面剪切破坏的微观破坏机理以及结构面表面和岩壁内部的损伤破裂规律认识不够清晰；对结构面损伤特征与宏观力学行为之间的关联缺乏足够研究。

(2) **岩石结构面的动力剪切特性**。地下岩体工程中的结构面除遭受静态剪切荷载的影响外，动力剪切荷载 (例如，爆破、岩爆和地震等) 往往诱发更大的工程地质灾害。动力荷载条件下的岩石结构面力学与相应静力荷载下的差异性较大，虽然已经开展了较多结构面剪切率效应的研究，但受制于采用的锯齿形结构面和采用的相似材料等，对于高应力下粗糙硬岩结构面的剪切速率效应很少涉及，不同剪切速率下硬岩结构面的峰后滑移特征 (破坏模式、强度参数、能量释放) 需要深入研究；受测试设备和监测手段的局限，更高剪切速率 (即冲击荷载) 作用下岩石结构面的剪切力学特征及其变形和损伤破坏特性尚不清晰；对于高初始静应力和微扰动组合荷载作用下的贯通结构面的力学响应、滑移破坏及诱发失稳破坏的机理尚不明确。

鉴于上述存在的主要问题，本书主要围绕两个核心问题展开。一是不同类型的岩石结构面剪切损伤规律及其与宏观力学性质的联系。首先，在充填结构面方面，围绕充填物的种类及剪切历史等因素对结构面的力学性质及损伤规律进行了分析。对于无充填结构面而言，针对结构面表面粗糙度、应力状态及软硬结构面类型等因素，研究了宏细观角度下结构面的表面和内壁损伤特征，建立了结构面剪切力学性质与结构面损伤之间的内在联系，揭示了结构面的破裂损伤机理。二是动力荷载作用下岩石结构面的力学性质及其滑移特性分析。针对岩体工程中结构面剪切滑移速率的差异性，首先，进行了不同剪切速率条件下结构面的剪切力学特性与损伤特征分析；其次，针对工程中面临的强扰动荷载，开展冲击荷载作用下结构面的剪切强度和变形特性的研究；最后，考虑静应力和扰动荷载耦合作用，分析了低频扰动荷载下花岗岩结构面的活化行为。研究成果对于富含结构面的岩体工程的稳定性分析及动力灾害的机制解释、监测预警和防灾减灾具有重要意义。

1.7 研究技术路线

通过上述分析可知，近年来研究人员对充填结构面的剪切力学行为、岩石结构面的损伤演化规律、结构面的动力剪切特性及扰动诱发岩体结构破坏等方面进行了大量的研究，加深了人们对复杂地质应力环境下岩体结构面的力学性质的认识。但是，对于岩石结构面剪切过程中的损伤演化规律及其与剪切力学行为之间的内在联系、结构面多尺度的损伤量化及岩石结构面高应力下的动力力学性质等方面缺乏系统且深入的研究。因此，本书以室内结构面剪切试验为主要研究手段，辅助以声发射监测、微观测试 (偏光显微镜观察、扫描电子显微镜 (SEM) 观察) 及数字散斑系统，探究充填物、加载应力条件、结构面粗糙度、剪切速率等因素对结构面静力力学特性、微细观结构和起伏体损伤程度影响等。同时，针对岩体工程可能频繁面临的地震、爆破、岩爆等扰动作用，研究扰动荷载对结构面剪切力学特性和破坏特征的影响，并揭示由动力荷载诱发的结构面控制的深部岩体工程失稳致灾机理。本书的技术路线如图 1.11 所示。

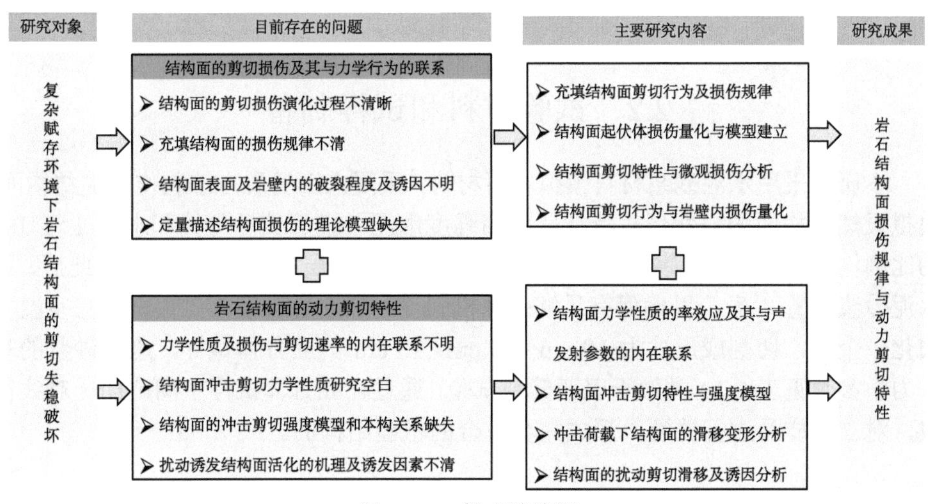

图 1.11 技术路线图

第 2 章 充填结构面剪切力学行为与声发射规律

2.1 引 言

岩体中结构面的存在往往会劣化岩体的强度，使岩体容易沿着结构面发生剪切滑移失稳。而当结构面被不同类型的物质充填时，其力学性质将发生显著变化，将进一步影响岩体的稳定性。受自然风化、降水溶蚀、剪切碎屑等影响，充填物的类型、粒径分布、含水率等因素也会存在很大不同，对岩体结构面的剪切破坏产生不同的影响。因此，开展含不同充填物的结构面剪切试验，探究不同充填物对结构面剪切力学行为的影响，进而评估充填结构面的稳定性具有重要的工程意义。另外，目前声发射和微震监测是对于非连续岩体 (如岩质边坡、坝基、地下洞室等) 稳定性实时监测的常用手段，可以根据岩体微破裂时的声发射信号确定破裂的程度和宏观失稳的可能性，其在非连续岩体的剪切破坏分析和预警方面发挥越来越重要的作用。因此，本章通过对劈裂的砂浆结构面开展恒定法向荷载条件下的剪切试验，研究结构面被不同的薄层充填物充填时的剪切力学行为，并与无充填物结构面的剪切行为进行比较。同时，通过剪切试验中监测声发射信号，系统分析充填物类型对结构面剪切破坏过程中声发射信息的影响，并讨论剪切变形历史 (剪切循环次数) 对干净和充填结构面的力学性能和声发射的影响。

2.2 试验材料和试样制备

本研究采用水泥砂浆材料模拟岩石材料，采用人工劈裂方法制作粗糙结构面，模拟天然结构面的自然形貌特征。将高强度水泥、细石英砂与拌和水按 1∶1∶0.5 的比例均匀混合，倒入钢制模具中，然后将混合物分层压实，排出气泡。此后，将水泥砂浆静置 1 天，以确保有足够的脱模强度，然后脱去模具。大试件在室温下固化一个月，切割成尺寸为 10 cm×10 cm×10 cm 的立方体试样，水泥砂浆的基本力学参数见表 2.1。类似于巴西劈裂试验，通过在立方体试样中间施加一对线荷载，对立方样品进行劈裂，形成完全咬合的粗糙结构面。

表 2.1 本研究中所用水泥砂浆的基本力学参数

材料	σ_c/MPa	σ_t/MPa	E/GPa	μ
水泥砂浆	46.39	2.73	7.28	0.077

注：σ_c，σ_t，E 和 μ 分别是单轴抗压强度、巴西劈裂抗拉强度、弹性模量和泊松比。

天然结构面常充填有黏土类物质和颗粒状物质 (如碎屑)，因此本研究选择泥土和水泥砂浆颗粒作为充填物，在结构面表面之间充填同样体积的干燥土 (含水量 4.96%)、湿润土 (含水量为 29.15%，通过在干燥土上洒水得到) 和水泥砂浆颗粒，以考虑不同充填物对结构面剪切行为的影响。水泥砂浆颗粒从单轴压缩试验后破坏的完整试件中获得，将碎块进一步压碎成小尺寸颗粒。干燥土和水泥砂浆颗粒的粒径分布曲线如图 2.1 所示 (试验中使用的湿润土与干燥土是同一类型的土，没有进行筛分分析)。

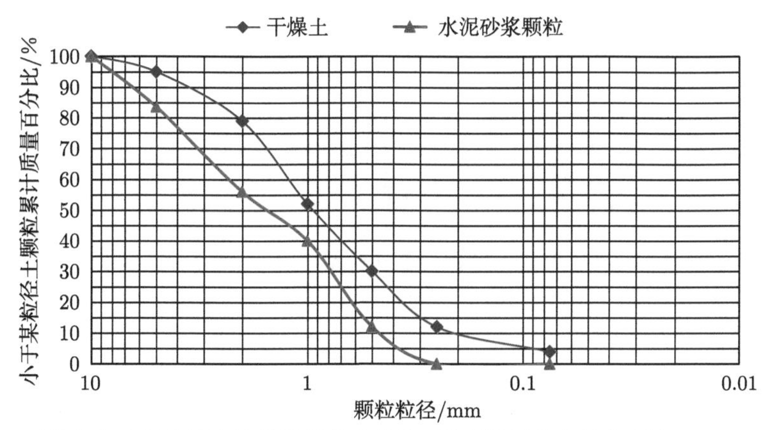

图 2.1 干燥土和水泥砂浆颗粒的粒径分布曲线 (所用筛子的直径分别为 10 mm、5 mm、2 mm、1 mm、0.5 mm、0.25 mm 和 0.075 mm)

从图 2.1 中可知，直径大于 5 mm 的干燥土和水泥砂浆颗粒分别占 5%和 17%，直径大于 2 mm 的干燥土和水泥砂浆颗粒分别占 21%和 44%，表明水泥砂浆颗粒的直径比干燥土大得多。在本研究中，我们主要关注的是结构面被少量薄层充填物充填时的力学行为，所以没有定量化充填物的厚度，仅仅保证三种充填物的体积相同 (约为一矿泉水瓶盖的体量)。试验中最大剪切位移约为 3 mm，且充填物含量较小，剪切过程中没有充填物从侧面挤出，因此试验过程中并没有采取在结构面间隙周围加装箍套等措施避免充填物掉落。

剪切试验采用 RMT150C 实验系统进行，其最大法向和水平承载能力分别为 1000 kN 和 500 kN[90]。试验开始时，首先以 1 kN/s 施加法向应力，在达到预先设定的法向应力值后，再以 0.005 mm/s 的速度施加剪切位移。剪切试验过程中采用 16 通道的 PAC-DISP 声发射系统进行声发射信号的监测。同时，为获取结构面表面起伏体的损伤，用声发射信号进行了二维平面定位。将 4 个直径为 5 mm、高度为 4 mm 的声发射传感器探头连接到结构面下部两侧的一个平面内 (距离结构面表面约 0.5 cm)，并在岩石和传感器之间的界面上涂上一层耦合剂。传感器的布置方式如图 2.2(a) 所示。传感器的谐振频率和工作频率范围分别为 500 kHz 和 200~750 kHz，采样率设置为每秒 100 万次。前置放大器的幅值和系统门槛值均为 40 dB。为了保证剪切过程与声发射信号的采集过程同步，在施加剪切应力的同时触发 AE 监测系统。图 2.2(b) 给出了在剪切试验过程中的照片，相应的测试方案见表 2.2 所示。

(a)

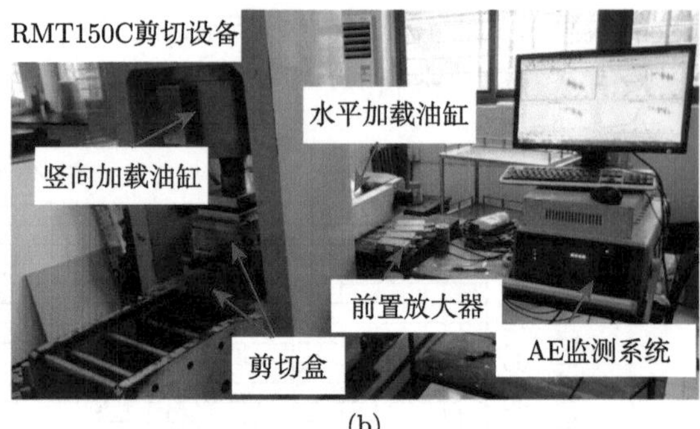

(b)

图 2.2 声发射传感器分布 (a) 和 RMT150C 实验系统 (b)，四个传感器位于结构面下部的同一平面内，距离结构面表面约 0.5 cm，圆圈中的阿拉伯数字代表传感器的标号

表 2.2 剪切试验测试方案

试样编号	法向应力/MPa	充填物	剪切次数
1	0.5	—	2
2	1	—	3
3	2	—	3
4	3	—	2
5	3	干燥土	3
6	3	湿润土	3
7	3	水泥颗粒	3

注：干燥土和湿润土的唯一区别在于其含水量不同，干、湿土的含水量分别为 4.96%和 29.15%。

2.3 含不同充填物的结构面剪切力学特性

2.3.1 不同法向应力下无充填结构面的抗剪强度特性

设置法向应力分别为 0.5 MPa、1 MPa、2 MPa 和 3 MPa，开展无充填物 (干净) 条件下结构面的剪切试验，4 个结构面的剪切应力-剪切位移曲线如图 2.3(a)

所示，结构面的峰值和残余抗剪强度均随法向应力的增大而增大，且 4 个试件的峰值抗剪强度曲线都有明显的峰值。在达到峰值强度后，剪切应力随剪切位移的增大逐渐减小。图 2.3(b) 为不同法向应力下的法向位移曲线，4 个无充填结构面均依次出现压缩和剪胀现象，在相同剪切位移处的最大剪胀量 (图中以蓝色虚线表示) 随着法向应力的增大而逐渐减小。

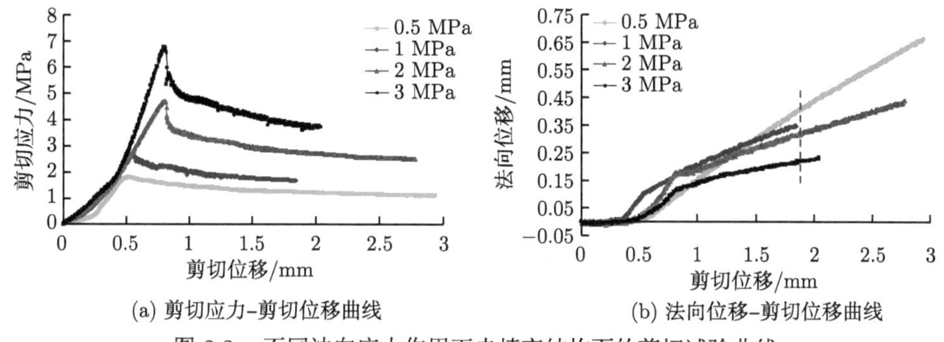

(a) 剪切应力-剪切位移曲线　　(b) 法向位移-剪切位移曲线

图 2.3　不同法向应力作用下未填充结构面的剪切试验曲线

根据直剪试验得到相应的法向应力下的峰值剪切强度和残余剪切强度，绘制出抗剪强度包络图，如图 2.4 所示，峰值强度随法向应力增加呈现出线性增大。虽然各结构面的表面粗糙度存在细微差异，但其强度均符合线性库仑准则，说明砂浆材料劈裂制作的结构面表面形貌虽然不完全相同，但总体相近，对结构面的抗剪强度影响较小。因此，在接下来的研究中，可以采用相貌相似的结构面研究相同法向应力下，含不同充填物时结构面的剪切性能。

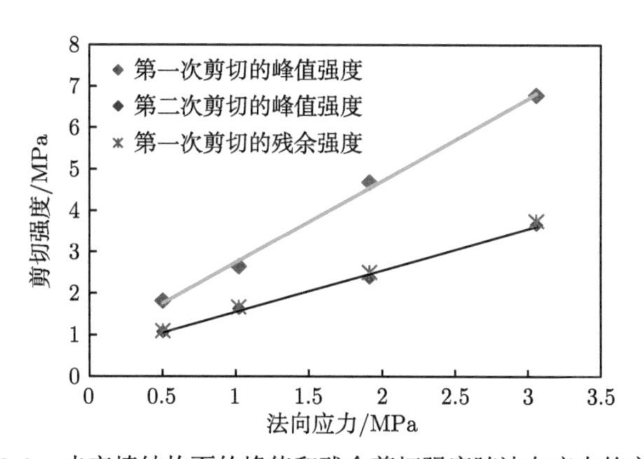

图 2.4　未充填结构面的峰值和残余剪切强度随法向应力的变化

2.3.2 剪切历史及充填物对结构面剪切行为的影响

在第一次剪切后，结构面的上盘被重新放置到第一次剪切时和下盘对应的位置。然后，在相同的法向应力和剪切速率下，沿相同的剪切方向进行剪切。图 2.5 为法向应力分别为 0.5 MPa、1 MPa、2 MPa、3 MPa 时，经过反复剪切的剪切应力-剪切位移曲线，可以得出以下结论：① 第一次剪切时存在一个明显的峰值剪切应力，峰值之后应力逐渐减小到残余阶段，曲线呈现应变软化特征。第二次和第三次剪切的应力曲线，峰值抗剪强度明显下降，曲线形态也发生了较大变化。剪切应力首先增加，然后随剪切位移的增加，剪切应力几乎保持不变。② 随着剪切循环次数的增加，结构面的最终抗剪强度有所降低，但总体而言，第一次剪切循环与后续剪切循环的残余强度差异较小，曲线残余阶段几乎重合。4 个结构面在第二次剪切时的峰值抗剪强度也绘制在图 2.4 中，通过对比可知，第一次剪切时的残余强度与第二次剪切时的峰值强度基本一致，在第一次剪切后，无充填结构面的摩擦角 (直线的斜率) 从 63° 下降到 45°。

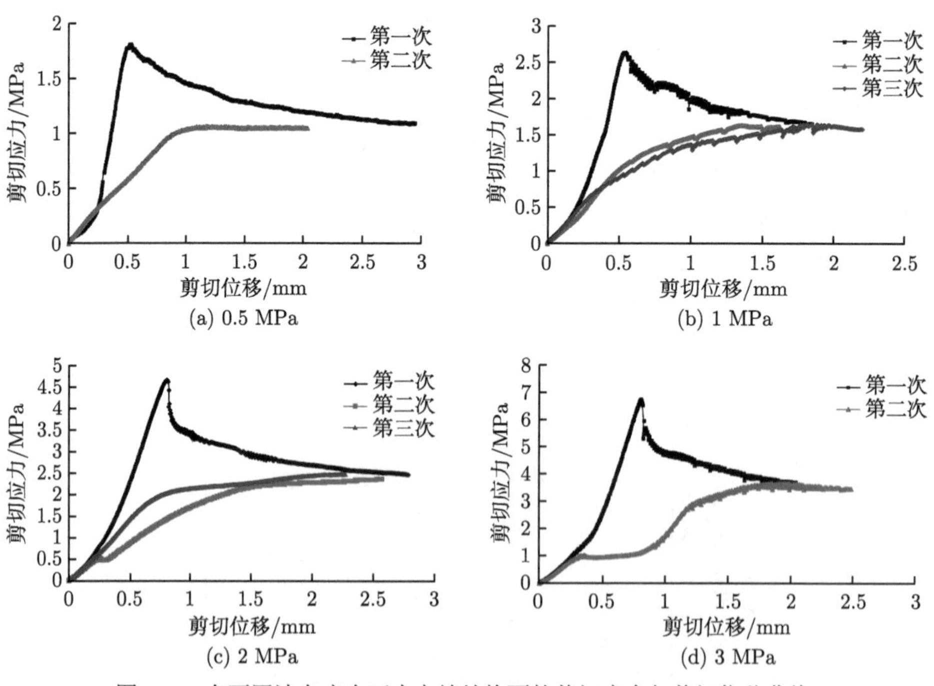

图 2.5 在不同法向应力下未充填结构面的剪切应力与剪切位移曲线

在第一次剪切前，结构面两侧的起伏体紧密咬合。当结构面被剪切时，起伏体将承担剪切应力，当剪切应力超过起伏体的剪切强度时，起伏体被剪断、破裂并释放剪切应力。随后，剪切应力缓慢减小，并伴随着剪断碎屑的碾碎和摩擦，直到残余摩擦阶段。在残余阶段，阻碍结构面下盘运动的起伏体被剪断，剪切应力只包括两个表面之间的滑动摩擦阻力。第一次剪切后，表面陡峭的起伏体已经被破坏或剪断，并且结构面表面下凹部分被岩屑充填。当结构面在相同法向应力下经历第二次剪切时，由于起阻碍作用的关键起伏体已经发生破坏，无法再次积聚应力和能量，因此剪切应力曲线的峰值消失，并且整个剪切过程中的剪切应力小于第一次剪切的结果。

随着剪切次数的增加，结构面表面变得更平坦，剪坏的碎块变得更细，因此峰值强度随着剪切次数的增加而降低。然而，由于法向应力相同，在随后的第二次和第三次剪切循环中，结构面表面粗糙度的退化差异很小。在不同次数的剪切循环中，峰值强度的下降幅度也很小，因为在该法向应力水平下，起伏体的破坏已经达到了极限。图 2.6(a) 和 (b) 为无充填结构面在不同法向应力下峰值剪切强度随剪切循环次数的变化情况。从图中可以看出，第二次峰值剪切强度约为第一次峰值剪切强度的 60%。从第二次剪切开始，剪切变形历史对剪切强度的影响较小。

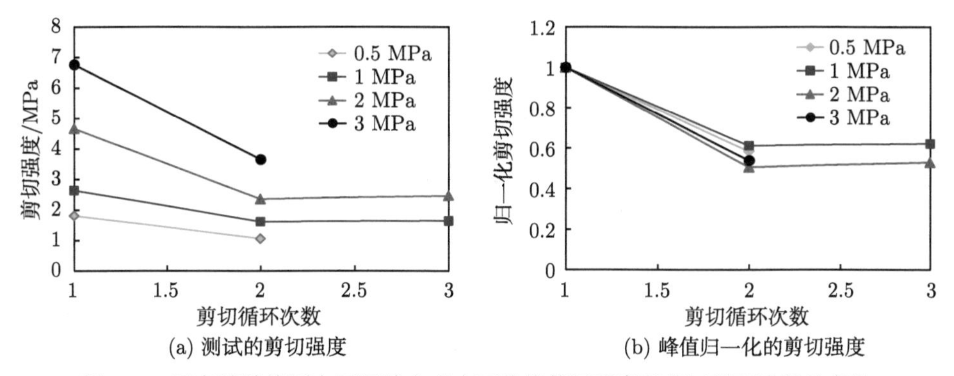

(a) 测试的剪切强度　(b) 峰值归一化的剪切强度

图 2.6　无充填结构面在不同法向应力下峰值剪切强度随剪切循环次数的变化

当多次剪切无填充结构面时，不同法向压力条件下的法向位移曲线变化规律相似，因此只取 1 MPa 法向应力下的结构面剪切的法向位移曲线来阐述剪切循环对结构面剪胀特性的影响，如图 2.7 所示。在所有的剪切循环中，法向变形均先发生压缩再产生剪胀，并且第一次剪切时的剪胀量比后续的剪切循环中的剪胀量大。剪胀现象是结构面表面接触时起伏体的爬坡效应造成的。剪胀量随剪切循环次数的增加而减小，剪胀的增加速率也随剪切循环次数的增加而减小，这都是由于在逐次剪切过程中，起伏体被逐渐剪断、结构面变平造成的。

剪切历史和充填物对结构面剪切特性均有显著影响。本研究采用相同体量的干土、湿土和水泥砂浆颗粒作为充填物，试验前，将结构面下盘放入下剪切盒中，将充填物均匀铺设在表面，然后将结构面的上盘与下盘匹配放置 (如图 2.8 所示)。

剪切过程中施加的法向应力同为 3 MPa。

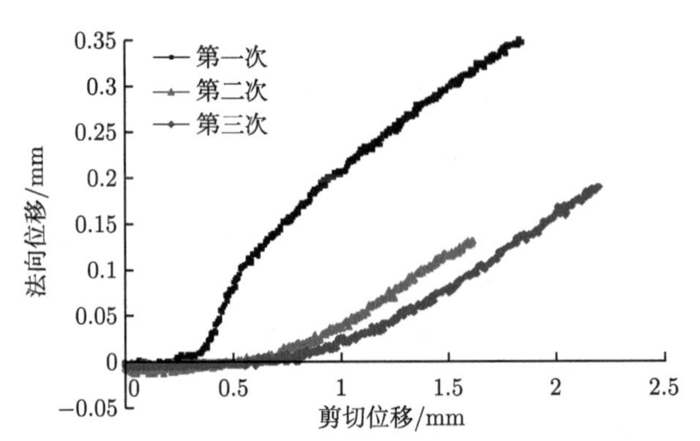

图 2.7　在法向应力 1 MPa 下进行三次循环的法向位移与剪切位移曲线

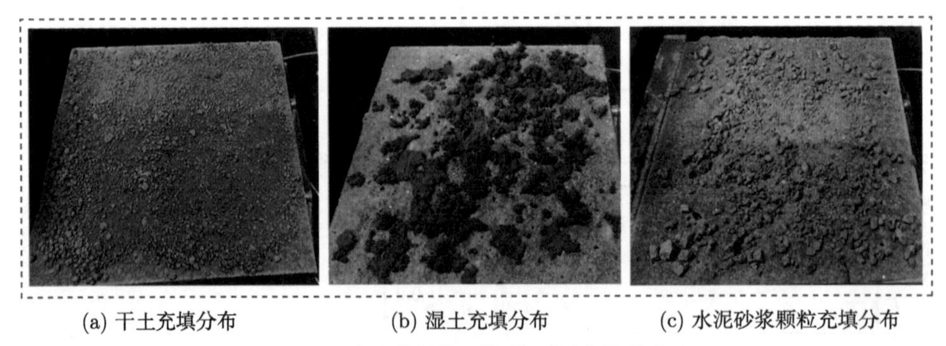

(a) 干土充填分布　(b) 湿土充填分布　(c) 水泥砂浆颗粒充填分布

图 2.8　试验前结构面间的不同充填物分布

图 2.9(a) 为无充填结构面和充填三种不同材料的结构面的剪切应力曲线。结果表明：① 干净结构面的峰值剪切应力值远高于充填结构面，三个充填结构面的应力曲线形状与无充填结构面的二次剪切曲线相似。② 第二次剪切时无充填结构面的峰值强度高于任意充填结构面一次剪切时的峰值剪切强度，其抗剪强度由高到低依次为无充填结构面 (第一次剪切)、无充填结构面 (第二次剪切)，充填干土结构面、充填水泥砂浆颗粒结构面和充填湿土结构面。其相应的法向位移曲线见图 2.9(b)，无充填结构面出现非常明显的剪胀特性 (随着剪切的进行法向位移大于 0)，而充填结构面的法向位移均小于 0，对于水泥砂浆颗粒充填的结构面，由于颗粒强度低，压缩作用下发生破坏，导致结构面发生较大的压缩变形，不发生剪胀，说明剪切过程中两个结构面表面之间很可能没有直接接触。干土充填结构面经过一定的压缩变形后，法向位移基本保持不变，而湿土充填结构面发生轻微的剪胀变形。与干土相比，湿土的压缩性更高，从图中也可以看出，湿土充填结

构面的压缩性更大，表面的泥层可以被挤压。湿土充填结构面的剪胀可能意味着结构面内充填的湿土被充分压密之后，结构面凹凸体发生直接接触剪切所致。

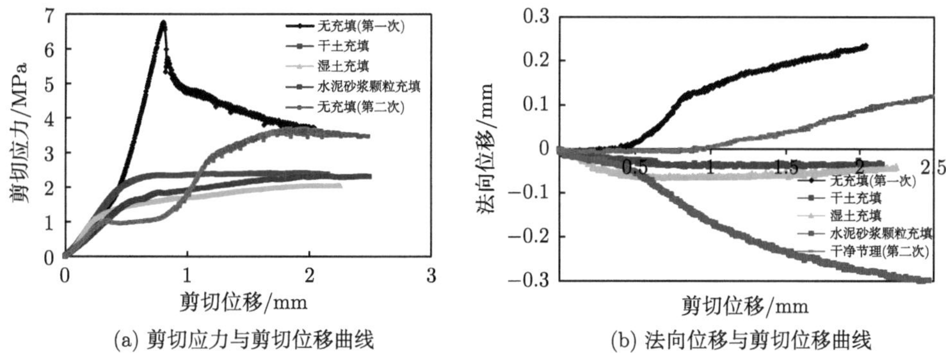

(a) 剪切应力与剪切位移曲线　　(b) 法向位移与剪切位移曲线

图 2.9　法向应力为 3 MPa 时无填充结构面和三种不同充填结构面的剪切应力与剪切位移以及法向位移与剪切位移曲线

在试验中，充填物将起伏体覆盖，起到了一定的保护作用，剪切过程中并不一定是结构面两侧表面的起伏体发生了剪切，不同的剪切介质导致了不同结构面剪切特性和峰值强度的差异。对于无充填结构面而言，是“岩面-岩面”接触发生剪切，因此其抗剪强度最高。由于土粒之间松散和无黏性的特点，干土充填结构面发生的是“土粒-岩面”之间的剪切。对于湿填土结构面，土体颗粒被挤压成薄泥层，其主要剪切介质为“泥层-岩面”的接触面。对于充填水泥砂浆颗粒的结构面，由于使用的砂浆颗粒尺寸较大，结构面的两部分不能完全闭合 (从首次剪切后的图中可以看到，其中一些颗粒仍然是完整的)，剪切过程中这些颗粒发生滚动，其中一些水泥颗粒在剪切过程中破碎，因此实际剪切过程是在结构面与分散颗粒之间发生的 (即点-面接触)。

由于充填干土的结构面抗剪强度高于湿土的抗剪强度，因此干土充填结构面的抗剪强度曲线高于湿土充填结构面的抗剪强度曲线。对于无充填结构面和砂浆充填结构面，虽然两者都是水泥砂浆材料之间的摩擦，但无充填结构面的强度明显高于水泥砂浆颗粒充填结构面的强度。这一结果是因为无充填结构面主要发生的是岩石表面和岩石表面之间的滑动摩擦，而水泥砂浆颗粒充填结构面主要发生的是颗粒和岩石表面之间的滚动摩擦。该研究结果与 Pereira[173] 对薄砂充填结构面的旋转剪切试验结论一致。滚动摩擦力可用式 (2.1) 计算：

$$f_r = \frac{\delta \cdot F_N}{R} \tag{2.1}$$

其中，f_r 为滚动摩擦力；δ 为滚动摩擦系数，与接触材料有关；F_N 和 R 分别为充填颗粒的法向应力和半径。

滑动摩擦力可以通过式 (2.2) 计算：

$$f_s = \mu_s \cdot F_N \tag{2.2}$$

其中，μ_s 为滑动摩擦系数。当 $\delta/R \ll \mu_s$ 时，滑动摩擦大于滚动摩擦。试验结果还表明，对于第二次剪切的结构面，虽然起伏体在第一次剪切过程中已经发生损伤，但其剪切强度仍高于任意充填结构面。

2.3.3 剪切历史对充填结构面剪切行为的影响

为研究剪切历史 (剪切次数) 对充填结构面剪切行为的影响，在相同的法向应力 (3 MPa) 下，对上述三种充填结构面进行了三次剪切试验。图 2.10 为经历了三次剪切循环的结构面剪切应力-剪切位移曲线。三次剪切循环后，三种充填结构面剪切强度和剪切应力曲线形状均表现出不同的特征。对于干土充填结构面而言，当剪切位移达到 0.7 mm 后，第一次剪切循环的剪切应力几乎保持不变，如图 2.10(a) 所示。图 2.11(a) 展示了每次剪切后结构面的下盘表面，表明第一次剪切后干土颗粒破碎并沿剪切方向形成明显的划痕。同时，在结构面上离散地分布着几个白色区域，这些白色区域为起伏体发生接触、损伤引起。因此，剪切应力主要由土与结构面表面的滑动摩擦所承担，少部分由少量起伏体接触承担。结构面本身没有发生剪切破坏，大部分结构面表面被土覆盖或填满。因此，其剪切强度较低且几乎保持不变。第二次和第三次剪切强度曲线几乎重合，第二次剪切强度略高于第三次的剪切强度，剪切前半段两者都低于第一次剪切的剪切应力值，之后三者获得的剪切应力几乎一致。图 2.11(a) 的对比表明，随着剪切循环次数的增加，土颗粒变得更细，白色区域几乎保持不变，表明没有新的起伏体被剪掉。但随着剪切循环次数的增加，磨损和摩擦效应都达到了极限，因此从第二次剪切到第三次剪切，强度的降低幅度有限。在残余阶段之前，由于结构面在初始剪切后露出部分区域，在剪切过程中接触位置发生变化，导致第二次和第三次剪切强度表现出一定的强化特征。图 2.12(a) 为干土充填结构面的法向位移曲线，所有的法向变形量都小于 0(即以压缩变形为主)，在第二次、第三次剪切过程中，从第一次剪切终点开始变形转为剪胀。

对于湿土充填结构面而言，每次剪切后结构面下盘表面如图 2.11(b) 所示。第一次剪切后，与干土充填结构面相比，仅有少量起伏体损伤，结构面表面状态良好，看不到白色区域，湿土在挤压和摩擦作用下形成了一层薄的表皮层。白点在第二次剪切后有所增加，说明剪切过程中除了湿土层外还有一些起伏体参与，这也是第二次剪切强度略高于第一次剪切强度的原因。对比表明，白色区域在第三次剪切后基本没有增加，意味着在本次剪切中没有新的起伏体被剪掉，只发生了滑动摩擦。此外，结构面表面更多区域由泥层覆盖，说明湿泥层对结构面综合抗剪强度贡献更大，因此抗剪强度低于第二次剪切 (如图 2.10(b) 所示)。三条强度曲线均表现出随剪切位移增大而强度强化的特性，因为剪切过程中填充物压缩变薄和剪切介质发生变化 (剪切介质可能由岩石表面湿泥层转变为岩石表面局部突出起伏体)。在图 2.12(b) 湿土充填结构面的法向位移曲线中，第一次剪切中湿泥被压缩得最厉害，第一次和第二次剪切循环中出现明显剪胀，第二次剪切循环的剪胀量远大于第一次剪切，说明结构面本身接触表面的滑动在结构面剪胀中起重要作用。

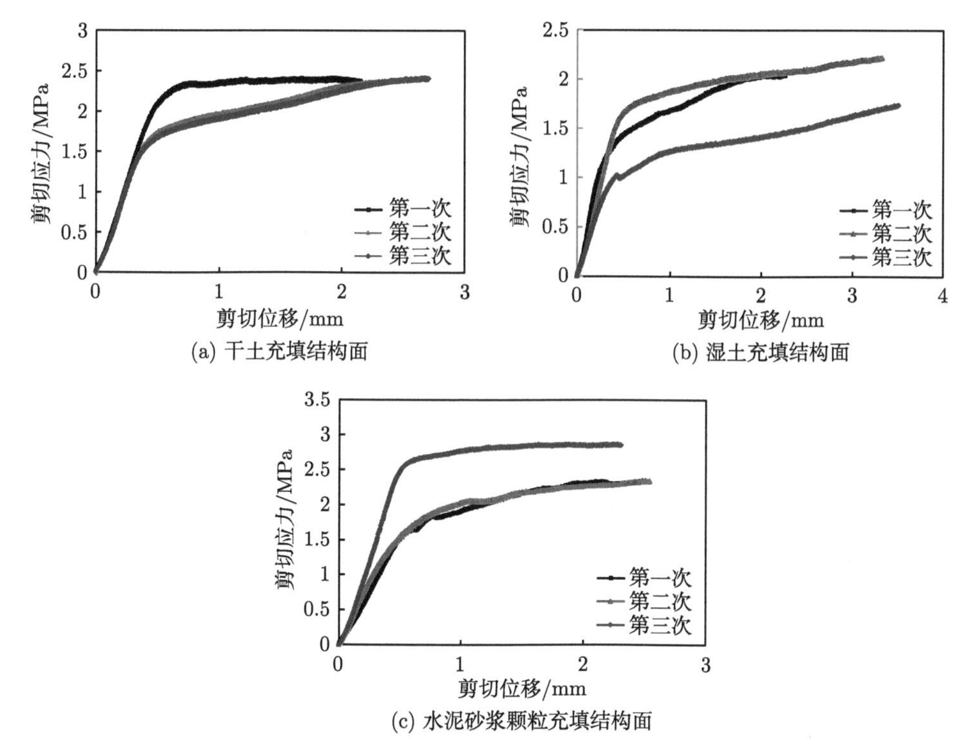

图 2.10 法向应力为 3 MPa 时，充填结构面经过三次剪切循环的剪切应力-剪切位移曲线

水泥砂浆颗粒充填结构面的前两个剪切循环剪切应力曲线几乎重合，随剪切位移的变化均表现出微弱的强化特性，如图 2.10(c) 所示。第三次剪切任意时刻的剪切强度均高于前两次剪切循环，且在转折点后剪切应力基本保持恒定。曲线形状与第一次剪切时的干土充填结构面相似。初始剪切时，因为填充的颗粒尺寸大且具有一定强度，故上下盘结构面不能完全闭合，如第一次剪切后的图 2.11(c) 所示，一些颗粒仍完整无破损。因此，实际剪切介质为分散的颗粒和结构面表面 (点-面摩擦)，在剪切过程中会发生颗粒粉碎和旋转，滚动摩擦导致剪切强度降低。在前两次剪切循环中，剪切强度曲线反映的是颗粒混合物 (包括大颗粒、碾碎的

少量细粉末) 和结构面表面 (点-面摩擦、滚动摩擦) 之间的剪切强度，而不是咬合结构面表面之间的剪切强度 (面摩擦、滑动摩擦)。最后一次剪切循环时，颗粒尺寸减小，大部分颗粒被粉碎并磨成粉末，充填物的厚度变小，导致结构面之间的起伏体发生一定程度的接触，滚动摩擦逐渐消失，滑动摩擦逐渐发挥作用。因此，导致第三次剪切循环的摩擦力是所有剪切循环中最高的。随着剪切循环的进行，法向位移逐渐由压缩向剪胀转变，如图 2.12(c) 所示，前两次剪切循环压缩变形逐渐增大但没有发生剪胀，说明水泥颗粒破碎变薄。在第三次剪切循环中，大部分颗粒变成细粉，因此压缩量最小，粉末、小颗粒的混合物与结构面表面之间由于摩擦而发生剪胀。

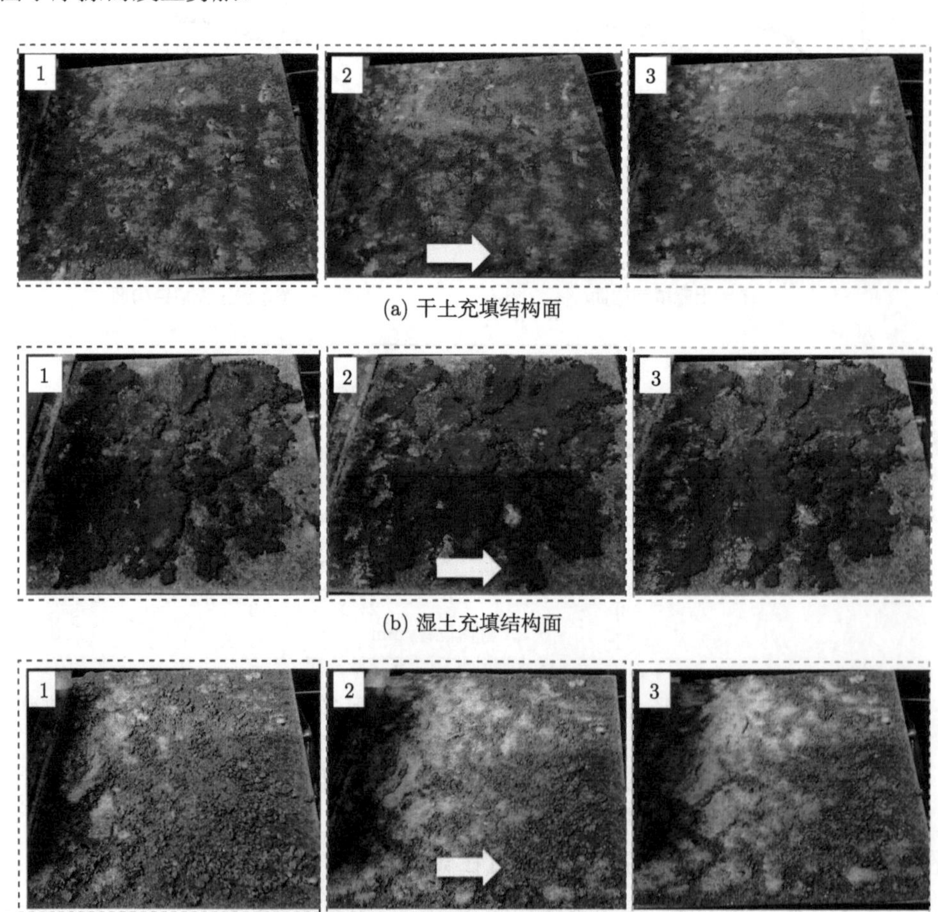

(a) 干土充填结构面

(b) 湿土充填结构面

(c) 水泥砂浆颗粒充填结构面

图 2.11　3 MPa 法向应力下试验后结构面表面 (下盘) 和充填物的对比 (1、2 和 3 表示剪切循环次数，黄色箭头表示剪切方向)

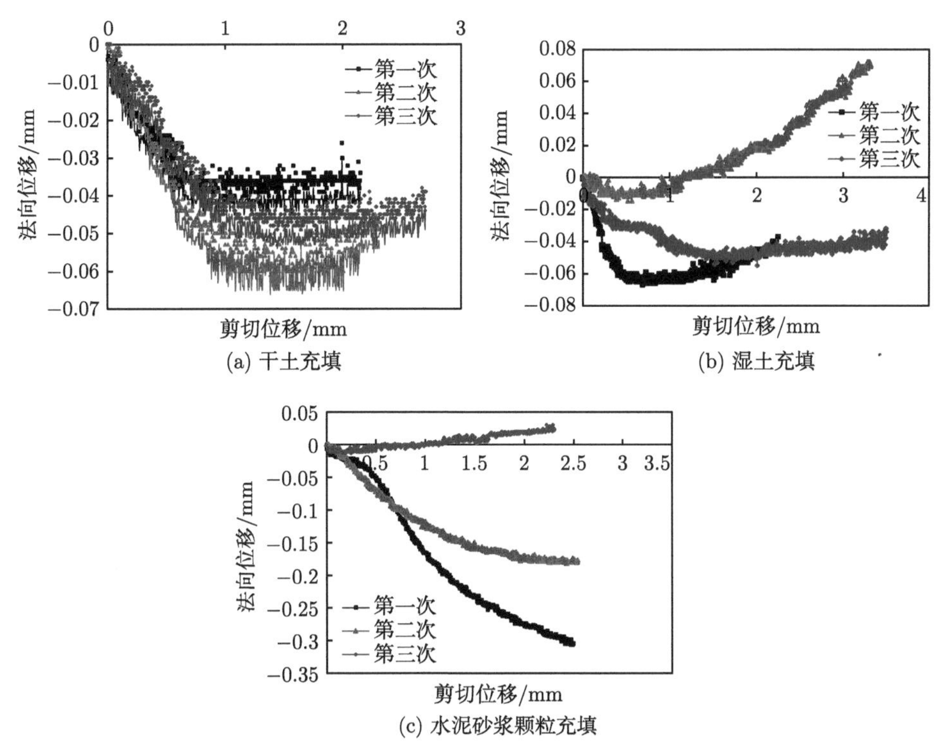

图 2.12 法向应力 3 MPa 下三次循环的充填结构面的法向位移-剪切位移曲线

循环剪切的充填结构面的峰值剪切强度随剪切循环次数的变化如图 2.13 所示。为了与无充填结构面的剪切强度对比，将充填结构面的剪切强度进行归一化处

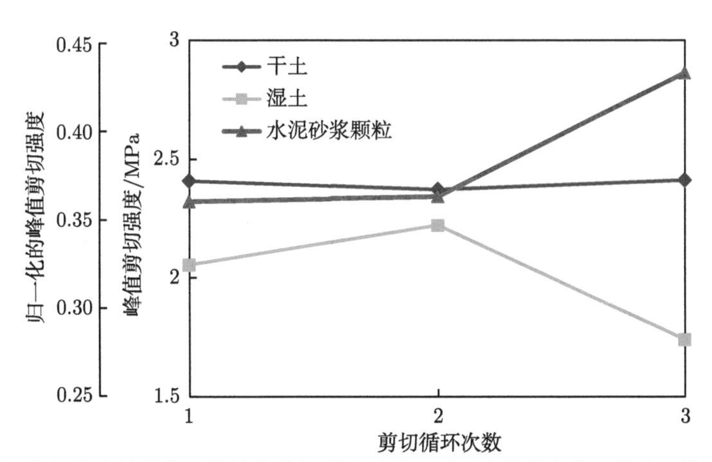

图 2.13 循环剪切的充填结构面的峰值剪切强度随剪切循环次数的变化。其中，纵轴的第一列表示在相同法向应力 (3 MPa) 下，由无充填结构面的峰值剪切强度 (6.76 MPa) 归一化的强度比

理 (除以无充填结构面的剪切强度)，发现充填结构面 (忽略充填类型) 的峰值剪切强度仅为无充填结构面峰值剪切强度的 30%～35%，且随着剪切循环次数的增加，不同充填结构面的强度呈现不同的变化规律。

与前人的研究结论相似，上述分析也表明充填物的类型和厚度对抗剪强度有显著影响。相同充填物的物理状态 (如含水率和粒径大小) 对剪切强度也有不同的影响，而充填物的粒径和强度决定了剪切过程中是以滚动摩擦还是以滑动摩擦为主。本研究还表明，剪切历史对由薄层材料填充的结构面的剪切行为和强度的影响机制十分复杂，因为剪切介质会随着剪切位移的增加或剪切循环次数的增加而变化 (可能发生充填物本身的剪切，稀疏分散颗粒 (大颗粒) 与结构面表面之间的剪切，密集分散颗粒 (小颗粒) 与结构面表面之间的剪切，夹层面与结构面表面之间的剪切，以及从一个介质向另一个介质的转变)。

2.4 含不同充填物的结构面剪切声发射特性

声发射监测技术目前被广泛用来进行岩石材料、混凝土等脆性材料的破裂监测和分析，可以在不干扰现有结构的情况下，对现场进行实时和全面的监测。尽管声发射信号在岩石工程中得到了广泛的应用，但将其应用于岩石结构面剪切行为监测的研究却较少，对充填结构面声发射特性的研究更少。本研究中，通过同步监测结构面剪切过程中的声发射信号，分析剪切历史和充填物对声发射参数的影响，进而揭示损伤演化特征。

2.4.1 不同剪切变形历史下的未充填结构面的声发射信号

由于不同法向应力下结构面剪切的声发射信号的变化规律相似，本书以 0.5 MPa 法向应力下经历 2 次剪切为例，以此说明剪切变形历史对声发射信号的影响。

图 2.14(a) 和 (b) 为结构面首次剪切时 4 个传感器检测到的声发射撞击率和声发射能量率分布。图中 1、2、3、4 的撞击率或能量率分别表示第 1 号、第 2 号、第 3 号、第 4 号传感器在 1 s 内记录到的声发射计数或能量。在 PAC 声发射软件中，声发射能量表示声发射信号的相对强度，定义为以 mV · μs 为单位的信号包络线 (电压单位为 mV) 和横轴 (时间单位为 μs) 所围成的面积。4 个不同位置采集的声发射信号的变化规律非常一致，细微的差异主要由于破裂源 (声发射源) 与传感器距离不同，导致信号数量和衰减程度不同。

在第一次剪切循环的初始阶段，声发射信号比较平静，随着剪切位移的增加，剪切应力和撞击率都迅速增加，几乎同时达到峰值。然后，剪切应力从峰值缓慢下降，撞击率也迅速下降。应力的降低与声发射活动的平缓保持一致。当剪切应力到达残余阶段时，撞击率没有衰减到 0，而是保持在一个较低的水平。这些微弱信号主要来自于结构面上下盘的滑动摩擦。在剪切过程中能量率也符合平缓、逐步增加、达到峰值、轻微地减少和平稳地变化模式，只在残余滑动阶段一些局部的破裂导致能量率突增。

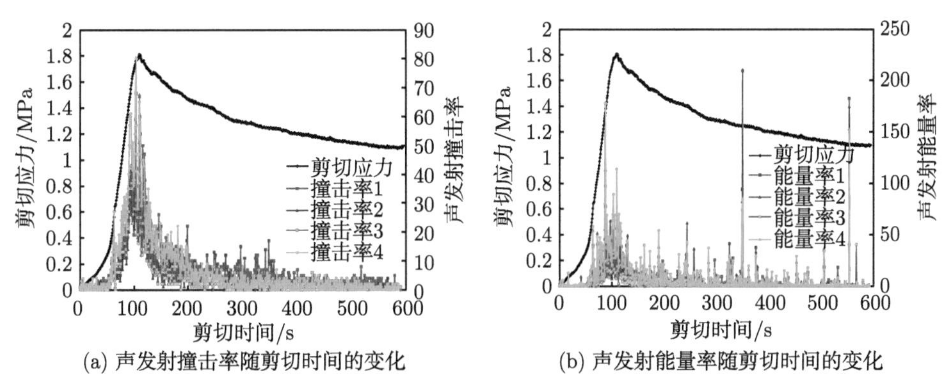

(a) 声发射撞击率随剪切时间的变化 (b) 声发射能量率随剪切时间的变化

图 2.14 在 0.5 MPa 法向应力下，第一次剪切循环无充填结构面的声发射撞击率和声发射能量率随剪切时间的变化

与第一次剪切循环相比，第二次剪切循环声发射信号的活动明显减少(图 2.15(a) 和 (b))。声发射撞击率由剪切应力-剪切位移曲线的拐点划分，在此之前声发射信号更活跃，之后声发射信号变得更平稳。声发射的撞击率比第一次剪切时降低很多。声发射能量率也表现出与撞击率相同的变化趋势，在剪切应力增加时，声发射能量率更活跃，而在残余滑动阶段变化趋势更平缓。

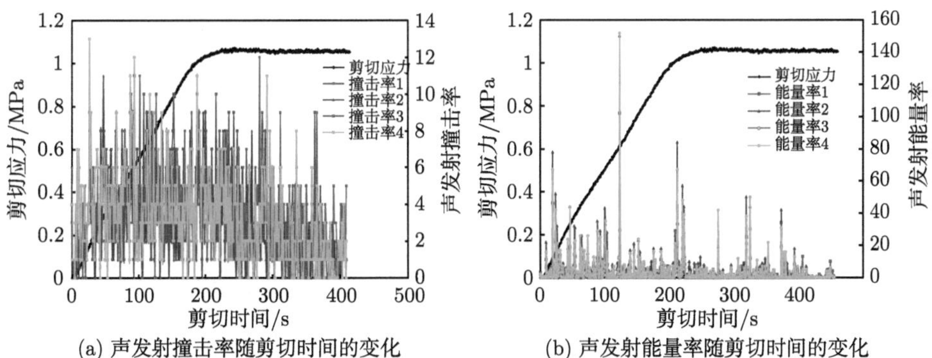

(a) 声发射撞击率随剪切时间的变化 (b) 声发射能量率随剪切时间的变化

图 2.15 在 0.5 MPa 法向应力下，第二次剪切循环无充填结构面的声发射撞击率和声发射能量率随剪切时间的变化

在第一次剪切前，结构面的两部分完全咬合，第一次剪切时随着剪切应力的增加，咬合起伏体的能量和应力逐渐累积。当超过剪切强度时，凸起的起伏体被剪掉，同时释放大量能量，并发出声发射信号。随着剪切位移的不断增大，两界面间的滑动摩擦逐渐占主导地位。结构面表面被磨得更平坦，撞击率逐渐降低。当结构面被第二次剪切时，这些起作用的起伏体已经被破坏，而那些抵抗滑动的粗糙结构也被磨平，所以声发射信号的活跃性降低。分析表明，大部分的声发射信号来源于起伏体的损坏和剪断，当这些起伏体被破坏后，声发射信号变弱且界面发生滑动摩擦。

2.4.2　相同法向应力下不同充填物的声发射信号

在法向应力 3 MPa 下，未充填结构面和充填干土、湿土和水泥砂浆颗粒结构面的声发射和剪切应力随时间的变化曲线，如图 2.16 所示。4 种不同类型结构面的峰值剪切强度和声发射信号对比结果见表 2.3 所示。

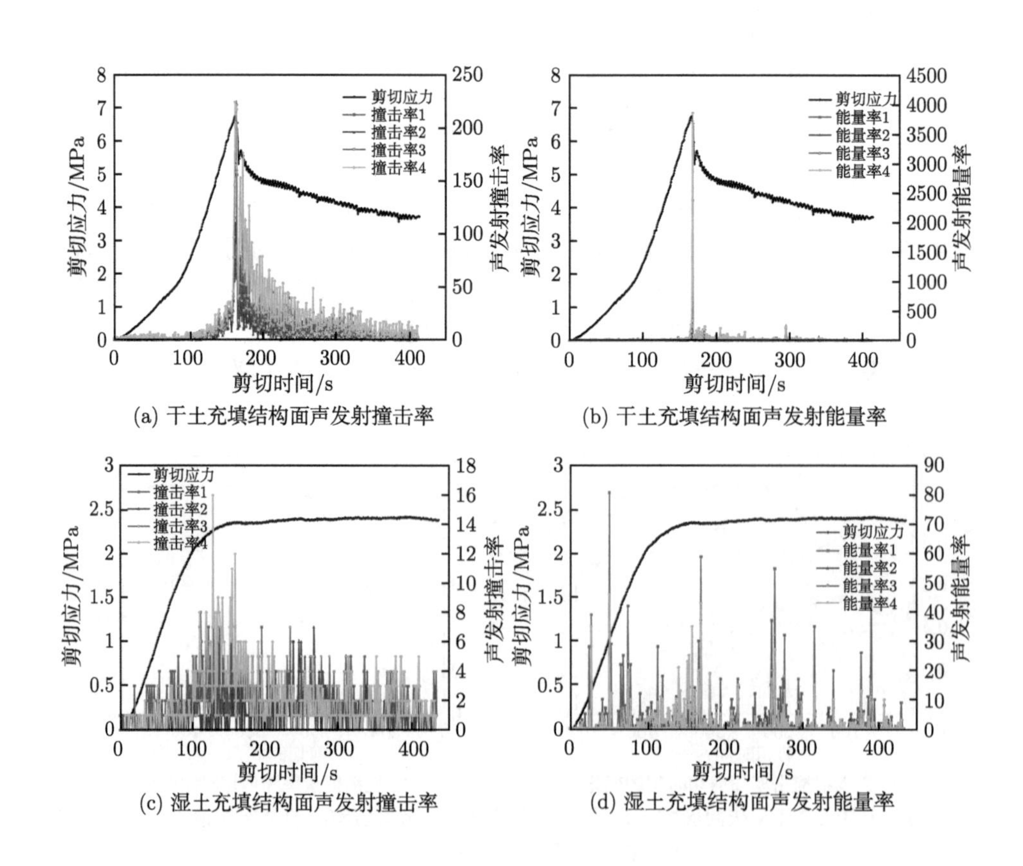

(a) 干土充填结构面声发射撞击率　　(b) 干土充填结构面声发射能量率

(c) 湿土充填结构面声发射撞击率　　(d) 湿土充填结构面声发射能量率

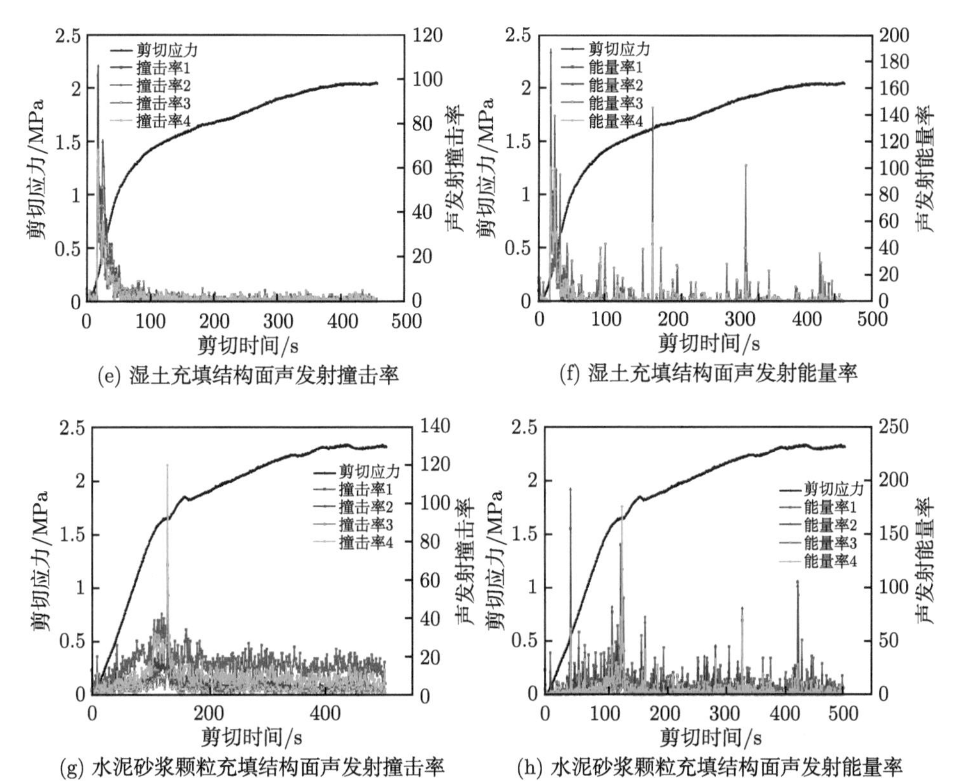

(e) 湿土充填结构面声发射撞击率

(f) 湿土充填结构面声发射能量率

(g) 水泥砂浆颗粒充填结构面声发射撞击率

(h) 水泥砂浆颗粒充填结构面声发射能量率

图 2.16 法向应力为 3 MPa 时无充填结构面、干土充填结构面、湿土充填结构面和水泥砂浆颗粒充填结构面声发射撞击率和能量率的变化

表 2.3 相同法向应力 (3 MPa) 下 4 种不同类型结构面的峰值剪切强度及声发射信号

结构面状态	峰值剪切强度/MPa	峰值撞击率	峰值能量率	总撞击	总能量
未充填	6.76	225	3869	2325～8118	1624～11026
水泥砂浆充填	2.32	120	192	1554～8016	939～6415
湿土充填	2.05	106	187	899～1691	783～2623
干土充填	2.41	16	81	433～850	243～1463

注：由于 4 个传感器的峰值撞击率和峰值能量率差异很小，所以在表中给出了其中最大的值。表中的总撞击值和能量是 4 个传感器中的最大值和最小值。

4 种结构面的峰值撞击率和峰值能量率由高到低依次为无充填结构面、水泥砂浆颗粒充填结构面、湿土充填结构面和干土充填结构面。如图 2.16(a) 和 (b) 所示未充填结构面的声发射信号最为活跃，撞击率和能量率的变化也呈现出相同的趋势，即平缓、逐渐增加、达到峰值、略有下降、平缓。其最大值与剪切应力峰值一致，说明在结构面上下盘发生错动的那一刻，释放了大部分的能量，发生了最多的断裂事件。本节分析的声发射特性与 0.5 MPa 的法向应力下结构面剪切的声发射特性基本一致，如图 2.14 所示，说明这一行为可能是低或中等法向应力作用下完全咬合的无充填结构面声发射信号的普遍规律。

如图 2.16(c) 和 (d) 所示，干土充填结构面的声发射撞击率和能量率最低，撞击率具有以下特征：在剪切应力拐点前，剪切应力和撞击率随时间逐渐增加，在拐点附近达到最大值，之后随着时间的推移不断下降，在应力拐点后，能量也逐渐减少。

如图 2.16(e) 和 (f) 所示，湿土充填结构面的撞击和能量特征较为特殊，与无充填和干土充填结构面差别较大，在剪切应力曲线的转折点之前，声发射参数从小数值上升到峰值再减小到残余阶段。从剪切应力曲线的转折点到终点，撞击率较低，且小于其他结构面。

水泥砂浆颗粒充填结构面的声发射信号为图 2.16(g) 和 (h)，峰值撞击率和能量率低于未充填结构面，但高于其他结构面。累积撞击量也远高于其他两个充填结构面。同样，在剪切应力发生一定程度的增强之前，撞击率逐渐增加，在应力曲线的转折点处达到峰值，之后缓慢下降并保持在一个较低的水平。虽然在剪切应力拐点后，不同充填结构面的撞击率保持较低水平，但水泥砂浆颗粒充填结构面与其他结构面之间存在较大差异。残余滑动阶段的撞击率密集且剧烈，撞击总数也较高，这是充填脆性水泥砂浆颗粒剪切时颗粒在结构面两盘之间滚动、破碎和摩擦造成的。颗粒充填结构面的能量率远远大于干土充填结构面，说明水泥砂浆颗粒破碎和摩擦引起的声发射信号比土颗粒的破碎和摩擦更明显，但低于未充填结构面。

总的来说，未充填结构面的峰值能量率比充填结构面高一到两个数量级，如表 2.3 所示，与剪切应力峰值同步。充填结构面的峰值撞击率和能量率多在剪切应力曲线转折点或附近达到，水泥砂浆颗粒充填结构面最高，干土充填结构面最低，这主要是由于脆性颗粒的断裂、破碎和滚动产生了大量的声发射信号。由于湿土的可压缩性大于干土，当施加一定法向应力时，湿土充填结构面中上下盘表面起伏体更容易接触，因此在剪切开始时就取得最大撞击率和能量率。由于干土充填结构面的剪切介质主要为薄软土颗粒-岩石表面，因此其声发射信号低于剪切介质为泥层-岩石表面和局部起伏体-岩石表面的湿土充填结构面。在充填结构面的能量率曲线中，某些时刻的局部突增是由一些起伏体在滑动摩擦过程中破裂引起的。虽然在拐点后随着剪切位移的增大，剪切应力增强，但相应的声发射信号并没有增加，而是逐渐减弱。

2.4.3 不同剪切变形历史下充填结构面的声发射特征

干土充填结构面声发射撞击值普遍较低，说明干土剪切时不易产生声发射信号。如图 2.17(a) 和 (b) 所示，与第一次剪切相比，第二次剪切的撞击率和能量率显著降低，这是由于首次剪切中已经对大颗粒土进行了粉碎和研磨，使其尺寸变小、变细。与第二次剪切相比，第三次剪切循环结构面的撞击率和能量率有所提高，其增长主要来自于剪切后半段 (图 2.17(c) 和 (d))，即剪切应力强化阶段。在第一次剪切时，在剪切应力的拐点处得到峰值声发射信号，之后应力趋于恒定，随着剪切位移的增加，声发射信号逐渐减小。在第二次和第三次剪切时，声发射信号随着剪切的进行逐渐活跃，直到达到剪切应力转折点，之后趋于平缓，再次活跃，在应力强化阶段达到峰值。这种趋势可以解释如下：最初均匀分布在表面的土层在前两次剪切后可能会发生移动，导致部分起伏体暴露出来，并产生少量起伏体-岩石表面摩擦，产生的声发射信号比“土粒-岩石表面”摩擦更多。三次剪切循环过程中声发射信号的变化规律准确反映了充填物与剪切介质力学性质的转变。

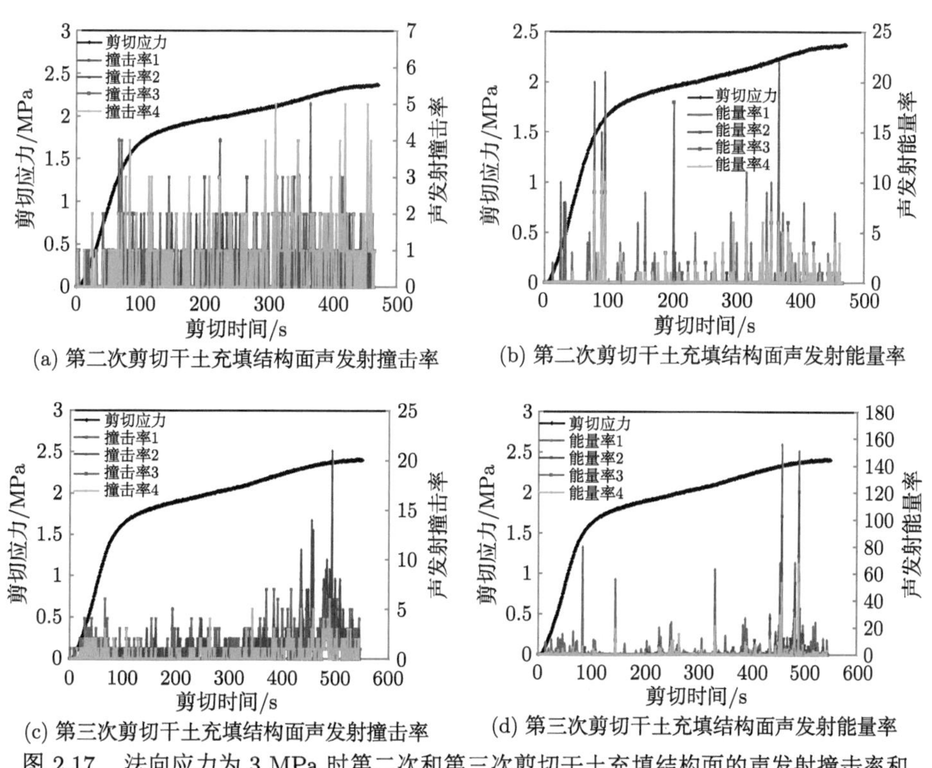

(a) 第二次剪切干土充填结构面声发射撞击率
(b) 第二次剪切干土充填结构面声发射能量率
(c) 第三次剪切干土充填结构面声发射撞击率
(d) 第三次剪切干土充填结构面声发射能量率

图 2.17 法向应力为 3 MPa 时第二次和第三次剪切干土充填结构面的声发射撞击率和声发射能量率分布

随着剪切循环次数的增加，水泥砂浆颗粒充填结构面的声发射事件数量有所减少 (分别为 268 次、252 次和 129 次)，峰值能量率和撞击率均有所降低。声发射信号如图 2.18 所示，第三次剪切循环中声发射撞击率、累积撞击、能量率均为最小。声发射信号随剪切循环次数的变化主要是由于水泥砂浆颗粒的连续破碎，随着剪切次数的增加，水泥砂浆颗粒的尺寸越来越小、越来越细。每个颗粒都可能是一个声发射源，颗粒破碎时发射一个或多个声发射信号。三次撞击率在剪切应力变化前均随时间增加，在转折点前后达到峰值，在剪切应力保持不变或略有增加的情况下缓慢下降。在第一次和第二次剪切过程中，虽然剪切应力在转折点后随着剪切位移略有增加，但声发射信号没有增大，这与干土充填结构面不同。与前两次剪切相比，第三次剪切的最大声发射信号 (撞击率和能量率) 和残余剪切阶段的声发射信号几乎没有区别，这是因为大型颗粒已经碎成粉末，粉末和岩石结构面表面之间的摩擦只产生微弱的声发射信号。这种声发射信号的变化代表了充填颗粒尺寸的退化，进而导致了剪切机理的转变。

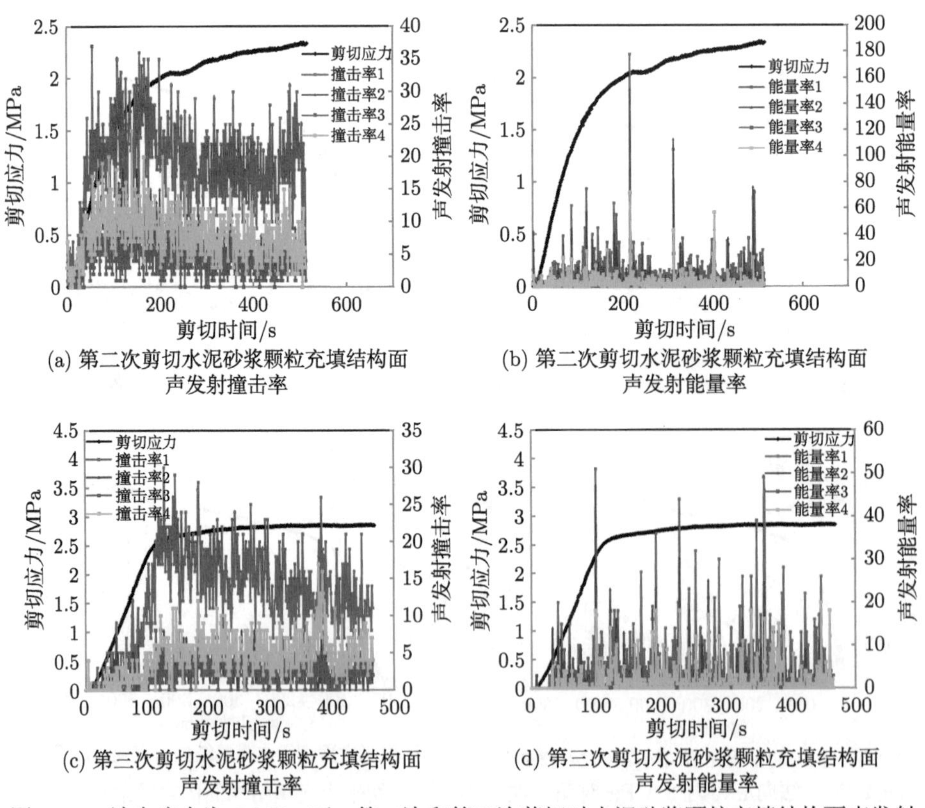

(a) 第二次剪切水泥砂浆颗粒充填结构面声发射撞击率

(b) 第二次剪切水泥砂浆颗粒充填结构面声发射能量率

(c) 第三次剪切水泥砂浆颗粒充填结构面声发射撞击率

(d) 第三次剪切水泥砂浆颗粒充填结构面声发射能量率

图 2.18　法向应力为 3 MPa 下，第二次和第三次剪切时水泥砂浆颗粒充填结构面声发射撞击率和声发射能量率变化

对于湿土充填结构面如图 2.19 所示，第一次剪切的峰值撞击率明显高于后两次剪切，后两次剪切中监测获得的撞击数极低，说明结构面的断裂事件数量显著减少。与第一次剪切的能量率相比，后两次剪切的峰值能量率并没有明显下降，

说明在重复剪切过程中存在一些局部起伏体被剪掉，并有较高的能量释放。三次剪切中，虽然在转折点后剪切应力有所增强，但随着剪切位移的增加，声发射信号并没有增加，且在应力曲线的转折点附近获得了最大的撞击率和能量率。

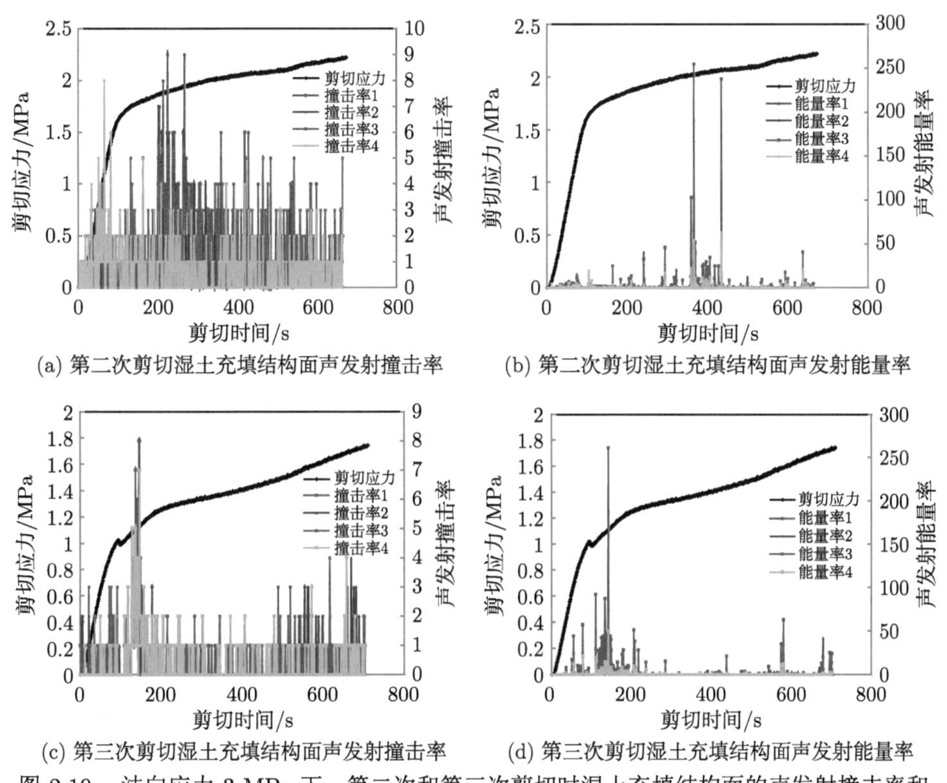

(a) 第二次剪切湿土充填结构面声发射撞击率　(b) 第二次剪切湿土充填结构面声发射能量率

(c) 第三次剪切湿土充填结构面声发射撞击率　(d) 第三次剪切湿土充填结构面声发射能量率

图 2.19　法向应力 3 MPa 下，第二次和第三次剪切时湿土充填结构面的声发射撞击率和声发射能量率变化

上述分析表明，对于无充填结构面，剪切过程中声发射信号随剪切次数 (剪切变形历史) 或单次的剪切位移的增加均表现出很好的规律性，且可以得到明确的解释。然而，对于充填结构面而言，由于剪切机理和充填媒介的复杂性，声发射信号也更为复杂，充填物的类型、厚度以及与表面起伏体的相关作用影响声发射信号。

随着剪切次数的增加，充填物随着其尺寸的减小而被压缩和移动，充填物抗剪强度的变化规律变得复杂。这又会导致声发射信号的不断变化。上述分析表明，单次剪切过程中声发射信号的变化与剪切应力的变化具有较好的对应关系，但很难将声发射信号与充填结构面在不同剪切次数下的强度变化联系起来。以干土充填结构面为例，第二次剪切强度略高于第三次剪切强度，但均低于第一次剪切强度。然而与第一次剪切相比，第二次剪切的撞击率和能量率显著降低，第三次剪切时的撞击率和能量率比第二次剪切时有所提高。此外，充填不同材料的结构面声发射信号的变化与剪切强度的变化关系不大。第一次剪切时三种充填结构面的峰值强度及其对应的声发射信号见表 2.3，剪切强度由高到低依次为干土充填、水泥砂浆颗粒充填和湿土充填结构面。水泥砂浆颗粒充填结构面的声发射活跃性最强，其次是湿土充填结构面和干土充填结构面。但试验结果表明，对于未充填结构面，其抗剪强度越高，声发射信号 (尤其是峰值能量率) 越明显。表 2.4 给出了四个法向应力下无充填结构面的声发射信号。对于充填结构面剪切强度与声发射信号无相关性的主要原因可能在于不同的剪切介质会产生不同强度的声发射信号，但并不一定与剪切强度呈正相关，例如，滚动摩擦导致水泥砂浆颗粒充填结构面剪切强度低，但由于脆性充填物的旋转和破碎产生了较强的声发射信号。

表 2.4 在四种不同法向应力下无充填结构面的声发射信号

法向应力/MPa	峰值撞击率	峰值能量率	总撞击	总能量
0.5	80	178	2199～4117	1751～4772
1	237	571	2706～8793	1825～11299
2	292	1517	4395～6840	3424～8850
3	225	3869	2325～8118	1624～11026

注：由于四个传感器的峰值撞击率和峰值能量率差异很小，所以在表中只给出了最大的值。表中的总撞击和总能量是四个传感器的最大值与最小值。

虽然充填结构面的声发射信号比较复杂，但本节的分析表明，声发射信号随剪切位移的演化可以准确地反映单次剪切过程中的剪切破坏机理。

2.5 主要结论

以土和水泥砂浆颗粒作为充填物，对张拉劈裂形成的粗糙结构面进行了一系列恒法向应力条件下的直剪试验。详细研究了剪切变形历史对无充填结构面抗剪强度和力学性能的影响，同时监测并比较了不同充填物和经历多次剪切过程结构面的声发射信号。本研究主要获得以下主要结论：

(1) 无充填结构面在第一次剪切时存在明显的剪切应力峰值，剪切应力曲线呈现应变软化特征。但在随后的剪切过程中，剪切应力先增大后保持不变，第二次剪切与第三次剪切的最大剪切强度相差不大，约为第一次剪切峰值强度的 60%。

(2) 无充填结构面第一次剪切的峰值、残余剪切强度和第二次剪切的峰值剪切强度完全符合线性库仑准则，后两种情况下的强度包络线几乎重叠。在第一次剪切后，无充填结构面的摩擦角从 63° 下降到 45°。

(3) 在相同法向应力作用下，充填结构面的最大抗剪强度较无充填结构面显著降低，仅为无充填结构面峰值强度的 35%，也低于无充填结构面第二次剪切循环的最大剪切强度。充填结构面的应力曲线表现为应变硬化或水平变化 (应力保持不变)。

(4) 充填结构面的抗剪强度随剪切次数的增加而增大或减少，其剪切应力随剪切介质的不同而趋于应变硬化或保持不变。结构面充填大颗粒时，颗粒被压碎并旋转，产生滚动摩擦，剪切强度较低。随着剪切次数的增加，颗粒尺寸减小甚至磨成粉末，滚动摩擦逐渐消失，滑动摩擦逐渐占主导，剪切强度提高。

(5) 最大声发射撞击率和能量率与无充填结构面的峰值剪切应力同步。随着剪切应力的降低，声发射信号趋于平稳，其活跃性在第二次剪切时显著降低。剪切强度越高，无充填结构面的声发射信号活跃性越强。而在充填结构面中，声发射活跃性与抗剪强度的关系不显著，其声发射信号主要由剪切介质决定，而不是由剪切强度决定。

(6) 对于充填结构面，峰值撞击率和能量率主要出现在剪切应力曲线转折点附近，水泥砂浆颗粒充填结构面峰值最大，干土充填结构面峰值最低。反复剪切时，剪切介质在剪切过程中的连续变化，使声发射信号更加复杂。声发射信号随剪切位移的演化可以准确反映单次剪切过程中的剪切破坏机理。

从本研究可知，当粗糙结构面内部充填有黏土类充填物时，一般会降低结构面的剪切强度，削弱声发射活性，即使在高应力下，结构面剪切破坏诱发动力灾害的可能性也极低。但在极高应力下，当结构面内部被石英类碎屑充填时，可能产生与上述研究显著不同的性质，至于压力的临界值、石英类充填物的临界厚度等则仍需要深入研究。

第 3 章　基于声发射监测的结构面表面损伤特性与模型

3.1　引　　言

从第 2 章内容可知，声发射信息可以较好地反映结构面内部的剪切破坏过程和机理。为了更有效地利用声发射技术监测岩体结构面的剪切破坏，并根据声发射参数定量表征和评价起伏体的损伤规律，以及将声发射 (微震) 技术应用于节理岩体的稳定性监测和预测中，非常有必要开展不同应力水平下结构面剪切破坏声发射特性的研究。本章内容在第 2 章水泥砂浆结构面剪切试验的基础上，开展更多法向压力的剪切试验，并同步进行声发射测试，详细分析声发射参数随剪切应力和法向应力的变化，并借助声发射参数建立结构面起伏体损伤评价的定量模型。

3.2　试样制备和试验方法

试验用的水泥砂浆材料、水泥砂浆结构面的制备方法和试验设备与 2.2 节相同，此处不再赘述，劈裂过程和试样如图 3.1 所示。在直剪试验中，施加六级法向应力 (0.5 MPa、1 MPa、2 MPa、3 MPa、5 MPa、7 MPa 和 10 MPa)，剪切速率为 0.005 mm/s。

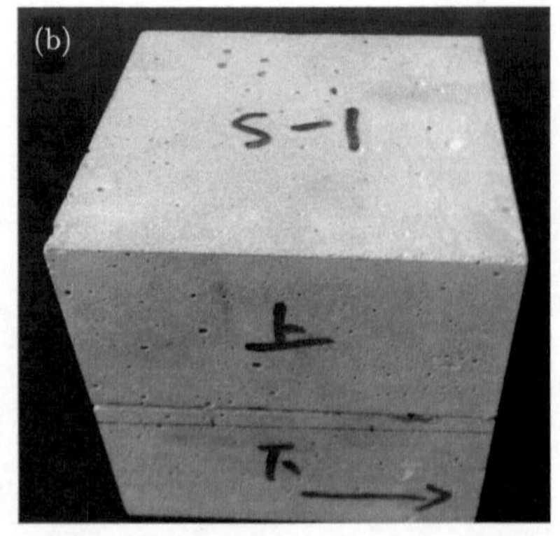

图 3.1 水泥砂浆粗糙结构面的制备: (a) 人工劈裂过程；(b) 劈裂后的匹配裂隙；(c) 上下盘的表面

3.3 剪切应力与声发射特征

3.3.1 剪切应力-剪切位移曲线

水泥砂浆结构面在不同法向应力作用下的剪切应力-剪切位移曲线如图 3.2 所示，当法向应力低于 10 MPa 时，所有曲线的形状相似。剪切应力在达到峰值之前随着剪切位移的增加而增加，之后剪切应力缓慢而稳定地下降，直到达到残余剪切强度。然而，当法向应力为 10 MPa 时，剪切应力在达到峰值剪切强度后发生波动，并出现几个小的应力降。

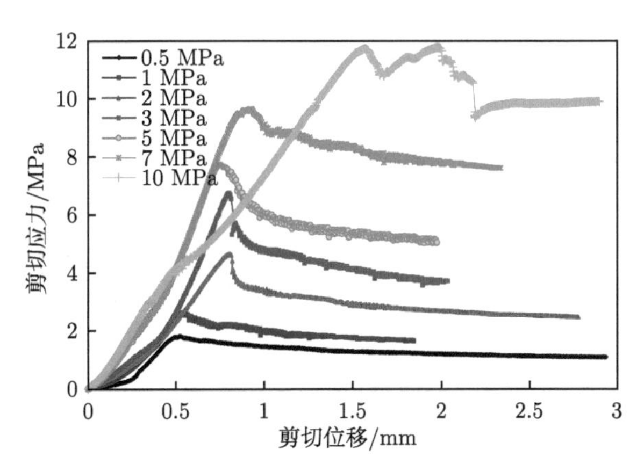

图 3.2 水泥砂浆结构面在不同法向应力作用下的剪切应力-剪切位移曲线

图 3.3 是法向应力为 1 MPa、5 MPa 和 10 MPa 时，剪切破坏后结构面的下盘部分。通过对比图 3.1 剪切前的结构面表面和剪切后的表面颜色可知，白色区域即为剪切损伤区。当法向应力很低时，损坏的起伏体随机分布在表面上，占据

很小的区域。随着法向应力的增加，损坏区域变大，并且逐渐成片分布。10 MPa 法向应力时，结构面面上除了由于起伏体磨损造成的浅白色区域外，还可以观察到多条垂直于剪切方向的裂隙，剪切应力曲线上的微小应力降和剪切应力波动与这些裂隙的产生密切相关。

(a) 1 MPa　　(b) 5 MPa　　(c) 10 MPa

图 3.3　不同的法向应力作用下结构面发生剪切破坏后的结构面下盘

3.3.2　声发射参数随剪切应力的变化

本研究主要分析了剪切过程中记录的声发射撞击、能量和事件三个声发射参数。在不同法向应力下的结构面剪切过程中，声发射参数随剪切应力的变化规律非常相似。因此，仅采用在 5 MPa 法向应力下获得的测试结果来说明声发射参数随剪切应力的变化规律 (如图 3.4 所示)。

图 3.4(a) 和 (b) 为声发射撞击率和声发射能量率随时间的变化，两图中撞击 (能量) 率 1、2、3 和 4 分别表示传感器 1、2、3 和 4 号记录的撞击 (能量) 率。声发射撞击率和声发射能量率均随着剪切应力的增加而增加。在峰值剪切强度或峰值剪切强度附近获得峰值撞击率和能量率。之后，撞击率和能量率随着剪切应力的降低而逐渐降低。在残余滑动阶段，声发射信号尤其是撞击率，变得非常微弱。

图 3.4(c) 为累积撞击随剪切时间的变化规律，除了总撞击数不同外，4 条曲线的变化规律相似，不同传感器不同的监测数值可能是与声发射传感器离声发射源的位置不同有关，不同的距离造成不同的弹性波衰减程度。在图 3.4(d) 中，将累计撞击按每个传感器监测获得的最大撞击数归一化，累计事件也按事件总数归一化。虽然每个传感器监测的撞击总数和定位获得的事件的总数均不同，但五个归一化曲线随剪切时间的变化规律彼此非常接近，可以根据声发射撞击或事件随时间的分布分为三个阶段：缓慢发展阶段、快速发展阶段和缓慢发展阶段。3.3.3 节将更详细地介绍和讨论不同结构面的累积撞击和事件的变化。

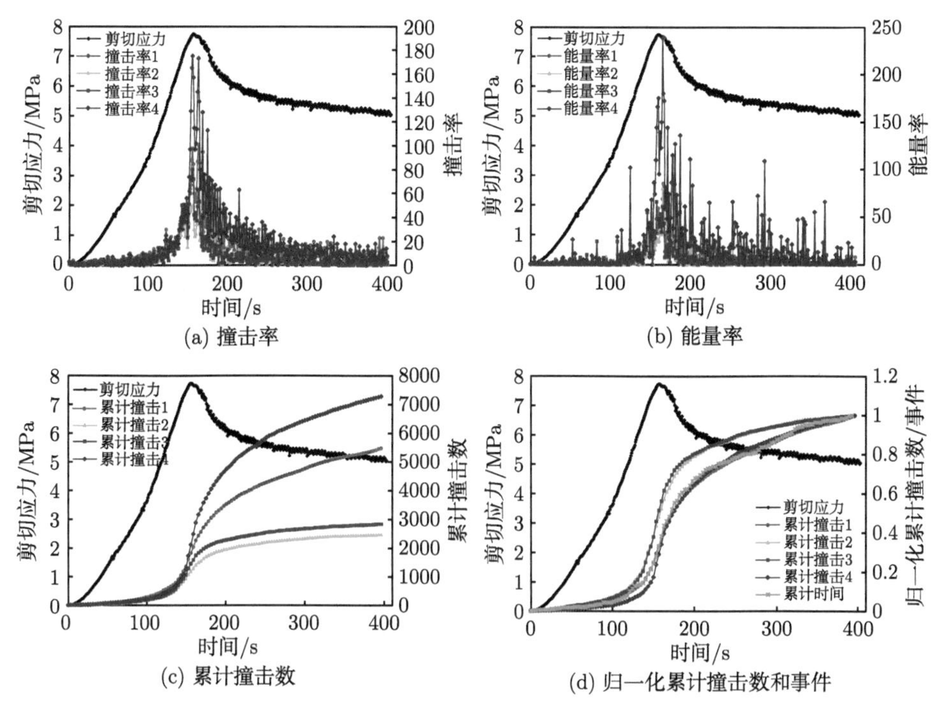

(a) 撞击率 (b) 能量率

(c) 累计撞击数 (d) 归一化累计撞击数和事件

图 3.4 法向应力为 5 MPa 时水泥砂浆结构面声发射参数随剪切时间的变化

3.3.3 声发射参数随法向应力的变化

不同法向应力下结构面剪切破坏的峰值剪切强度、峰值能量率和峰值撞击率列于表 3.1 中。其中，10 MPa 法向应力下的结构面发生局部的破裂和应力波动，破坏模式和剪切应力-剪位移曲线与其他试件不同，因此其声发射参数未列入表中。结果发现，当法向应力低于 3 MPa 时，峰值撞击率和峰值能量率随着法向应力的增加而增加，然后随着法向应力的进一步增加而趋于降低。在较低的法向应力范围内，随着法向应力的增加，更多的起伏体被剪断，导致更多的声发射撞击和能量释放。然而，当法向应力增加到一定程度 (这里大约为 3 MPa) 时，在结构面剪切时，起伏体可能发生塑性变形，导致声发射信号减少。

表 3.1 不同法向应力下结构面的峰值剪切强度和声发射参数

法向应力/MPa	0.5	1	2	3	5	7
峰值剪切强度/MPa	1.8	2.6	4.6	6.7	7.7	9.7
峰值撞击率	80	240	292	225	180	180
峰值能量率	114	570	1517	3870	238	300

图 3.5 为不同放大倍数 (×50、×800、×3000) 下扫描电子显微镜 (SEM) 观察到的试验所用水泥砂浆材料的微观结构。水泥砂浆中由于气泡残留，其孔隙率高，结构也不致密。压力增大到一定程度时，这种岩石材料很容易发生延性变形。

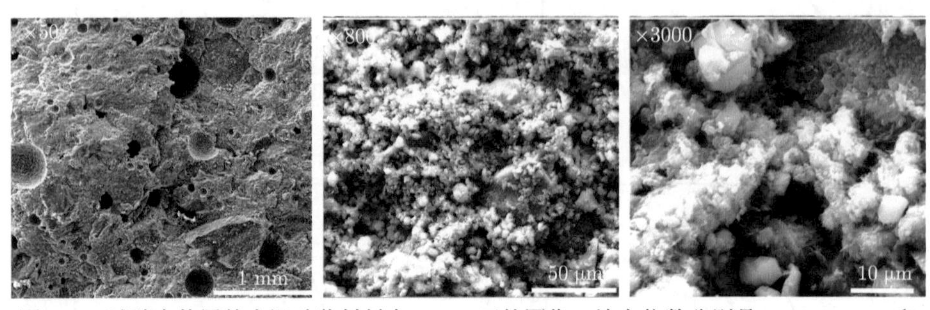

图 3.5　试验中使用的水泥砂浆材料在 SEM 下的图像，放大倍数分别是 ×50、×800 和 ×3000

图 3.6 为水泥砂浆结构面的峰值剪切强度包络线，可见当法向应力为 3 MPa 时为包络线的转折点，当应力超过 3MPa 之后，峰值剪切强度随着法向应力的增加而继续增加但增加速率变缓。该转折点与上述声发射参数的转变点一致，两者都可能与多孔水泥砂浆材料的延性变形有关。根据与本研究中使用类似水泥砂浆材料进行的三轴压缩试验 (在 0 MPa、5 MPa、10 MPa、15 MPa 和 25 MPa 的围压下) 的结果显示，当围压达到 5 MPa 时，完整水泥砂浆试样的延性显著增强 [174]。

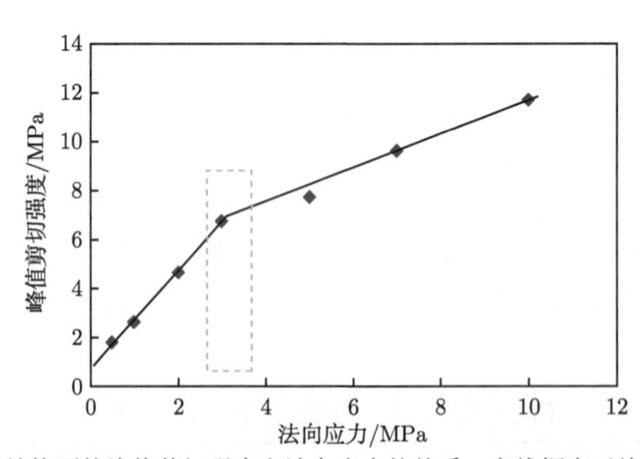

图 3.6　水泥砂浆结构面的峰值剪切强度和法向应力的关系。虚线框表示峰值剪切强度的转折点，也对应于声发射参数的转折应力

3.4 结构面起伏体损伤特性与模型

由于天然岩石的不透明性，无法实时直接观察到结构面内部起伏体的损伤演化规律。由于结构面剪切时，损伤主要集中在结构面表面，实时 CT(计算机 X 射线断层摄影技术) 扫描等技术也很难成功应用于监测结构面剪切过程中内部的损伤。声发射监测通过声发射撞击 (或事件)、事件位置和能量等参数分别推断结构面内部起伏体的损伤量、位置和强度，这是一种非常有效的方法。本节将通过结构面剪切过程中监测的声发射撞击和事件的时间演化来探究结构面起伏体的退化特征。

3.4.1 基于声发射事件的起伏体损伤特性

对不同法向应力下结构面剪切获得的累积声发射撞击和事件进行归一化处理 (分别除以相应的最大值)，如图 3.7 所示 (5 MPa 法向应力下的曲线见图 3.4(d))。将撞击和事件归一化后，其演化曲线的形状非常相似，呈 “S” 形。声发射撞击和事件加载初始缓慢增长，当剪切应力接近峰值剪切强度时，增长速率明显加快。当剪切应力降低到一定程度时，撞击和事件的归一化数量接近于 1，说明声发射几乎不再增长。

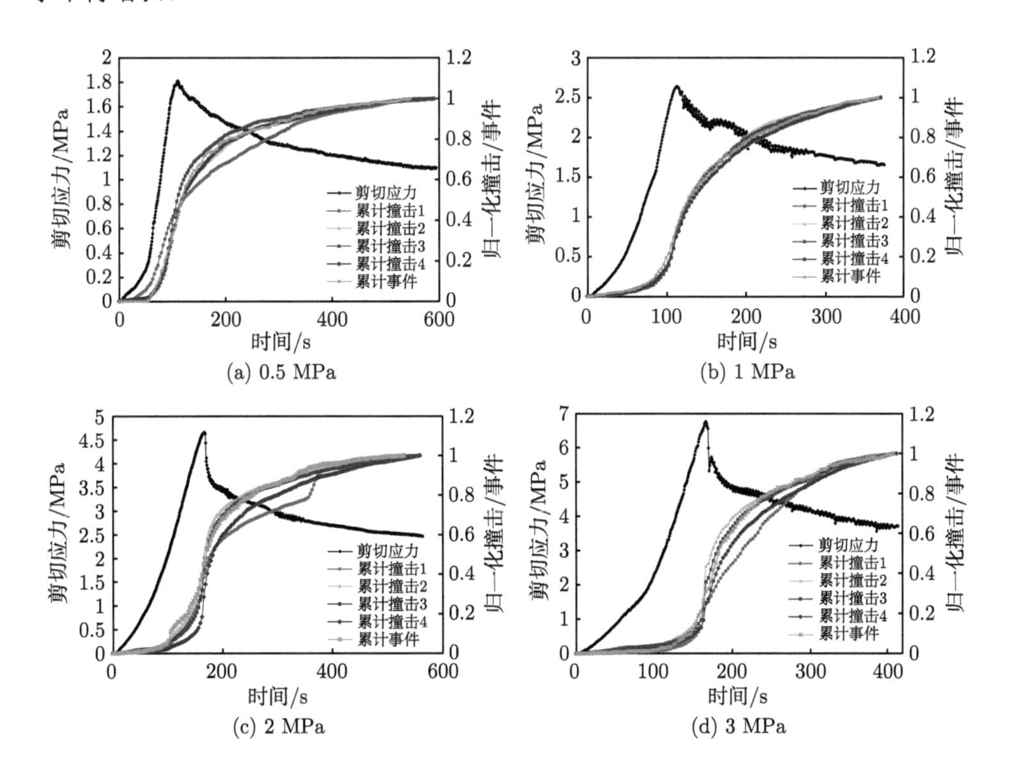

(a) 0.5 MPa (b) 1 MPa (c) 2 MPa (d) 3 MPa

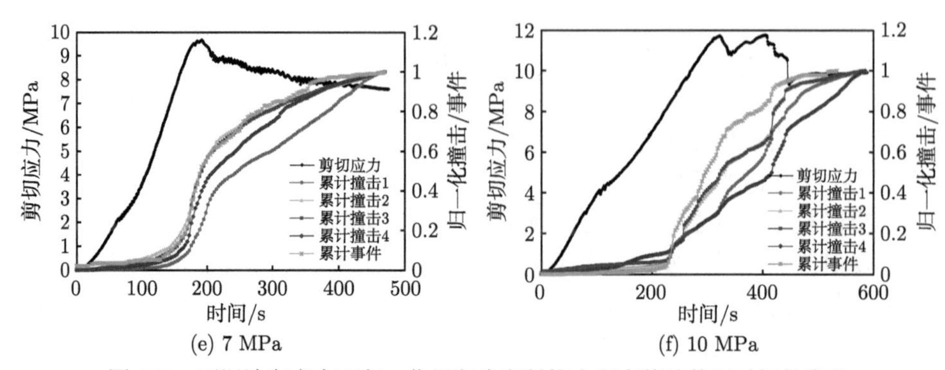

(e) 7 MPa (f) 10 MPa

图 3.7 不同法向应力下归一化累积声发射撞击和事件随剪切时间的变化

图 3.8 为不同法向应力下的归一化声发射事件曲线 (注意：声发射撞击的总数要远大于定位得到的事件总数)，它们都呈现出相似的形状。这也说明如果由于条件限制无法对岩石的破裂或结构面的剪切进行声发射定位，撞击率的归一化曲线可能代替事件率的变化曲线。加载初期缓慢发展阶段的持续时间随着法向应力的增加而变长，表明由于剪切强度的增加，需要额外的剪切时间 (剪切位移) 引起起伏体损伤。

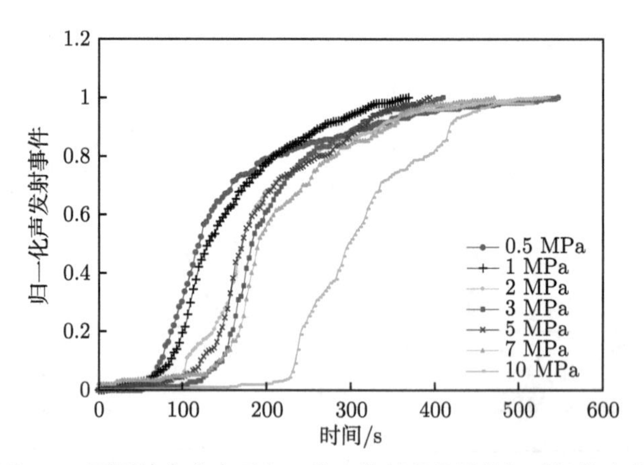

图 3.8 不同法向应力下归一化声发射事件随剪切时间的变化

为了定量分析起伏体的损伤退化特征，通过累积事件曲线计算声发射事件的增长率，由此可以确定声发射事件 (即累积损伤) 三个阶段 (缓慢发展、快速发展和缓慢发展) 的两个分界点。累积事件的横纵坐标为时间，$x_i = (t_1,\ t_2,\ t_3,\ t_4,\ t_5,\ t_6,\ \cdots)$，纵坐标为累积事件数，$y_i = (n_1,\ n_2,\ n_3,\ n_4,\ n_5,\ n_6,\ \cdots)$，事件的增长率可以由下式计算：$(n_3 - n_1)/(t_3 - t_1)$，$(n_4 - n_2)/(t_4 - t_2)$，$(n_5 - n_3)/(t_5 - t_3), \cdots$，即每隔一个数据点计算累积事件曲线的局部斜率作为增长率。

图 3.9 为 3 MPa 和 7 MPa 法向应力下剪切应力、累积声发射事件和声发射事件增长率随剪切时间的变化 (其他结构面试样的增长率曲线与上述两个例子相似，不再赘述)。累积损伤的缓慢增长、快速增长和相对稳定增长三个阶段可以通过事件增长率曲线很好地进行区分。累积事件增长率曲线从累积事件快速增长阶段的起点开始突然增加，并在该阶段结束时逐渐降低到一个低而稳定的值，最后开始相对稳定增长阶段。图 3.9(a) 和 (b) 还表明在峰值剪切应力处或附近增长率取得最大值。

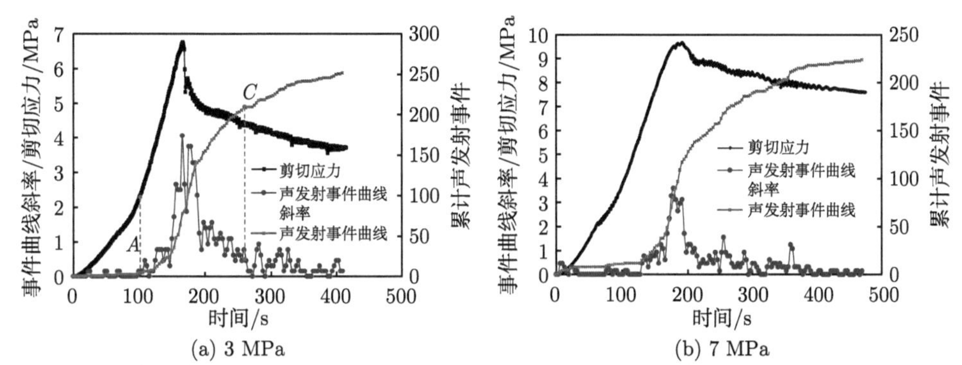

图 3.9 法向应力为 3 MPa 和 7 MPa 下剪切应力、累积声发射事件、声发射事件增长率随剪切时间的变化，(a) 中的 A 点和 C 点分别表示为声发射事件的快速增长阶段的开始和缓慢增长阶段的结束，这两点对应的剪切应力分别为起伏体损伤起始应力 (τ_{di}) 和起伏体损伤稳态应力 (τ_{ds})

累积事件增长率曲线 (图 3.9(a)) 中对应于 A 点的剪切应力称为起伏体损伤起始剪切应力 (τ_{di})，这表明起伏体开始发生大量损伤 [93]。事件斜率曲线中与 C 点 (最后缓慢增长阶段的起始点) 相关的剪切应力称为起伏体损伤稳态应力 (τ_{ds})，这表明在起伏体上发生的损伤已达到稳态。表 3.2 列出了 τ_{di}，τ_p(峰值剪切强度)，τ_{ds}，τ_u(残余剪切强度) 在不同法向应力下的确定值。发现 τ_{di} 与 τ_p 的比值随着法向应力的增加而增加，这表明声发射事件的快速增长阶段 (即大量的起伏体损伤) 在法向应力升高的情况下发生得更晚。如 3.2.3 节所述，较大的比值也很可能归因于水泥砂浆材料在较高法向应力下的延性变形。

表 3.2 还表明，不同法向应力下，在 τ_{di} 点的声发射事件数量仅占声发射事件总数的 2%～5.4%，表明在第一个缓慢增长阶段仅发生有限的起伏体损伤。30%～50%的声发射事件发生在剪切强度峰值之前，只有 20%左右的事件发生在最后的缓慢增长阶段，表明起伏体的破坏已逐渐达到极限。这些统计数据还表明，近 80%的声发射事件是在快速增长阶段产生的，说明大部分的起伏体损伤发生在该阶段。

表 3.2　不同法向应力下的静态剪切强度和声发射事件

σ_n/MPa	τ_{di}/MPa	τ_p/MPa	τ_{ds}/MPa	τ_u/MPa	τ_{di}/τ_p	R_{di}	R_p	R_r	R_u
0.5	0.276	1.81	1.45	1.09	0.15	0	0.41	0.81	1
1	0.84	2.64	1.96	1.65	0.32	0.036	0.35	0.79	1
2	1.71	4.67	3.11	2.46	0.37	0.033	0.46	0.83	1
3	2.59	6.76	4.36	3.70	0.38	0.020	0.31	0.83	1
5	3.84	7.73	5.55	5.04	0.50	0.047	0.33	0.79	1
7	5.81	9.66	8.44	7.60	0.60	0.054	0.52	0.83	1
10	7.88	11.72	10.73	9.90	0.67	0.034	0.63	0.93	1

注：σ_n、τ_{di}、τ_p、τ_{ds} 和 τ_u 分别是法向应力、起伏体损伤起始剪切应力、峰值剪切强度、起伏体损伤稳态应力、残余剪切强度；R_{di}、R_p、R_r、R_u 为 τ_{di}、τ_p、τ_{ds}、τ_u 时的声发射事件数与总声发射事件数之比。

根据上述不同法向应力下归一化声发射事件的特征，如果研究对象为与本研究中采用的水泥砂浆性质相似的结构面，并且大致知晓其剪切应力演化曲线，则可以粗略绘制出结构面起伏体的损伤演化曲线 (即归一化累积撞击或事件曲线)，如图 3.10 所示。获得 “S” 形累积起伏体损伤曲线需要四个关键点：

(1) A 点：快速增长阶段的起点。此时仅仅发生总损伤的 3%~5%。对应于 A 点的剪切应力可以通过 τ_{di}/τ_p=0.0485σ_n+0.2297 (拟合精度 R^2 = 0.9033，由表 3.2 中的数据拟合) 计算，它与法向应力水平 (σ_n) 相关。

(2) B 点：此时起伏体损伤增长最快 (累积损伤曲线斜率最大)，大约发生了总损伤的 40%。与这一点相对应的剪切应力是峰值剪切强度 (τ_p)。

(3) C 点：快速增长阶段的终点。累积损伤曲线变得比前一阶段平缓，之后保持稳定水平。在此之前，发生了近 80%的损伤量。

(4) D 点：剪切试验结束。达到残余剪切强度 (τ_u)。

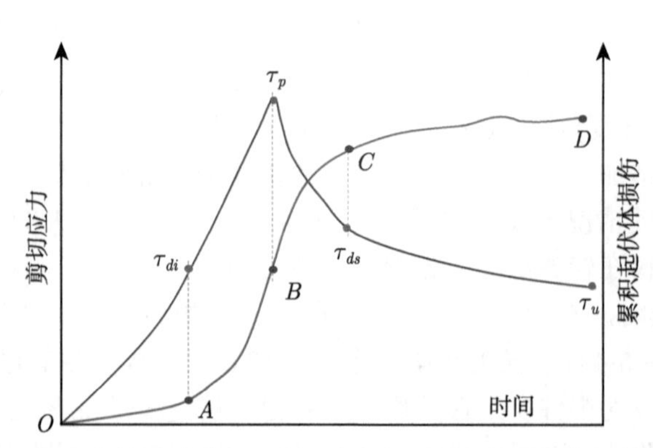

图 3.10　岩石在剪切过程中，剪切应力与累积起伏体损伤的关系示意图

3.4.2　岩石结构面起伏体损伤模型

3.4.1 节介绍了一种根据声发射事件和撞击的时间分布特征获得结构面起伏体累积损伤曲线的概念模型。本节将建立描述剪切过程中结构面粗糙度退化特性的数学模型。

数学上，Logistic 模型被广泛用于描述以 “S” 形为特征的增长曲线。为了得到累积起伏体损伤拟合曲线的形式，将剪切时间的数据点和相应的归一化累积声发射事件用 Origin 软件中内置的 Logistic 模型进行拟合。图 3.11 为法向应力为 1 MPa 时的原始数据点和拟合曲线，表明累积声发射事件可以用内置的 Logistic 模型很好地拟合。剪切时间与归一化声发射事件的拟合关系如下：

$$y = A_2 + \frac{A_1 - A_2}{1 + (x/x_0)^p} \tag{3.1}$$

式中，x 为剪切时间，y 为归一化累积损伤，A_1、A_2、x_0 和 p 为待确定的模型参数。在 Logistic 模型中，A_1 和 A_2 分别表示数据序列的最小和最大渐近线，x_0 表示拟合曲线向下凸部分和向上凹部分分界点的横坐标，p 表示曲线的陡峭程度。

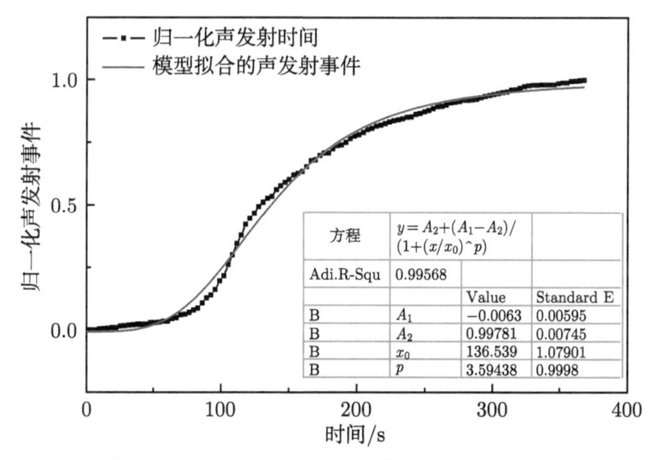

图 3.11　在 1 MPa 法向应力下归一化累积声发射事件拟合结果

在岩石结构面剪切试验中，假设试验开始时起伏体的初始损伤为零，而剪切试验结束时 (当剪切应力几乎保持不变时) 的总归一化起伏体损伤可表示为 1(即最大的)。因此，式 (3.1) 可以简化为

$$\omega = 1 - \frac{1}{1 + (t/t_0)^p} \tag{3.2}$$

式 (3.1) 中的 x 和 y 由式 (3.2) 的 ω(归一化起伏体损伤量) 和 t(剪切时间) 代替。只需确定两个参数即可使用式 (3.2) 获得起伏体损伤随时间的演化规律。众所周

知，累积事件或撞击曲线 (图 3.9、图 3.10 和图 3.11) 从凸出部分到凹入部分的过渡点也是曲线上斜率最大的点。如 3.3.1 节所述，在峰值剪切强度点或峰值剪切强度附近，声发射撞击和事件的增长率 (曲线的斜率) 最大。因此，当获得峰值剪切强度时的剪切时间可取为式 (3.2) 中的 t_0。

参数 p 与拟合曲线的斜率相关。计算累积时间曲线增长率时，不同的数据点间隔将导致指定时间段内不同的斜率值，进而影响 p 的取值。因此，p 值将通过曲线拟合而不是通过斜率计算获得。使用 Origin 软件中的 Logistic 模型 (式 (3.1)) 拟合所有归一化声发射事件与不同结构面剪切时间的关系，即可得到拟合 p 值，如图 3.11 框内所示。将 Origin 的拟合 p 值 (在表 3.3 中) 用于得到与法向应力的拟合关系，可表示为

$$p = 0.3448\sigma_n + 3.2581 \quad (R^2 = 0.96) \tag{3.3}$$

表 3.3　由 Origin 获得的拟合 p 值与用于计算归一化起伏体损伤的 p 值

法向应力/MPa	0.5	1	2	3	5	7	10
拟合值	3.12	3.59	4.33	6.45	5.17	5.36	6.77
采用值	3.43	3.60	3.95	4.29	4.98	5.67	6.71

较高的法向应力将导致较大的 p 值，使用方程 (3.3) 预测的 p 值也列于表 3.3 中。因此，式 (3.2) 可以改写为

$$\omega = 1 - \frac{1}{1 + (t/t_0)^{0.3448\sigma_n + 3.2581}} \tag{3.4}$$

当获得了水泥砂浆结构面的剪切应力-剪切时间曲线时 (如果荷载以位移控制方式施加，则也可得到剪切应力-剪切位移曲线)，即使没有监测声发射数据，也可使用式 (3.4) 得到归一化的起伏体损伤演化曲线。

为了验证所提出的起伏体损伤模型的适用性，用式 (3.4) 计算不同法向应力下的归一化起伏体损伤，然后将计算结果与实测结果进行比较，如图 3.12 所示。总体而言，除了 3 MPa 法向应力下外，其他计算结果与实测结果基本一致。表 3.3 表明由 Origin 拟合的 p 值远大于用于计算 3 MPa 法向应力下归一化损伤的 p 值。3 MPa 法向压力下，峰值剪切应力后出现小幅应力下降，声发射撞击率和能量率急剧增加，这与其他结构面试样不同，其他试样峰值后应力均为缓慢下降。这也是与曲线的斜率 (即增长率) 相关的拟合 p 值比其他试样的值高得多的原因。用于计算损伤的 p 值由式 (3.3) 的拟合关系获得，小于 3 MPa 法向应力下的拟合值，导致实测和计算的起伏体损伤曲线存在差异。

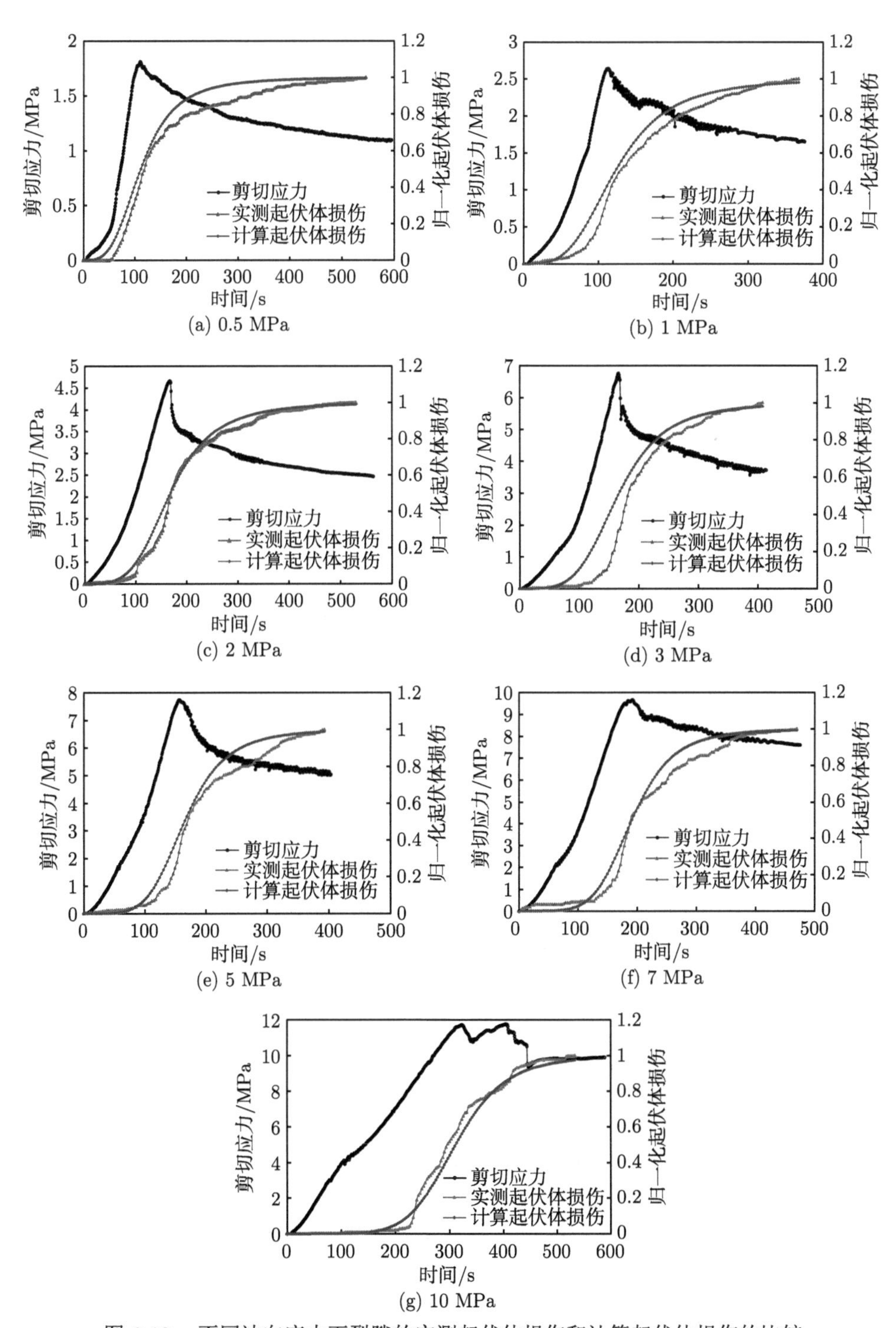

图 3.12 不同法向应力下裂隙的实测起伏体损伤和计算起伏体损伤的比较

与 3.3.1 节和图 3.10 中提出的概念模型描述结构面剪切过程起伏体损伤曲线相比，3.3.2 节和图 3.12 中的分析表明，剪切过程中起伏体的损伤演化也可以描述为数学模型。在简化的数学模型中，计算岩石结构面剪切过程中的起伏体损伤只需要两个参数：① 峰值剪切强度的时间 (t_0)；② 模型参数 p，它与曲线的斜率有关，可以先通过几个研究案例 (几个法向应力下的监测声发射数据) 进行线性拟合来获得。

3.4.3 砂浆结构面试验结果与花岗岩结构面的对比

Meng 等 [93] 早期也研究了不同法向应力下人工劈裂花岗岩结构面起伏体损伤特征，花岗岩与本章研究中采用的水泥砂浆材料相比，性质具有较大差别，花岗岩强度更高、质地致密、脆性更强，水泥砂浆作为人造材料，具有多孔隙特征，性质类似于软岩。本节将对花岗岩和水泥砂浆结构面的测试结果进行比较，并验证和讨论本研究中提出的起伏体损伤模型是否适用于花岗岩结构面。

1. 起伏体损伤特性

图 3.13(a) 和 (b) 为 5 MPa 和 10 MPa 法向应力下，花岗岩结构面的剪切应力和归一化累积声发射事件随剪切时间的变化。两组花岗岩与上述水泥砂浆结构面之间的归一化声发射事件曲线存在以下不同：

(1) 两个劈裂花岗岩结构面试样的归一化声发射事件曲线未呈现出理想的 “S” 形。尽管剪切应力在剪切试验结束时达到几乎恒定的水平，但声发射事件继续以快速的方式增加。在 Meng 等 [93] 的工作中，在不同法向应力下测试的结构面试样中，只有一个试样 (3 MPa 法向应力下) 具有明显的 “S” 形归一化声发射事件曲线，类似于本研究中的水泥砂浆结构面。

(2) 与水泥砂浆结构面不同，在花岗岩结构面峰值剪切强度附近的时间范围内，累积声发射事件的增长率先增加后大幅下降。峰值剪切强度后声发射事件的增长率下降是由于剧烈的峰后应力降之后，声发射信号非常弱 (应力降后剪切应力又开始增加，伴随着这个缓慢增加阶段的声发射信号非常弱) 造成的。对于大多数水泥砂浆结构面，剪切破坏以非常缓慢和稳定的方式发生，几乎没有出现峰后应力降。随着剪切应力在峰值剪切应力之后缓慢下降，声发射事件的数量也在减弱。

上述分析表明，水泥砂浆结构面的起伏体损伤特征和起伏体损伤模型并不完全适用于花岗岩结构面，因为岩石的性质存在较大差别。花岗岩的特点是结构致密，由石英、长石等脆硬矿物组成。当剪切强度被克服时，脆性破裂会在起伏体内发生，导致剧烈的峰值后应力降。在应力降后的重新加载过程中，声发射信号将非常微弱。同时，充填在表面内剪断的脆性矿物在结构面两盘相对运动过程中会发生滚动、滑动和断裂，仍然可以产生许多强烈的声发射信号。此外，这些未被剪断的起伏体在摩擦滑动和犁入滑动时也会发出声发射信号。这些原因可以解释为何花岗岩结构面的残余滑动阶段累积声发射事件曲线 (损伤曲线) 不完全符合 “S” 形。另一方面，水泥砂浆结构面剪切后半段起伏体强度低、脆性弱，被磨碎产生非常微弱的声发射信号。

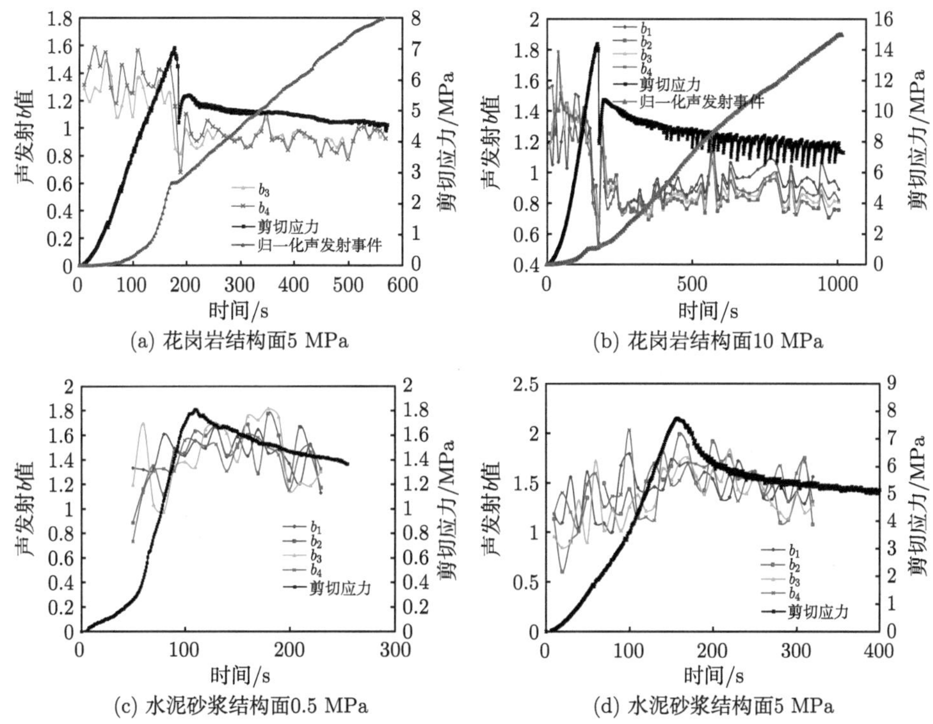

(a) 花岗岩结构面5 MPa (b) 花岗岩结构面10 MPa

(c) 水泥砂浆结构面0.5 MPa (d) 水泥砂浆结构面5 MPa

图 3.13 (a) 和 (b) 花岗岩结构面在 5 MPa、10 MPa 法向应力下剪切应力、归一化声发射事件和 b 值的变化 (由 Meng 等 [93] 修正)；(c) 和 (d) 水泥砂浆结构面在 0.5 MPa 和 5 MPa 法向应力下的声发射 b 值和剪切应力

2. 频率-幅值关系

除了声发射撞击、能量和事件之外，研究人员也对声发射信号在整个加载过程中的频率-幅值关系进行了研究 [83,175,176]。研究结果证实，岩石和混凝土结构的宏观破坏与声发射 b 值密切相关，b 值定义为声发射频率-幅值分布拟合关系的斜率。例如，在混凝土梁的弯曲试验中，发现 b 值与断裂过程和损伤的局部化程度相关，并且当出现最小 b 值趋势时表明混凝土内宏观裂缝已经形成 [175]。断层滑移是在高法向应力下深部隧道和采矿中断层或岩石结构面的滑动引起的，前人也分析了 b 值在预测这种动力剪切失稳方面的有效性 [83]。本节将分析 b 值是否可以作为预测性质与水泥砂浆相似的软岩结构面的剪切破坏的指标。

将给定法向应力下记录的声发射数据分成若干连续的小组 (每个小组的持续时间设置为 10 s)，每组中的 b 值由公式 (3.5) 计算，可以获取 b 值随时间的变化 (b 值的详细计算过程请参考文献 [83])。

$$\lg N = a - b\frac{A_{\mathrm{dB}}}{20} \tag{3.5}$$

其中，A_{dB} 是以分贝为单位的声发射撞击峰值幅值，$A_{\mathrm{dB}} = 10\lg A_{\max}^2 = 20\lg A_{\max}$，$A_{\max}$ 是以毫伏为单位的声发射事件的峰值幅值 [83,175]。

图 3.13(c) 和 (d) 分别为 0.5 MPa 和 5 MPa 法向应力下水泥砂浆结构面的声发射 b 值和剪切应力随剪切时间的变化。结果表明，整个剪切过程中的 b 值较大 (几乎大于 1.4)，并呈现出一定的波动性。在峰值剪切强度之后，由不同传感器计算的 b 值变得更加一致。剪切前半段 b 值的缺失是因为声发射撞击的数量少，使得频率和幅值的拟合关系不具有代表性。因此，不使用该阶段计算的 b 值。b 值在峰值剪切强度处或附近没有显示出明显的增加或减少趋势。

为了比较，将 5 MPa 和 10 MPa 法向应力下花岗岩结构面的声发射 b 值随剪切时间的变化也分别绘制在图 3.13(a) 和 (b) 中。总体而言，由于拟合分析中使用的声发射撞击数更多 (花岗岩结构面剪切时发出的撞击数远远大于水泥砂浆结构面剪切时的数量)，b 值在不同传感器之间显示出更加一致的趋势。此外，随着剪切应力接近峰值剪切强度，b 值显示出明显的下降趋势。10 MPa 法向应力下峰值剪切强度之前在约 47 s，b 值开始降低，在峰后应力降处达到最低值，然后在重新加载过程再次增加。峰值剪切强度之前 b 值的持续降低被用于预测花岗岩结构面或断层的突然激活 [83]。

上述分析表明，虽然两种结构面在达到峰值剪切强度之前的撞击率和能量率变化规律相似，在峰值剪切强度处获得了最大撞击率、能量率和事件，但水泥砂浆裂隙试样的 b 值在每个法向应力下并没有显示出减小的趋势。这些结果表明，虽然 b 值曾被用于监控和预测混凝土梁弯曲破坏 [175] 及花岗岩结构面高法向应力下的动力剪切破坏失稳 [83]，但 b 值并不是一个有效的指标来预警水泥砂浆等软岩结构面的剪切破坏。水泥砂浆结构面的剪切破坏过程非常缓慢且稳定，与花岗岩结构面相比，声发射撞击的幅值较小 (如图 3.14 所示)。尽管随着剪切应力接近峰值剪切强度，撞击的幅值也随着剪切时间而增加，但增加的程度不足以导致小幅度事件与大幅度事件的比率发生显著变化。因此，b 值法对于预测脆性岩石宏观断裂、岩爆等以显著能量释放 (即声发射幅值大) 为特征的岩石类型突发破坏，更适合、更有效。

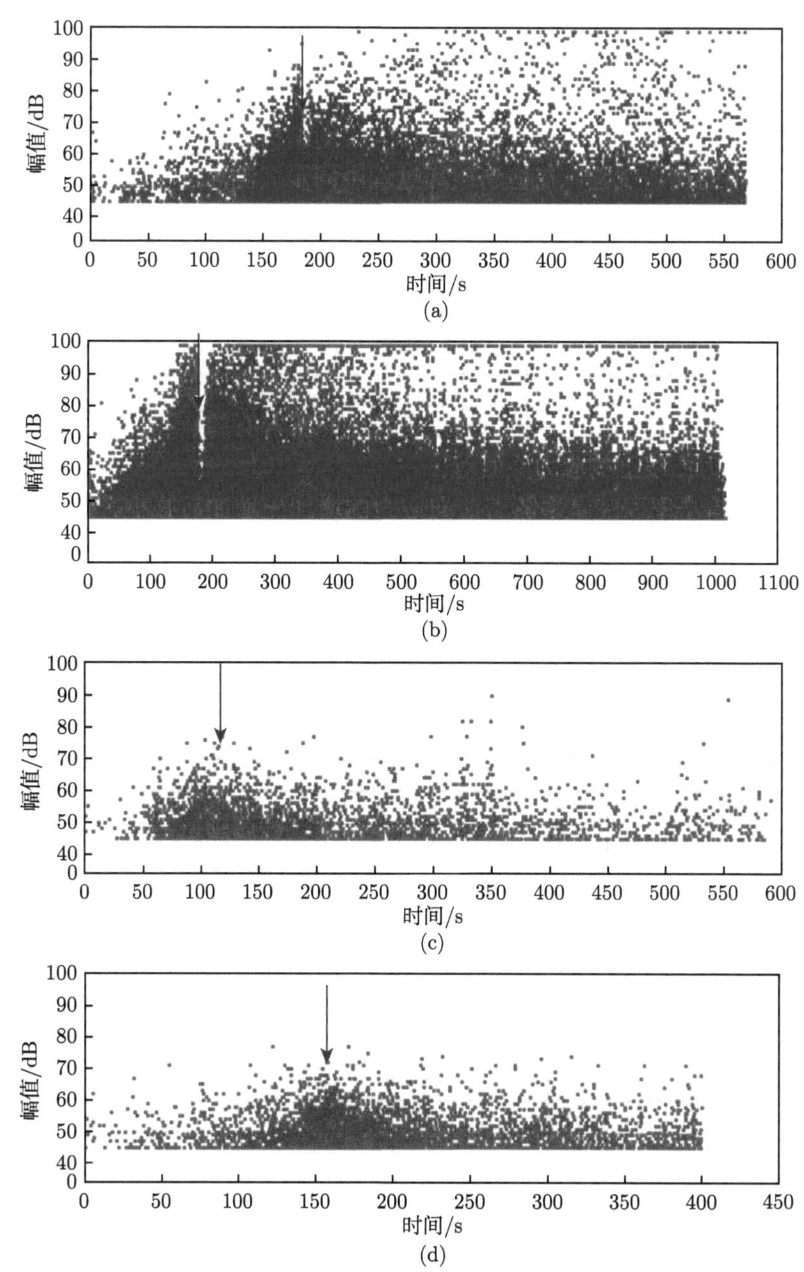

图 3.14 5 MPa (a) 和 10 MPa (b) 法向应力下花岗岩结构面随剪切时间的声发射撞击幅值分布；水泥砂浆结构面在 0.5 MPa (c) 和 5 MPa (d) 法向应力下 (箭头表示峰值剪切强度出现的时间) 的声发射撞击幅值分布

3.5 主要结论

采用与软岩性质类似的砂浆材料制作劈裂的结构面，用此结构面进行恒定法向应力条件下的直剪试验，在剪切破坏过程中同步监测声发射信号。研究了声发射参数随剪切应力的变化，并分析了法向应力水平对峰值声发射参数的影响。重点研究了不同法向应力下结构面的起伏体的损伤特性，主要获得以下结论：

(1) 在 0.1~7 MPa 的法向应力范围内，声发射参数 (撞击率、能量率和事件) 随着剪切应力的增加而增加，并在峰值剪切强度处或附近达到声发射参数的峰值，之后声发射参数随着剪切应力的减小而逐渐衰减。但是当法向应力升高到 10 MPa 时，除了表面起伏体损伤外，还发生完整岩石的破裂，撞击率和能量率峰值与剪切应力曲线上的应力降低对应。

(2) 峰值撞击率和能量率随着法向应力的增加先增加后减小。峰值剪切强度可以用双线性包络线拟合，拐点处的法向应力与峰值声发射参数开始减小时的法向应力一致。这两者都与水泥砂浆材料在较高法向应力下容易发生塑性变形有关。

(3) 归一化的撞击和事件曲线呈 “S” 形，可分为缓慢增长、快速增长和相对稳定阶段。起伏体损伤起始应力随着法向应力的增加而增加。结构面剪切破坏过程中起伏体损伤程度可以从累积的声发射撞击或事件中推断出来。基于声发射事件的时间特征规律和曲线拟合提出了起伏体损伤的概念模型和数学模型。

(4) 通过对比发现声发射 b 值很难用来预测软岩类岩石结构面的准静态剪切破坏，这类岩石一般低强度、低脆性和高孔隙率。尽管随着剪切应力接近峰值剪切强度时，声发射撞击的幅值逐步增加，但增加的幅度不足以引起小幅值事件与大幅值事件之比的显著变化，导致声发射 b 值的变化不显著。

第 4 章　粗糙花岗岩结构面的剪切特性和表面细观微损伤

4.1　引　　言

天然断层或结构面通常具有不同尺度的粗糙度。结构面的剪切强度主要由其表面的起伏结构承担，结构面的粗糙度不同影响着结构面的剪切强度、剪切刚度、变形等特性，还决定了其滑移模式 (稳定滑动、非稳定滑动) 和损伤特征。了解粗糙结构面的摩擦行为对于研究地震机制、地震成核，以及诱发地震、断裂滑移型岩爆等动态地质灾害至关重要。第 2 章和第 3 章主要采用声发射监测技术对软岩类岩石结构面在不同法向应力下剪切过程中 (即剪切损伤随剪切时间的演化特征) 的宏观损伤行为进行了比较和分析，本章将针对深部岩体工程中广泛存在的花岗岩结构面，研究其在不同应力条件下 (尤其在高应力条件下) 的剪切力学行为、微观起伏体的损伤和表面磨损特征。具体地，采用人工劈裂的方法制作了具有不规则形貌的粗糙花岗岩结构面，开展了结构面在 10~40 MPa 法向应力下的直剪试验，并借助扫描电子显微镜和偏光显微镜等观测手段，定性和定量地分析了结构面表面的细观损伤特点。该研究有助于更好地理解天然地震、诱发地震、断层滑移型岩爆等与粗糙断层或结构面不稳定剪切破坏有关的动态地质灾害的发生机制。

4.2　试验过程与方法

4.2.1　试样准备

本研究采用的花岗岩取自中国湖北省，其矿物颗粒尺寸范围从 0.08~2.12 mm，平均颗粒尺寸为 0.47 mm(矿物颗粒尺寸由等效直径 D_e 表示：$D_e=\sqrt{4A/\pi}$，其中 A 为颗粒面积)。该花岗岩由约 43%的微斜长石、31%的斜长石、25%的石英和 1%的黑云母组成。通过单轴压缩试验测得花岗岩试样 (直径 50 mm、长 100 mm 的标准圆柱) 的单轴抗压强度约为 200 MPa。为了制作粗糙的花岗岩结构面，首先，从大块的花岗岩岩块上切割尺寸为 100 mm×100 mm×100 mm 的立方体试样，并按照国际岩石力学和岩石工程学会 (ISRM) 建议的方法进行打磨，使得其六个面的平整度和垂直度都符合规范要求 [177]。然后采用类似于巴西劈裂试验的方法将立方体试样沿着中线劈开，获得一对表面粗糙且相互咬合的结构面试样。

在剪切试验前，通过三维几何形貌扫描仪 Holon^{3D} 系统对结构面进行扫描，通过扫描获得的点云数据进行三维结构面重构 (图 4.1)。在本研究中，用轮廓线一阶导数均方根 ($\overline{Z_2}$)[178] 和结构面粗糙度系数 ($\overline{\mathrm{JRC}}$)[179,180] 量化结构面粗糙度，如表 4.1 所示。

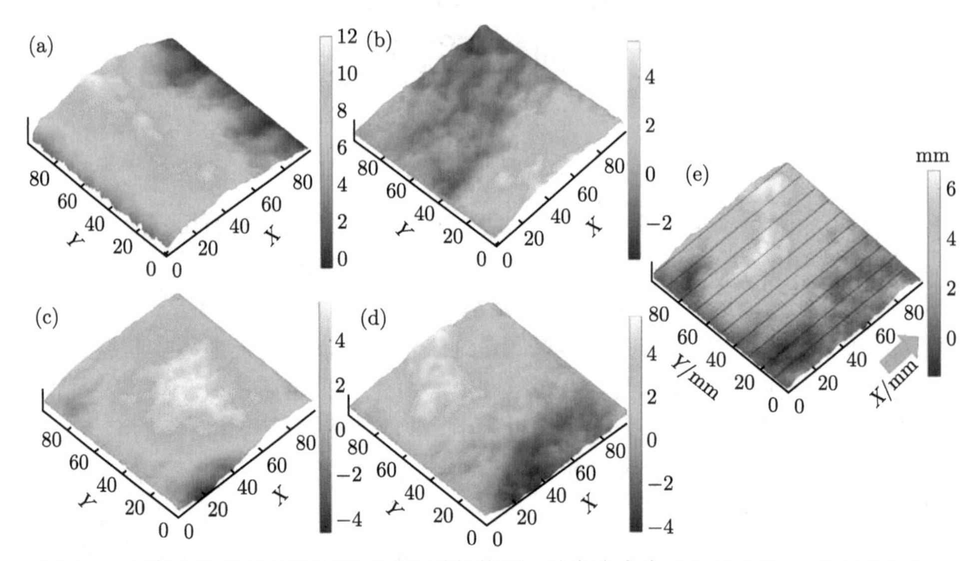

图 4.1　试验前花岗岩结构面的三维形貌扫描图，法向应力为 (a) 10 MPa，(b) 20 MPa，(c) 25 MPa，(d) 35 MPa，(e) 40 MPa 下试验。(e) 中 10 条等距剖面线用来计算结构面粗糙度系数，箭头表示下盘结构面的剪切方向

表 4.1　不同法向应力下结构面的粗糙度和力学参数

σ_n/MPa	$\overline{Z_2}$	$\overline{\mathrm{JRC}}$	τ_p/MPa	τ_r/MPa	$\overline{\Delta\tau}$/MPa	$\overline{d_2}$/μm	$\overline{D_1}$/μm	K_1/(MPa/mm)	K_2/(MPa/mm)
10	0.29	14.7	15.2	10.2	0.9	4.8	56.8	31.5	27.6
20	0.19	8.9	20.4	14.4	1.6	5.5	58.0	30.9	46
25	0.25	11.3	27.3	20.6	2.8	6.3	71.7	41	48.5
35	0.23	11	35.2	29.6	4.6	6.7	91.5	60.6	65.5
40	0.21	10.7	45.3	34.8	2.7	5.0	77.2	47.7	57.5

注：σ_n 为初始法向应力，$\overline{Z_2}$ 和 $\overline{\mathrm{JRC}}$ 分别为轮廓线一阶导数均方根和结构面粗糙度系数的平均值。τ_p 和 τ_r 分别为峰值强度和残余摩擦强度。$\overline{\Delta\tau}$, $\overline{D_1}$ 和 $\overline{d_2}$ 分别为平均应力降、平均震间剪切位移和平均动滑移。K_1 和 K_2 分别为剪切应力-位移峰前线性段的系统刚度和黏滑过程中“黏滞”阶段的系统刚度。

4.2.2　试验方案

直剪试验在 RMT150C 岩石力学试验系统上进行，试验系统由水平加载单元、竖直加载单元、测量系统和控制系统组成 (图 2.2 所示)[83,181]。最大法向荷载和切向荷载分别为 1000 kN 和 500 kN。上下剪切盒的尺寸均为 100 mm×100 mm×50 mm。

试验过程中，上剪切盒在水平方向上固定，剪切荷载施加在下剪切盒上。剪切位移由线性位移传感器 (LVDT) 测量，其探针顶在下剪切盒的前缘上。首先以 1 kN/s 的速率施加法向荷载至预设值，将其保持恒定。然后以 0.005 mm/s 的速率施加切向荷载，并使用 LVDT 测得的位移作为反馈信号。根据公式 (4.1) 计算作用在结构面上的初始法向应力、瞬时法向应力和瞬时切应力 (已应用面积修正以考虑随剪切位移的增加所导致剪切面积减少的情况)：

$$\begin{aligned} \sigma_n &= F_n/l_0^2 \\ \sigma_N &= F_n/(l_0^2 - l_0 d) \\ \tau &= T/(l_0^2 - l_0 d) \end{aligned} \tag{4.1}$$

其中，σ_n、σ_N、τ、F_n 和 T 分别是初始法向应力、法向应力、切向应力、法向荷载和剪切荷载；l_0 和 d 分别为试样的初始长度和剪切位移。

4.2.3 剪切后结构面细观结构分析

剪切试验后，利用扫描电子显微镜 (SEM) 对下盘结构面的微观损伤特征进行分析。在观察分析前，需要先清除试验过程中在结构面表面上形成的碎屑。本试验中结构面的尺寸较大 (100 mm×100 mm)，而受 SEM 试验平台尺寸所限，无法直接将试样放入观察仓内进行分析。基于之前的试验研究，结构面表面的损伤分布是不均匀的，损伤区域往往位于面向剪切方向的较陡的区域 [46,182,183]。因此选择面向剪切方向上已经发生了明显磨损的代表性区域 (约 15 mm×20 mm，厚度为 5~7 mm) 进行切割。上下盘的相互错动导致下盘前缘的摩擦较小，因此取样位置选择在结构面的中间区域。使用 Quanta250 SEM 对样本进行分析，预处理的样本首先在大约 50℃ 烤箱中烘干 2 h。为了减少电荷效应，进行观测之前要对样品进行喷金处理。

为了分析黏滑引起的表面磨损情况，对法向应力 40 MPa 下剪切前后的结构面试样进行岩石薄片制作 (单个尺寸为 20 mm×20 mm)。为了确保岩石表面与玻璃片之间的紧密接触，对断裂面进行了轻微打磨。虽然某些起伏体的重要信息可能被擦除，但由于凹槽 (如果存在) 和损伤的深度可以延伸到表面以下的一定范围，因此一些磨损和损伤痕迹可以保留下来。此外，由于剪切试验前后的薄片制作工艺相同，并且在制作过程中的磨损程度也相同，所以观察到的剪切区域和未剪切区域之间的差异可以认为是由剪切过程产生的。

4.3 结构面剪切力学行为分析

不同法向应力下结构面的剪切应力-剪切位移曲线具有相似的形状和不同的峰值 (见图 4.2(a))。剪切应力随剪切位移的变化可以分为五个阶段：

(1) 初始加载阶段 (从原点到 A 点，以 35 MPa 法向应力下的剪切应力曲线为例，见图 4.2(a))。在此阶段，大多数剪切应力曲线是下凹的，这可以归因于裂隙闭合、试样压缩以及试样与剪切盒之间的变形调整等因素的影响。由于试样的尺寸略小于剪切盒的内部空间，所以在剪切盒底部放置钢制薄垫板，用以抬高剪切面。垫板在剪切过程中可能发生滑动，导致剪切应力峰前曲线的变化，例如，20 MPa 和 40 MPa 法向应力下的剪切应力曲线不够平滑。

(2) 弹性加载阶段 (从 A 点到 B 点)。峰前阶段中，剪切应力随着剪切位移的增加近似线性增加，如图 4.2(a) 中的黑色实线所示 (线性段剪切应力-位移曲线的斜率定义为系统的有效刚度 K_1)。

(3) 峰前非弹性阶段 (从 B 点到 C 点)。在此阶段，剪切应力开始偏离线性，并最终接近结构面的峰值剪切强度 (图 4.2(a))。通常，该阶段的持续时间很短，表明结构面完全咬合互锁的几何形态开始消失。

(4) 应力降低阶段 (从 C 点到 D 点)。达到峰值强度之后，剪切应力逐渐降低，这是某些面向剪切方向的起伏体产生损伤 (如起伏体尖端被剪断) 使结构面变平导致。

(5) 黏滑阶段 (从 D 点到试验结束)。随着剪切位移的进一步增加，试验中所有结构面均发生了黏滑现象。所有试验黏滑过程中的应力降峰值 (本研究中的应力降为静态应力降) 差异不大，而谷值则随着剪切位移的变化而改变。

图 4.2(a) 中黑色矩形框表示的是 25 MPa 和 40 MPa 法向应力下的剪切应力曲线，其局部放大情况分别如图 4.2(b) 和 (c) 所示。每个黏滑事件中，剪切应力首先在“黏滞”阶段沿红线近乎线性增长 (图 4.2(b))(此阶段的线性剪切应力-剪切位移曲线斜率定义为 K_2)，然后曲线偏离线性，这表明结构面发生蠕变变形和前兆滑移。在剪切应力达到局部最大值后，试样发生突然的动态滑移，产生小的应力降，这种周期性的应力累积和释放过程即为黏滑失稳。Ohnaka 和 Shen[184] 以及 Scuderi 等 [185,186] 在使用不同的断层类型进行试验时也发现了黏滑事件的类似行为。与其他法向应力水平下的试验曲线不同，法向应力为 40 MPa 时的剪切应力曲线在“黏滞”阶段出现多次小的振荡 (如图 4.2(c) 中箭头所示)，振荡幅度通常小于后续大应力降值的一半。

在不同法向应力下，结构面的峰值剪切强度 (τ_p)、残余剪切强度 (τ_r) 和法向应力之间的关系分别用线性关系拟合 (图 4.3，τ_p 和 τ_r 在图 4.2(a) 的应力曲线上标出，数据见表 4.1)。比较两条拟合直线的斜率，可以发现峰值强度拟合线的斜率 (0.97) 大于残余强度拟合线的斜率 (0.80)。此外，残余剪切强度拟合线的截距近似为 0，而峰值强度拟合线的截距为 3.28 MPa。这表明结构面间互锁的起伏体在滑移开始阶段为抗剪强度提供了黏聚力，但该作用在滑动过程中消失了。

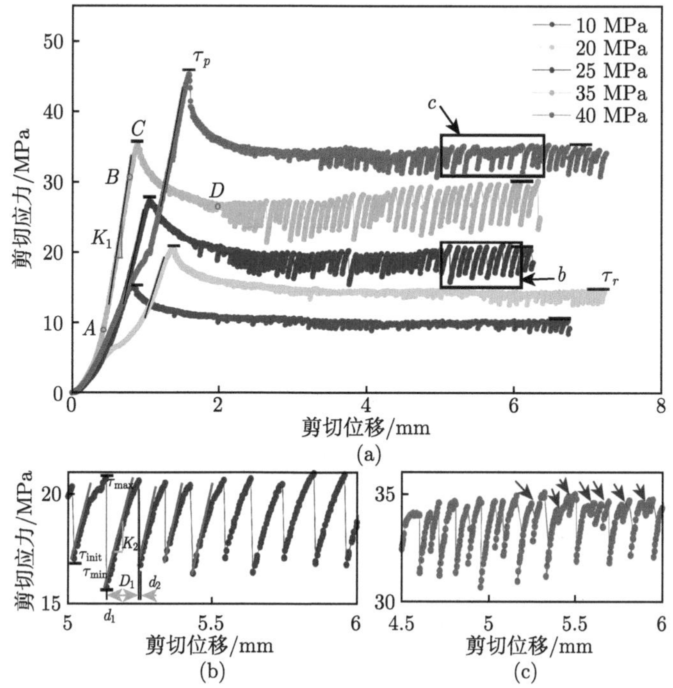

图 4.2 (a) 不同法向应力下的剪切应力-剪切位移曲线，(b) 和 (c) 分别为 25 MPa 和 40 MPa 曲线矩形框内放大视图。(a) 和 (b) 中实线表示剪切应力的准线性增长，(b) 中 D_1 为震间剪切位移，d_2 为动态滑移。K_1、K_2 为剪切刚度。(c) 中箭头表示大应力降事件之间的小应力振荡

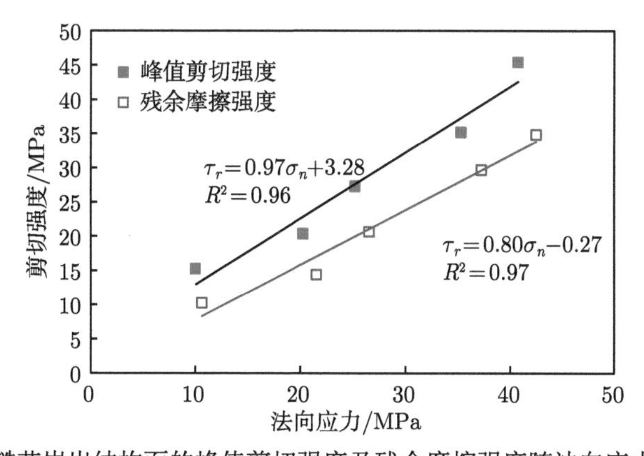

图 4.3 粗糙花岗岩结构面的峰值剪切强度及残余摩擦强度随法向应力的变化规律

摩擦系数 (定义为 $\mu = \tau/\sigma_n$) 在法向应力为 10 MPa 时最大，峰值为 1.52(如图 4.4 所示)。由于所使用的结构面具有不同的三维表面形貌，因此直接比较不同法向应力下的摩擦系数意义不大。干燥花岗岩平面在 70 MPa 围压下的峰值摩擦系数约为 0.82[187]，低于本研究在 20 ~ 40 MPa 法向应力下得到的峰值摩擦系数。Beeler 根据大量试验数据，发现当法向应力小于 200 MPa 时，引起断层滑动所需的剪切应力可近似为 $\tau = 0.86\sigma_n$[188]，摩擦系数近似等于 0.86。图 4.4 中残余阶段的稳态摩擦系数在 0.67~0.82 之间，接近文献 [188] 所提及的摩擦系数。由于本试验所使用的结构面是完全互锁的，所以得到的峰值摩擦系数要高得多，该结果与 Marone 的结果相似 [189]。

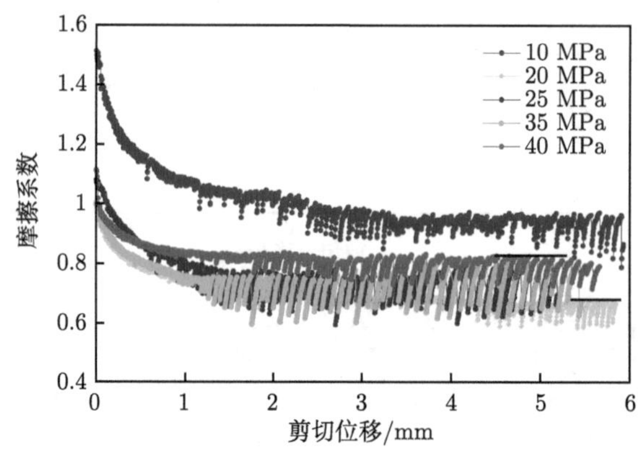

图 4.4 不同法向应力下摩擦系数随剪切位移的变化规律。以摩擦系数峰值点作为曲线起点，25 MPa 和 40 MPa 法向应力下的稳态摩擦系数标注在曲线上

图 4.5 显示了应力降 ($\Delta\tau = \tau_{\max} - \tau_{\min}$)、震间剪切位移 ($D_1$)、预动态滑移 ($d_1$) 和动态滑移 ($d_2$) 随法向应力的变化规律 (参见图 4.2(b) 中 $\Delta\tau$、D_1 和 d_2 的定义)，其中 d_1 可以通过公式 (4.2) 计算：

$$d_1 = D_1 - (\tau_{\max} - \tau_{\text{init}})/K_2 \tag{4.2}$$

其中，K_2 是 “黏滞” 阶段的平均有效剪切刚度 (即弹性阶段拟合线的斜率)。$\Delta\tau$、D_1 和 d_2 呈正相关，随法向应力的增加而增加，图 4.5(a)、(b)、(d) 中相同法向应力下各个参数的平均值列于表 4.1 中。这三个参数在 40 MPa 法向应力下的值比 35 MPa 下的低，可能是由所使用的花岗岩质地略有不同引起的。法向应力对预动态滑移 (d_1) 的影响较小。由于震间剪切位移与前一次黏滑事件的断层愈合过程密切相关，因此应力降和 D_1(即愈合时间) 之间的正相关关系显示两次非稳定滑动事件 (例如地震) 之间的时间间隔越长下一次事件可能越强烈。Beeler 等 [190] 和 Renard 等 [191] 也发现了类似的试验结果。

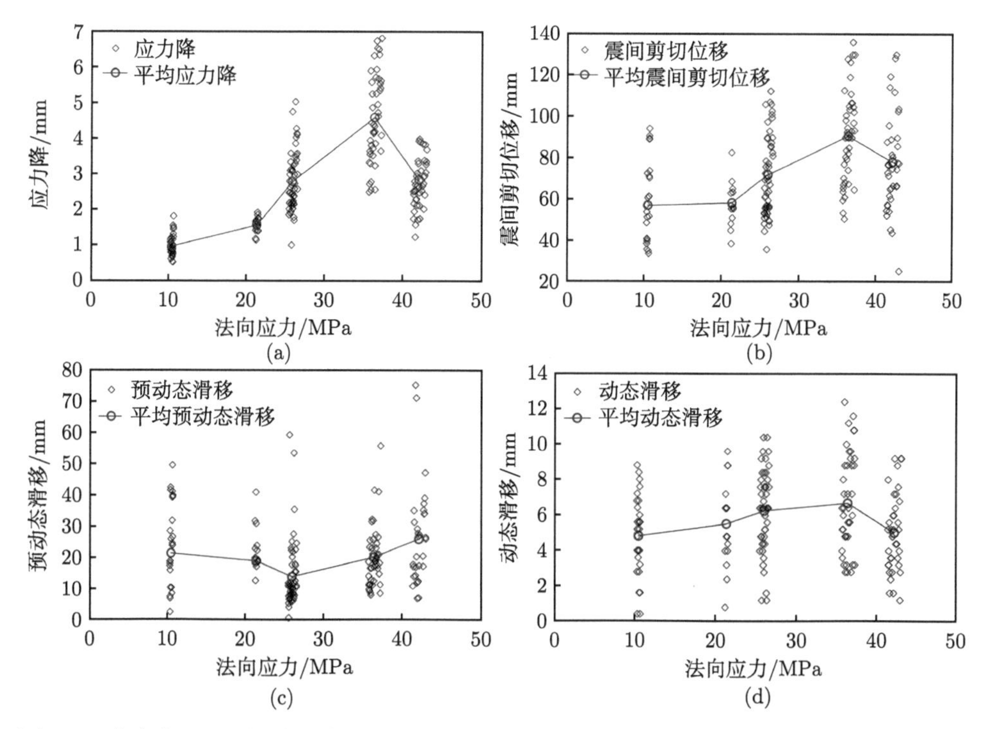

图 4.5 应力降 (a)、震间剪切位移 (b)、预动态滑移 (c) 和动态滑移 (d) 随法向应力的变化规律
预动态滑移由震间剪切位移减去弹性变形计算

4.4 宏观破坏模式和断层泥特征

在低法向应力条件下，即使剪切前的结构面很粗糙 (图 4.1(a))，但损伤仅发生在少量起伏体处，则岩壁内 (即结构面上下两侧的完整岩体内) 几乎不发生损伤 (图 4.6(a)，法向应力为 10 MPa 时)。而在高法向应力条件下，剪切试验后从试样上下两侧表面向岩壁内部产生较大断裂 (图 4.6(b)，法向应力为 40 MPa 时，黄色箭头表示下盘的剪切方向)。这些倾斜的裂纹与剪切方向成锐角，夹角为 $48^\circ \sim 62^\circ$。通过观察破坏后的试样，发现这些长裂纹的表面是新鲜干净的，这表明它们是由滑移开始或破裂传播时沿粗糙表面产生的局部瞬态拉应力引起的。在天然断层两侧也观察到了类似的拉伸断裂，可用于确定断层的运动方向 [192,193]。

直剪试验后，通过翻转试样下盘，让大部分附着在表面的断层泥受重力掉落，然后将试样的侧面在坚硬表面上敲打，敲掉剩余的断层泥 (图 4.7(a)、(b) 和 (c))，直到表面观察不到断层泥为止。由于法向应力为 10 MPa 和 20 MPa 时产生的断层泥量非常少，因此我们仅收集了法向应力为 25 MPa、35 MPa 和 40 MPa 时试样的断层泥，如图 4.7(a)、(b) 和 (c) 所示。通过对比可知，试验产生的断层泥多为粉末状且随法向应力的增加而增多。产生岩石碎片的最大尺寸随法向应力的增加而增加，主要可能由以下原因造成。第一，一些陡峭的起伏体在较高法向应力下可能被切断，由于剪切位移有限，这些剪断的起伏体没有被完全碾碎，如图 4.7(d) 中由实线包围的区域可见一些尺寸较大的碎块 (法向应力为 35 MPa 时剪切后的结构面)。第二，剪切面两侧的岩石在剪切过程中没有约束，在岩石边缘接近剪切面处易产生小碎块 (图 4.7(d) 中由虚线椭圆包围的区域)。结构面表面上剩余的起伏体没有被形成的断层泥完全覆盖 (图 4.7(d))，这表明本研究中滑移阶段 (峰值强度后) 的剪切行为主要受起伏体的控制，并受到断层泥的影响。

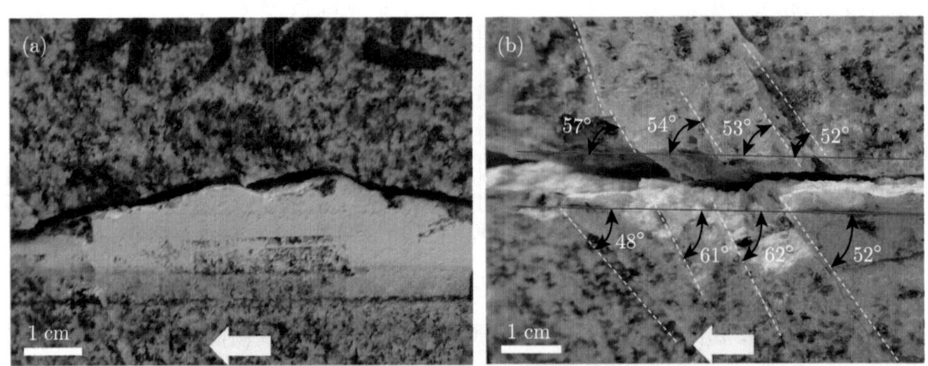

图 4.6　在法向应力 10MPa (a) 和 40MPa (b) 下剪切后试样，箭头表示下盘试样的剪切方向

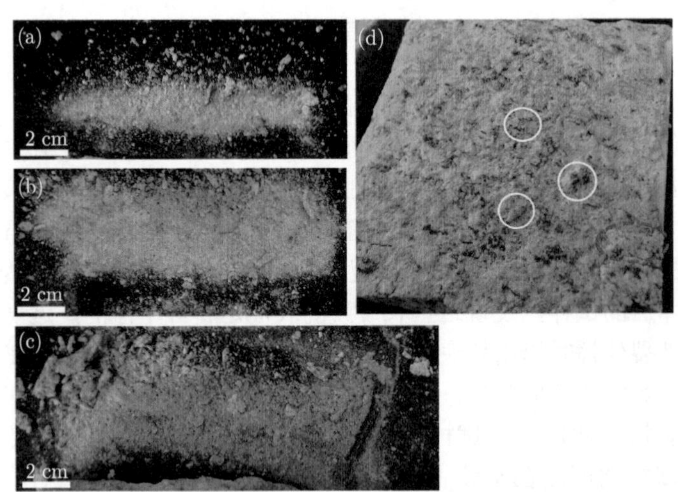

图 4.7　不同法向应力 25 MPa (a)、35 MPa (b)、40 MPa (c) 下剪切后产生的断层泥，35MPa (d) 法向应力下剪切后未清理的结构面。大尺寸的碎片来自于被剪断的起伏体 (如 (d) 中圆圈所示) 和岩石外围的剥落 (如 (d) 中虚线椭圆所示)

本研究中使用的为劈裂形成的粗糙结构面，其起伏体上的应力分布非常复杂，两个互锁面的起伏体在施加法向应力时会被压紧，接触更紧密。当下盘向前移动时，上盘的起伏体会阻碍其前进，并在起伏体之间产生应力集中 (如图 4.8 所示)。在高法向应力和剪切应力条件下，由于矿物颗粒的脆性特征，在持续不断的剪切作用下阻碍剪切运动的不规则起伏体更容易被剪断 (沿图 4.8 中的 OA 或虚线 1) 或被拉裂 (沿图 4.8 中的 OB 或虚线 2)，从而导致断层泥的生成 (图 4.7) 和断层面外的拉伸断裂 (图 4.6) 的产生。

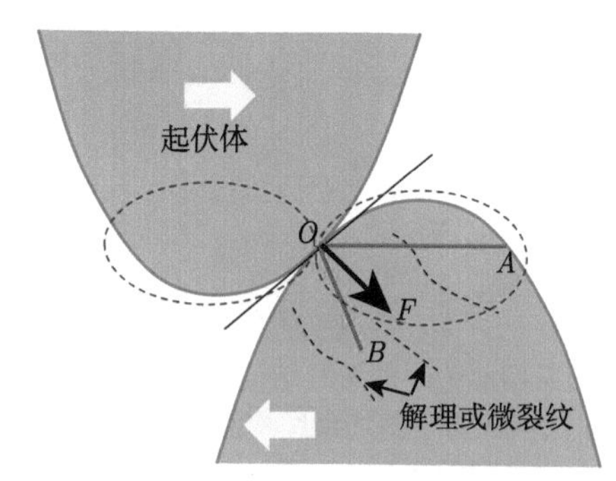

(a) 两个接触起伏体接触示意图

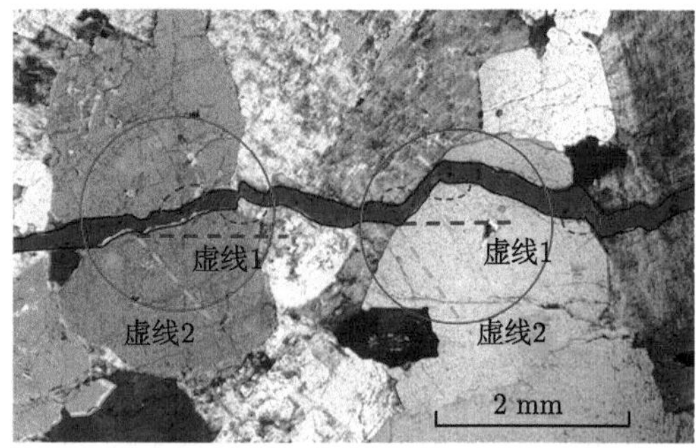

(b) 正交偏光下拉伸花岗岩结构面的微观图像

图 4.8 粗糙结构面剪切时微凸体间的接触

4.5 扫描电子显微镜下的细观损伤特征

在扫描电子显微镜下对剪切前后的表面分别放大 100 倍、800 倍和 2000 倍进行微观特征的比较和分析。定性和定量地分析不同法向应力对粗糙花岗岩结构面微损伤特征的影响。针对某个特定法向应力下的剪切表面，大约拍摄并分析 20 张图像。

4.5.1 剪切试验前结构面的特征

剪切前结构面的典型微观特征为新鲜且干净，表面仅散布着极少量碎屑 (如图 4.9(a) 所示)。结构面上的矿物颗粒具有非常明显的轮廓，边角清晰、分明，大部分矿物颗粒完整，表面几乎没有明显的裂纹。可以观察到不同矿物颗粒之间紧密接触的交界面。

4.5.2 剪切试验后的表面细观特征

剪切试验后结构面的微损伤特征主要体现在以下三个方面：断层泥、微裂纹和矿物表面磨损。

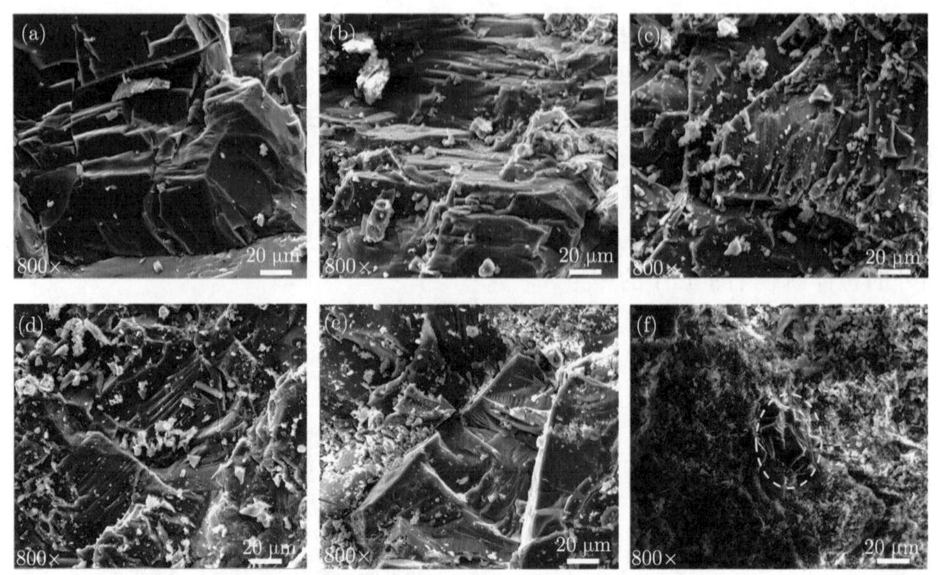

图 4.9 在相同放大倍数下，扫描电子显微镜观察到的剪切前 (a) 的新鲜结构面。10MPa (b)，20 MPa (c)，25 MPa (d)，35 MPa (e)，40 MPa (f) 法向应力下剪切后结构面的断层泥对比，箭头表示微裂纹。(f) 中虚线椭圆表示发生的非常强烈的断裂 (如图 4.10 所示)

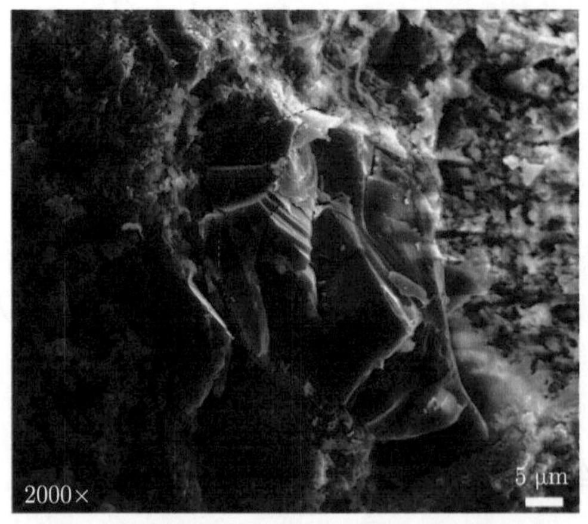

图 4.10 在法向应力 40 MPa 下结构面上的断层泥和微裂纹的分布。在中间区域观察到密集分布的裂纹，并包含大量细断层泥

1. *断层泥*

与剪切前的干净表面不同，剪切试验后的结构面发生了不同程度的磨损 (图 4.9 和图 4.11)，产生了更多小尺寸的断层泥碎屑和粉末。尽管表面上的宏观断层泥已经被清理，但通过电子显微镜依旧可以观察到大量的粉末状断层泥附着在表面，见图 4.9。从图 4.9(a)~(f) 对比可以看出，随着法向应力的增加，断层

泥的数量增多，尺寸减小。在最大法向应力下 (40 MPa)，观察区内的结构面被密集的粉末状断层泥覆盖 (图 4.9(f) 和图 4.10)。

2. 微裂纹分布

除了断层泥外，起伏体损伤的另一个显著特征是结构面上没被切断的起伏体上出现微裂纹 (图 4.11)。当法向应力较小时 (10 MPa、20 MPa)，晶间裂纹和晶内裂纹的数量很少，仅观察到矿物颗粒内部几个短裂纹 (红色箭头表示微裂纹) (图 4.11(a) 和 (b))。颗粒之间紧密接触，不同颗粒的交界面几乎是闭合的。在更高的放大倍率下，明显看到长石中平直的裂纹优先沿解理发育 (图 4.11(b))。

当法向应力为 35 MPa 和 40 MPa 时，微裂纹更加普遍存在 (图 4.11(d)~(f))。微裂纹的数量、长度和开度都比低应力下剪切的更多、更长、更大。六角棱柱状的石英颗粒会被张开的裂纹隔开 (图 4.11(d) 和图 4.12)。

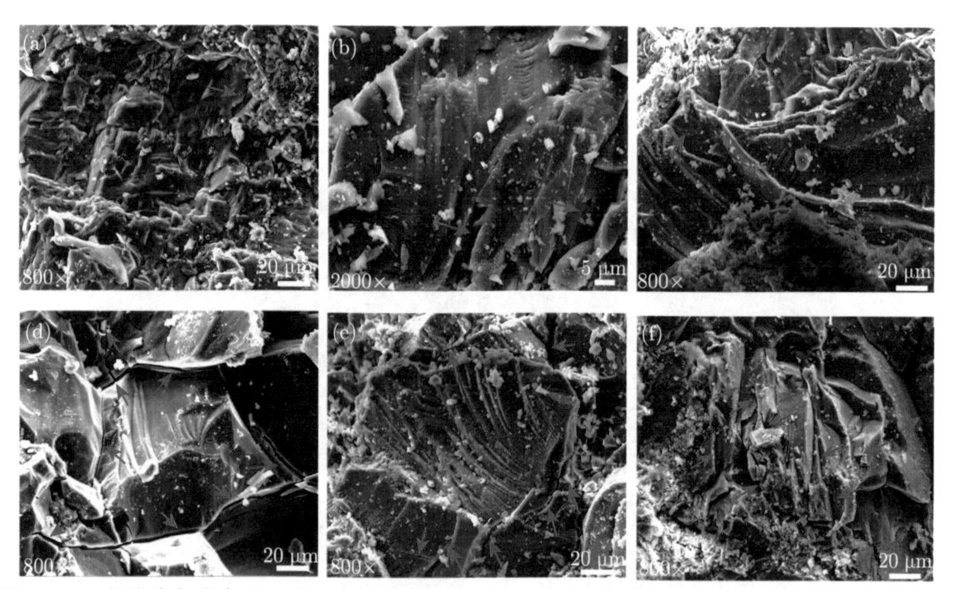

图 4.11 多种法向应力 10 MPa (a)，20 MPa (b)，25 MPa (c)，35 MPa (d)，35 MPa (e)，40 MPa (f) 下剪切后结构面上微裂纹情况对比

3. 矿物表面磨损情况

结构面表面压实的断层泥上可以观察到几条平行的磨损痕迹 (图 4.13(a))。由于剪切运动，黑云母片的边缘被压扁 (图 4.13(b)，由虚线椭圆线包围的区域)，该状态与周围薄片以及完整黑云母片 (由矩形包围的区域) 状态不同。这表明结构面上的应力分布不均匀，起伏区域更容易被磨损。另一个观察到的特征是矿物颗粒边缘的磨损 (图 4.13(c) 和 (d) 虚线圆包围的区域)。剪切后的晶粒边缘不如剪切前

的锋利，这些晶粒的边缘被挤压变钝，一些细小粉末仍然黏附在上面 (图 4.13(d))，一些较大的碎片也散布在其边缘 (图 4.13(c))。

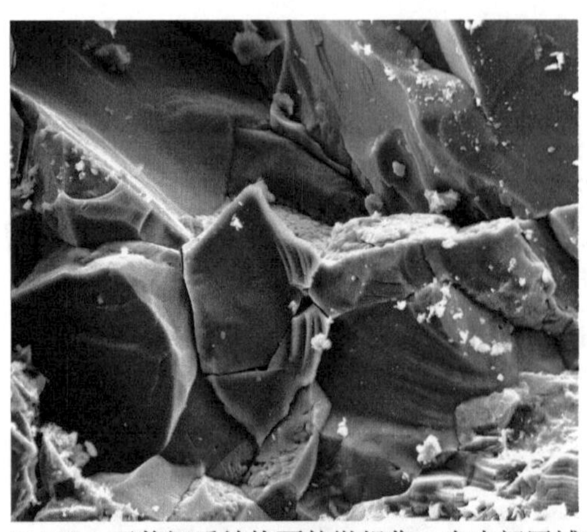

图 4.12 在法向应力 40 MPa 下剪切后结构面的微损伤，在中间区域观察到六角棱柱状的石英被张开的裂纹隔开

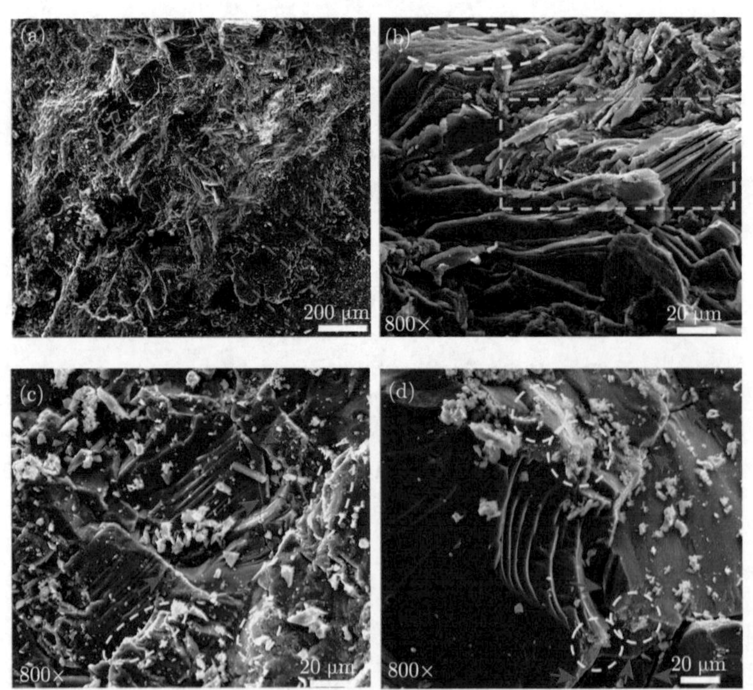

图 4.13 剪切后结构面表面磨损特征: (a) 在低倍视野下 (10 MPa 法向应力) 结构面表面可观察到平行剪切痕迹，如虚线所示；(b) 薄黑云母片的边缘已被磨损并变平 (如虚线椭圆所示)；(c) 和 (d) 表示晶粒边缘的磨损和损伤 (虚线圆圈)，箭头表示微裂纹

4.5.3 裂纹开度随应力水平的演化

为了定量评估在不同法向应力下剪切结构面的微损伤，对于高倍数显微镜下观察的细观结构，尤其是裂纹，使用 GetData 软件测量裂纹的开度 (如图 4.14 中的 l_1，l_2，$\cdots$，l_n)，裂纹的开度定义为裂纹两侧边缘的垂直距离 (图 4.14)。考虑裂隙的可识别性，只分析放大 800 倍和 2000 倍的图像。并且对任意一个结构面，在约 15 张 SEM 图像中寻找具有大开度的可见裂纹。

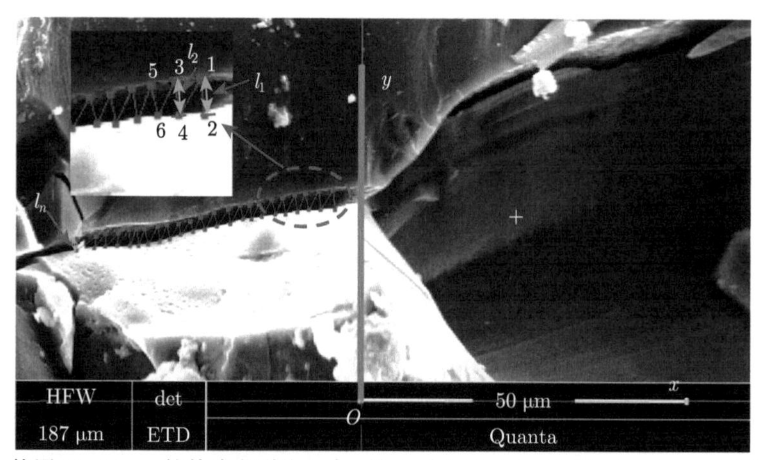

图 4.14 使用 GetData 软件确定裂纹开度 (锥形裂纹的开度开始明显减小时，该裂纹其余部分的开度将忽略不计)。首先求出裂纹边缘这些点 (即 1, 2, 3, 4, 5, 6) 的坐标 (x_i, y_i)，然后计算裂纹开度 (即 $l_1, l_2, \cdots, l_n$)

微裂纹开度的测量步骤如下：

(1) 用 GetData 软件打开 SEM 图像文件，以图像文件上的水平比例尺为横轴，与其正交的线为纵轴 (这两条线的真实长度已知)。

(2) 依次在张开的微裂纹的两条边上手动选取点 (点 1 和 2、3 和 4、5 和 6 等，如图 4.14 所示)。连接裂纹两侧最近点的 (垂直) 直线的长度 (点 1 和点 2 之间的 l_1，点 3 和 4 之间的 l_2，等等)，将其作为裂纹在该点的局部开度。

(3) 导出这些数据点的坐标，计算出裂纹在长度方向上不同位置的开度 (直线长度)。这些线的平均长度将作为裂缝的平均开度。

对于剪切前的结构面，裂纹的数量极少，即使存在的裂纹开度也非常有限 (图 4.15)。当法向应力在 10~25 MPa 范围内时，裂纹开度略微增加。然而，总体看来裂纹开度仍然非常小，最大开度约为 1 μm。当法向应力等于或高于 35 MPa 时，裂纹的数量和开度均显著增加，最大开度可达 3 μm。法向应力为 35 MPa 时，剪切表面的裂纹最大平均开度比法向应力为 40 MPa 时的裂纹最大平均开度大，这可能与黏滑过程中法向应力为 35 MPa 时的应力降幅度更大有关 (图 4.2(a))。

值得注意的是，法向应力为 40 MPa 时的裂纹数量和开度比法向应力为 25 MPa 时的大 (图 4.15)，但两个试样间的应力降幅度差异很小，说明断裂程度 (即裂纹开度) 还取决于起伏体承受的剪切应力 (在 40 MPa 的剪切强度比 25 MPa 的高)。

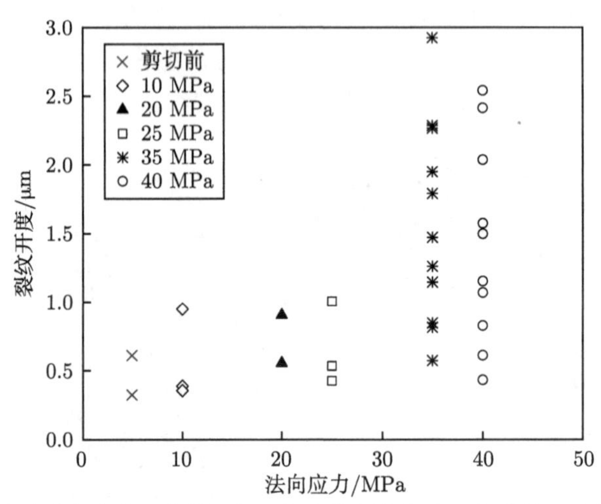

图 4.15 裂纹开度随法向应力的变化规律，每个数据点代表一条裂纹。法向应力 35 MPa 下的裂纹开度小于法向应力 45 MPa 下的裂纹开度，这与图 4.5(a) 中的应力降变化趋势一致

4.5.4 断层表面的细观特征总结

对不同法向应力下粗糙花岗岩结构面剪切后的细观损伤特征总结如下：

(1) 未剪切的结构面表面干净且新鲜。矿物颗粒之间紧密接触，几乎无明显的张开裂纹。表面的矿物颗粒棱角分明、锐利，边界清晰。

(2) 微裂纹数量、最大长度和最大开度随着法向应力的增加而增加。当法向应力很高时，表面凸起的起伏体上的矿物晶粒会发生非常强烈的破裂 (图 4.10)。扫描电子显微镜图像中观察到的断层泥随着法向应力的增加而增加，残留在表面上的细小颗粒的尺寸随着法向应力的增加而减小。

(3) 剪切后，一些黏附了细岩粉的矿物颗粒边缘变钝，表明这些边缘发生了摩擦磨损和局部 (压缩和剪切) 应力集中。

(4) 在较高的法向应力下，黏滑过程中应力降越大，晶粒破裂越强烈 (裂纹数量、长度和开度增大)。

4.6 基于岩石薄片的细观损伤特征

取法向应力为 40 MPa 时剪切后的试样，在结构面下盘平行于剪切面制备两个岩石薄片。为了比较剪切前后结构面损伤的差异性，按照相同的方法制备剪切前结构面薄片。主要目的是寻找前人研究中发现的胡萝卜形沟槽 [194,195]，前人认为这些沟槽与凹痕、起伏体的犁耕以及黏滑不稳定性密切相关 [195]。这些沟槽通常具有独特的形状 (胡萝卜形或等腰三角形，两侧很长，收敛到一个尖端) 和长度 (沟槽的长度大致等于黏滑过程中单次滑移距离)。

未经剪切的表面矿物颗粒干净完整，晶间裂纹和晶内裂纹均很少 (图 4.16(a) 和 (b))，矿物颗粒互锁，紧密接触。剪切后的表面，在显微镜下可以观察到明显的裂纹 (图 4.16(c)~(f)，箭头表示剪切方向)。这些裂纹不是直线，也不完全平行于剪切方向。此外，沿长度方向，裂纹开度通常会有所变化。可以观察到几个与主裂纹 (区域 2) 相交的小微裂纹 (区域 1)(见图 4.16(c))，还可以在裂纹前端发现两个更宽的裂纹 (图 4.16(e))，这是由于微观裂纹 (例如晶间裂纹、劈裂面或其他弱面) 存在时，矿物晶粒边缘穿透进入引起的。当起伏体的尖端侵入上述已存在的薄弱部位时，该弱面沿弱边界在剪切方向延伸。这些微裂纹大多出现在相对较大的石英和长石颗粒中 (图 4.16(d) 和 (f))。对于本研究所采用的粗糙花岗岩结构面，剪切后的表面上并没有发现形状类似胡萝卜形的沟槽，因此前人提出的这种沟槽与黏滑密切相关的论断对于粗糙度大的结构面或者断层面并不一定适用。前人的研究中，采用的是锯切形成的光滑的结构面模拟断层，这种结构更容易发生硬度大的起伏体犁入相对软的另外一面。

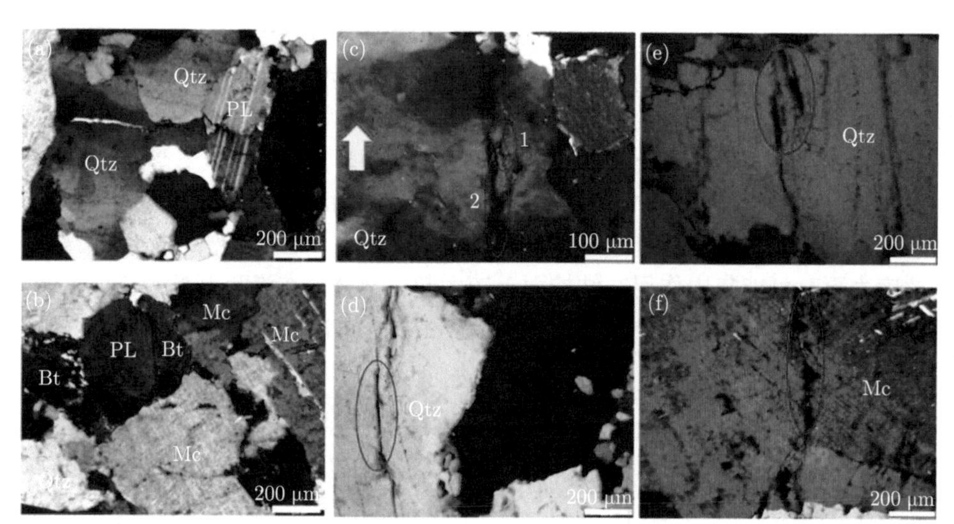

图 4.16 剪切试验前和剪切试验后结构面薄片图像对比。(a) 和 (b) 为剪切前岩石表面。Qtz、Mc、PL 和 Bt 分别是石英、微斜长石、斜长石和黑云母的简称。剪切前微裂纹很少出现。(c)~(f) 40 MPa 法向应力作用下剪切后表面微观损伤特征，箭头表示剪切方向

4.7 结果讨论

本研究发现，粗糙花岗岩结构面的脆性破裂发生在三个不同尺度上：即结构面岩壁内较大的张拉断裂 (肉眼可见)、起伏体的剪断破坏 (剪切后试样表面被清理过和剩余的断层泥即为剪断后的产物) 和表面剩余起伏体的微裂纹 (仅在显微镜下可以观察到)。起伏体的特性 (尺寸、分布、强度等) 决定着结构面的剪切行为 [63,195−198]，当法向应力较低时，结构面上盘会在下盘起伏处发生爬坡行为，大部分起伏体不会被剪掉。在高法向应力下，被剪断的起伏体在两个表面之间滚动、磨碎并填充进凹陷的位置，形成断层泥。断层泥的存在会显著影响断层的性质，特别是当断层泥的厚度增加到某种程度时，会阻止两个表面的直接接触 [199−201]。试验表明，断层泥的存在使结构面的摩擦系数降低、应力降的幅度减小 [199,202,203]。在本研究中，由于产生的断层泥厚度不足以覆盖整个表面 (图 4.8(d))，因此断层泥对黏滑大小的影响并不显著。

由于试验开始时结构面表面的起伏体完全咬合并紧密互锁，因此上下盘的接触面吻合程度最大。当剪切应力达到峰值剪切强度时，结构面表面的损伤表现为起伏体的剪切和断裂。随着剪切位移的进一步增大，较高的起伏体尖端被剪断后，两个表面的接触变得更加局部化，剪切应力仅作用在两个表面上有限的接触点上 (图 4.12 和图 4.17)。在剪切过程中，极高的应力集中会导致远离结构面部分或岩壁部分的进一步破裂。由前述描述可知，许多矿物颗粒的边缘已经被磨损。坚硬的矿物颗粒的边缘在高法向应力和剪切应力作用下被挤压在另一面的凸起部分上，并且相对运动过程中会在凸起部分的内部或边界产生拉应力，沿着晶界或解理面形成新的微裂纹。法向应力越大时，作用于结构面上的剪切应力越大，起伏体所受到的拉应力越大并且越局部化，破裂也越剧烈。在动态滑移之前，局部的高拉应力更有可能集中作用在结构面上较大起伏部分，在滑移开始或破裂扩展过程中，当达到起伏体的抗拉强度时，就会产生岩壁内的拉伸断裂。

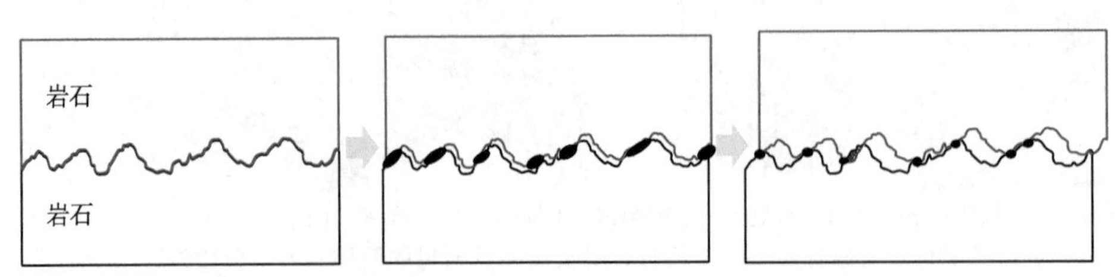

图 4.17　结构面上起伏体的局部接触随剪切位移增加的变化示意图

Chen 等 [204] 在花岗岩和辉绿岩断层上开展了环剪试验，试验采用的正应力为 10.2～14.3 MPa，剪切速率为 0.26～617 μm/s，并精确测量了剪切前后的断层表面形貌。试验结果表明，起伏体间的距离决定了黏滑中的动态滑移距离，并提出起伏体的脆性断裂控制着黏滑过程。本研究中基于粗糙花岗岩结构面在不同应力下的剪切试验，发现了结构面三种形式的脆性破坏，这些脆性破坏决定了粗糙花岗岩结构面的黏滑失稳。尤其发现结构面上微裂纹的开度与应力降随法向应力的变化非常一致，进一步说明脆性破裂与黏滑的密切关系，这些发现与 Chen 等 [204] 的研究结论一致。

4.8 主要结论

在本研究中，对劈裂获得的花岗岩结构面开展直剪试验，研究了粗糙的花岗岩结构面在 10~40 MPa 法向压力范围内的剪切力学特性，利用扫描电子显微镜和偏光显微镜对粗糙花岗岩结构面剪切后的细观损伤进行了细化分析。主要发现包括：

(1) 试验中结构面都发生了黏滑现象，并且应力降和震间剪切位移均随法向应力的增加而增大。

(2) 剪切后结构面的细观损伤以粉状断层泥、微裂纹和晶粒边缘磨损的形式发生。微裂纹的数量、最大长度和开度往往随着法向应力而增加。在较高的法向应力下，与黏滑相关的应力降较大，不同法向应力下微裂纹的开度与黏滑应力降正相关，因此对于粗糙花岗岩结构面而言，起伏体的脆性破裂决定了黏滑的发生。

(3) 试验中从宏观和细观尺度揭示了结构面的三种脆性破坏形式：起伏体的剪断 (形成断层泥)、结构面上剩余起伏体的破裂 (形成微裂纹) 和岩壁内的大拉伸断裂，我们认为这三种脆性破裂形式与不稳定的黏滑密切相关。

第 5 章　锯切和劈裂花岗岩结构面剪切行为与岩壁内损伤特征

5.1　引　　言

第 4 章花岗岩结构面的试验结果证实，起伏体控制着结构面的失稳破坏模式，并且借助扫描电子显微镜细观分析方法，定性和定量分析了剪切后结构面的表面起伏体的损伤规律和特征。事实上，天然结构面存在不同的粗糙度，进而进一步影响结构面的剪切力学行为。尤其在实验室地震学研究领域，国际上广泛采用锯切的光滑结构面模拟成熟的断层。显然，这种结构面的表面形貌特征与天然岩石结构面 (尤其是岩体工程中存在的结构面) 存在较大差别。实际岩体工程中，岩石结构面是由于开挖、爆破、压裂等作用新形成的，表面往往不规则，咬合性好，也有经历过长时间的地质历史作用的，表面相对光滑。无论从地震学领域还是岩石力学领域，专门比较这种新鲜的岩石结构面和光滑平坦结构面的剪切特性都极其缺乏，尤其在高应力条件下两种形式的结构面峰后摩擦特性和结构面损伤规律都未曾系统地被研究过。通过第 4 章内容可知，结构面的损伤除了表面的起伏体，尤其是粗糙起伏体的强应力集中作用外，应力还可能传播至结构面上下盘的完整围岩中 (即岩壁)，对于岩壁内的损伤 (off-fault damage) 特征及其与结构面剪切力学性质的关系，较少有人研究。因此，本章采用劈裂形成的粗糙结构面和锯切形成的光滑平面开展了法向应力 1~50 MPa 下的直剪试验，对比分析两种特殊结构面的剪切力学行为，并通过光学显微观察量化了剪切导致的岩壁内部损伤。本研究的结果有助于更好地理解不同粗糙度岩石结构面的摩擦行为和损伤特征。

5.2　试样制备和试验方法

X 射线衍射分析表明，花岗岩试样由 ~20.4%石英、~44.1%钠长石、~24.1%黑云母、~6.9%角闪石和 ~4.5%磁赤铁矿组成，平均粒径约为 0.75 mm(如图 5.1 所示)。未剪切花岗岩的细观结构表明，单个晶粒具有明显的分辨性且密切接触。矿物中原生微裂纹较少。两种尺寸 (100 mm × 100 mm × 100 mm，100 mm × 100 mm × 55 mm) 的立方体试样由大的岩石块体切割获得，六个表面按照国际岩石力学与岩石工程协会 (ISRM) 建议方法进行打磨 [177]。类似于巴西劈裂试验，对尺寸为 100 mm × 100 mm × 100 mm 的立方体试样的两个相对表面施加一对线性荷载，从而劈裂形成一对上下表面匹配的粗糙裂隙面 (图 5.2)(详细参见 Meng 等 [83] 的工作)。这种张拉作用导致的裂隙面上的损伤非常有限 (这可以从表面非常有限的碎屑、断层泥和微裂纹推断出)，因此剪切试验后的损伤 (起伏体磨损和岩壁内的破裂损伤) 可以认为是剪切过程造成的。锯切平面结构面由两个尺寸相同 (100 mm × 100 mm × 55 mm) 的块体叠加而成 (图 5.2)。平面结构面剪切面的光滑度与立方块体的其他表面相同。直剪试验前，结构面表面粗糙度由坡度均方根 (RMS) 量化 (式 (5.1))。对于平面结构面，表面粗糙度由分辨率为 0.8 nm 的 Taylor Hobson-PGI 800 仪器测量。分别采用剖面线长度为 5 mm 和 10 mm 测量时，平面结构面表面沿剪切方向的 RMS 差异很小 (图 5.2(f))，可认为其粗糙度不随尺度改变 [205]。由于平面结构面表面的粗糙度参数 RMS 相似，因此只对两个长度为 5 mm 和 10 mm 的剖面进行了扫描，取 RMS 的平均值作为平面结构面表面的粗糙度。

$$\mathrm{RMS}_x=\left[\frac{1}{L}\int_0^L Y^2\left(x\right)\mathrm{d}x\right]^{0.5} \tag{5.1}$$

其中，L 为剖面长度，Y 为给定点的高程幅度，x 为剖面沿给定方向上的距离。本研究中锯切平面结构面的 RMS 值约为 2 μm。

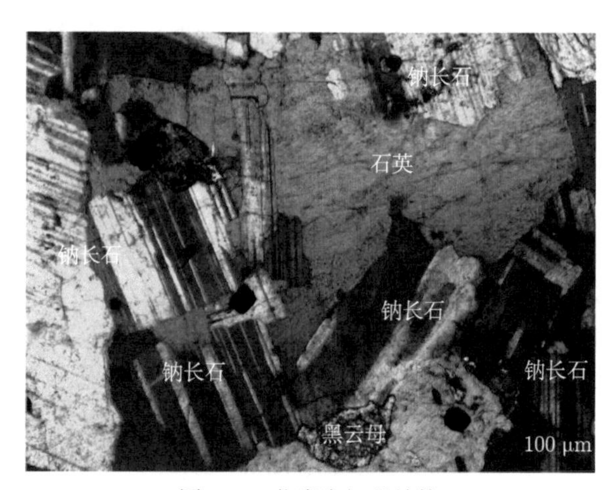

图 5.1　花岗岩细观结构

采用 Holon^{3D} 光学扫描系统对粗糙结构面表面进行扫描，利用点云数据对结构面进行数字化重建。与平面结构面表面相比，劈裂的结构面表面通常具有不规则的形貌，粗糙度同样取决于测量尺度 [205]。因此，对于粗糙表面，沿剪切方向等间距取 10 条长 100 mm 的平行轮廓线，根据式 (5.1) 计算其 RMS 参数，用平均 RMS 表征表面的整体粗糙度。粗糙结构面的 RMS 范围为 1200～2250 μm。

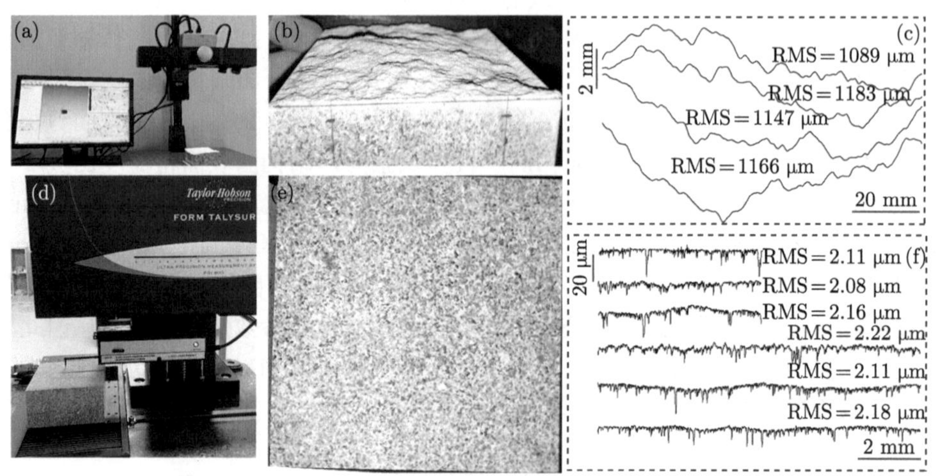

图 5.2　(a) Holon^{3D} 光学扫描系统；(b) 劈裂产生的粗糙结构面表面；(c) 为 (b) 中四条剖面线及相应 RMS 计算结果；(d) Taylor Hobson-PGI 800 扫描仪；(e) 锯切平面结构面表面；(f) 平面结构面表面几条代表性剖面线 (长度分别为 5 mm 和 10 mm) 及相应 RMS 计算结果

直剪试验在 RMT150 系统上进行 (如图 2.2 所示)，剪切荷载由水平液压千斤顶施加，最大承载能力为 500 kN，剪切荷载数据采集的采样间隔为 0.8 s。剪切位移由顶在下剪切盒上的 LVDT 传感器监测。在剪切试验过程中，下剪切盒被其两侧的两根拉杆拉动，而上剪切盒在水平方向保持不动。对锯切结构面分别施加 1 MPa、5 MPa、10 MPa、30 MPa 和 50 MPa 的法向应力。由于在 50 MPa 法向应力下，粗糙结构面的抗剪强度极有可能超过试验系统的最大剪切荷载。因此，粗糙结构面仅采用 1 MPa、5 MPa、10 MPa、20 MPa 和 30 MPa 的法向应力。试验开始时，以 1 kN/s 施加法向荷载，直至达到目标设定值。然后以 0.002 mm/s 的位移速率施加剪切荷载，同时保持法向荷载恒定。

为研究结构面剪切之后岩壁内部的细观损伤特征，垂直于结构面平面沿剪切方向切割下盘试样制备岩石薄片 (约 30 mm 长，20 mm 宽)。由于锯切平面试样试验后表面磨损较为均匀，因此薄片选取位置大致在试样的中心。而粗糙结构面表面通常发生剪切局部化，且表面损伤分布不均匀。因此，我们挑选磨损较为显著的位置来制备薄片 (详细信息请参见 5.5 节)。每个平面结构面试样制备一个薄片，每个粗糙结构面试样制备一至两个薄片 (两个薄片位于不同位置)。

5.3 结构面剪切力学特性

5.3.1 锯切平面结构面

在低法向应力 (1 MPa、5 MPa 和 10 MPa) 下剪切时，平面结构面剪切应力-剪切位移曲线形状相似 (图 5.3(a))。因剪切时试样上下盘接触面积的减小，对剪切应力进行了修正。剪切应力首先随着剪切位移的增加而显著增大，之后随剪切位移的增大几乎保持不变 (图 5.3(d))。剪切位移小于 4.4 mm 时，30 MPa 法向应力作用下的剪切应力曲线与较低法向应力 (1 MPa、5 MPa、10 MPa) 作用下的剪切应力曲线相似，之后剪切应力出现一定波动。图 5.3(c) 为 (a) 应力曲线的放大视图，可以清楚地看到应力的间歇性增加和减少，即发生黏滑现象。当法向应力增加到 50 MPa 时，应力曲线的整体形状与其他相似，但在接近试验结束时发生非常大的应力下降 (此结构面命名为 50-1)。与 30 MPa 法向应力时相比，其应力振荡更为显著，应力降更大，每个应力降的间隔时间更长 (图 5.3(b))。

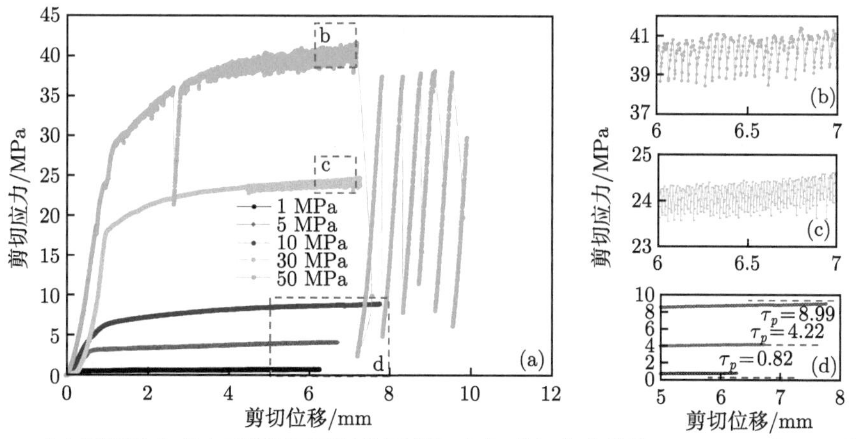

图 5.3 (a) 不同法向应力下锯切平面结构面剪切应力-剪切位移曲线。(b)、(c) 和 (d) 是 (a) 中应力曲线矩形框的放大视图。(d) 中标注了剪切应力曲线的峰值强度

与其他平面结构面相比，剪切位移达到 2.8 mm 时，结构面 50-1 出现应力降后，剪切应力迅速恢复到与应力下降前相当的水平。我们认为这种应力下降与试样在高法向应力作用下的局部断裂有关。在其他平面结构面中，临近剪切试验结束时没有出现非常强烈的黏滑现象。

为检验 50 MPa 法向应力下试验结果的可重复性，在相同试验条件下，对另一个平面结构面 (以下命名为结构面 50-2) 进行剪切。这两个平面结构面的剪切应力总体趋势 (如红色虚线所示) 和剪切应力峰值非常相似 (图 5.4)。结构面 50-2

与结构面 50-1 最显著的不同在于结构面 50-2 在最后两次规则黏滑前有 4 次应力降，而结构面 50-1 只有 1 次应力降。应力降后，剪切应力逐渐恢复到未发生应力降时的应力水平 (虚线)。应力恢复阶段的斜率与初始加载阶段相近。类似于结构面 50-1，试验接近尾声时发生黏滑。在 50 MPa 法向应力下两个结构面呈现不同剪切行为的原因将在 5.6 节中详细讨论。

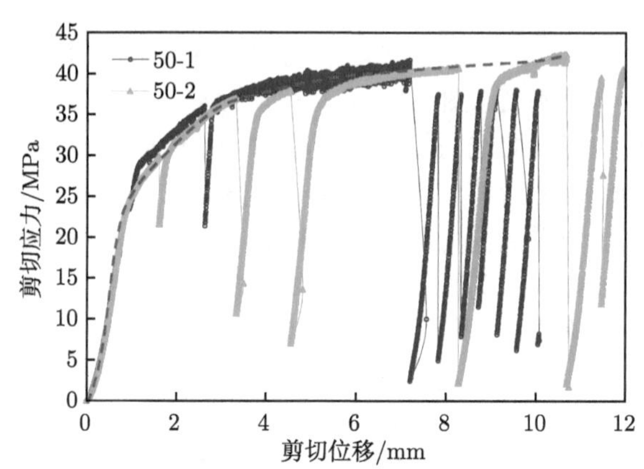

图 5.4 50 MPa 法向应力下两个剪切应力-剪切位移曲线对比 (50-1 和 50-2 分别为第 1 个和第 2 个结构面)

锯切平面结构面在不同法向应力下剪切后的表面磨损程度不同 (图 5.5)，在 1 MPa 法向应力下表面几乎没有宏观磨损痕迹 (图 5.5(a))，剪切后结构面表面与剪切前表面差异不大。在 5 MPa 法向应力作用下，剪切后表面上的单个矿物与 1 MPa 法向应力作用下相比变得不那么容易识别。然而，并没有发现明显的磨损痕迹 (图 5.5(b))。当法向应力大于 5 MPa 时，沿剪切方向可以清晰地观察到磨损痕迹 (图 5.5(c)~(f))。结构面表面颜色由浅白色变为深灰色，这是由于随着法向应力的增加，黑云母的磨碎和损伤更加严重。图 5.5(f) 中的三个白色斑块与延伸扩展到原岩中的三个大裂隙 (图 5.5(g)) 有关 (将在 5.5 节中进一步讨论)。

5.3.2 劈裂粗糙结构面

粗糙结构面的剪切力学行为与平面结构面有显著不同 (图 5.6)，主要包括以下几方面：① 在相同法向应力下粗糙结构面的峰值剪切强度远大于平面结构面。② 各结构面的应力-位移曲线均存在明显的峰后应力降，之后剪切应力逐渐恢复。③ 在摩擦滑动阶段，各结构面均出现规律性的黏滑现象 (1 MPa 法向应力作用下，黏滑幅度较小，见图 5.6 中的局部放大图)。

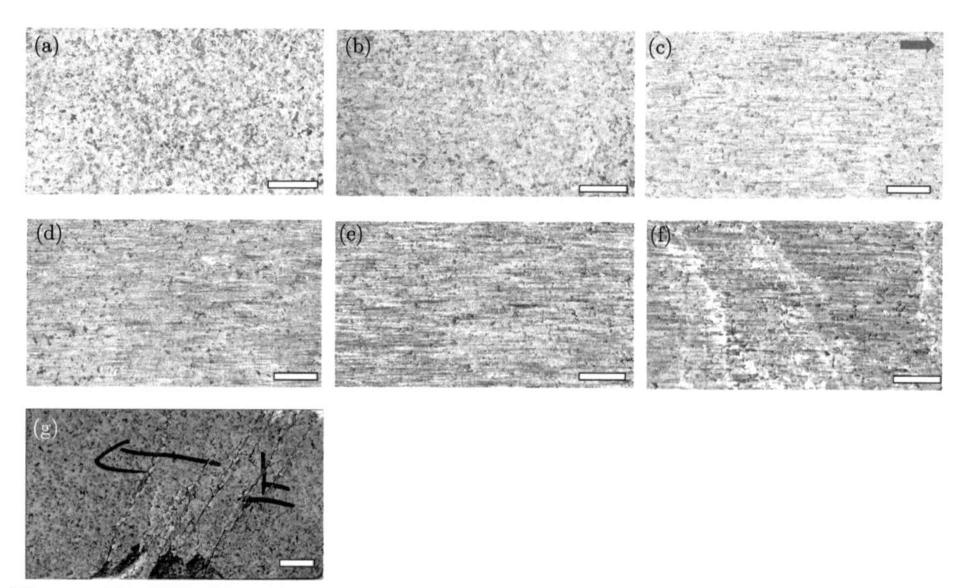

图 5.5 锯切结构面在 1 MPa (a)，5 MPa (b)，10 MPa (c)，30 MPa (d)，50 MPa (50-1) (e) 和 50 MPa(50-2) (f) 下剪切的表面磨损和岩石壁面损伤特征；(g) 结构面 50-2 剪切面下损伤。右上方箭头为剪切方向，比例尺长度为 10 mm

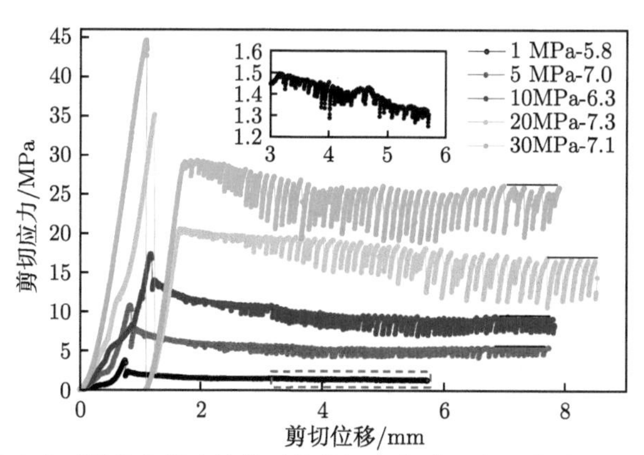

图 5.6 不同法向应力下粗糙花岗岩结构面的剪切应力-剪切位移曲线。插图是矩形框所包围的 1 MPa 法向应力下应力曲线的放大视图。曲线末端的短水平线表示残余抗剪强度

图 5.7 为 1 MPa、10 MPa 和 30 MPa 法向应力下粗糙结构面 (下盘) 剪切后的表面形貌。随着法向应力的增加，被粉末覆盖的白色斑块增多，即损伤区域数量增加。在 1 MPa 法向应力作用下，不规则结构面表面上出现大量小片状的损伤区，说明起伏体尖端在剪切过程中被压碎或剪掉。在较高的法向应力作用下，小损伤区域合并成大斑块，这表明损伤起伏体的数量和深度都有所增加。

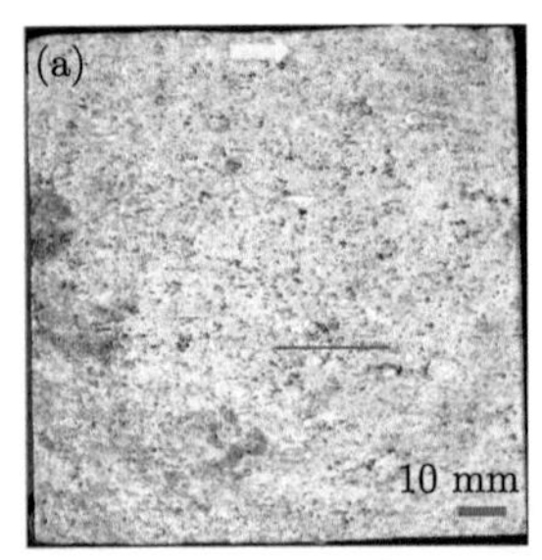

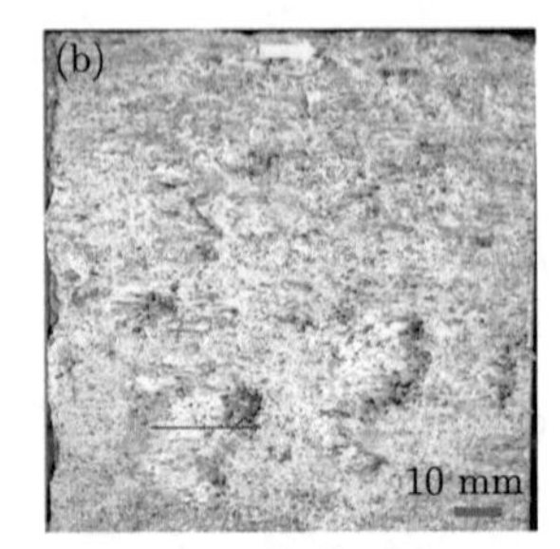

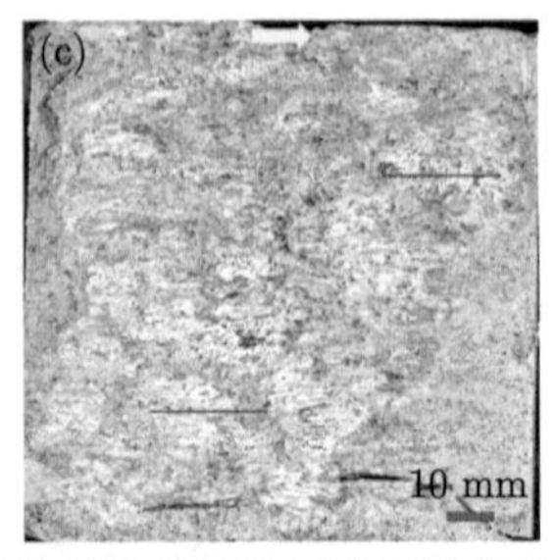

图 5.7 法向应力为 1 MPa (a)，10 MPa (b) 和 30 MPa (c) 下劈裂粗糙结构面表面的损伤特性 (红线表示制作薄片的位置)

5.3.3 峰值强度和残余强度比较

随着法向应力的增加，粗糙结构面峰值剪切强度、残余剪切强度和平面结构面峰值剪切强度的变化情况，如图 5.8 所示。对于粗糙结构面，由于黏滑阶段局部的峰值应力随剪切位移的增加变化不大，因此将剪切应力曲线中黏滑阶段的峰值应力作为残余剪切强度 (图 5.6)。在试验结束时，平面结构面的剪切应力仍有小幅增加的趋势，这可能与随着剪切位移的增加，结构面表面逐渐变得粗糙有关。因此，将接近剪切试验结束时的剪切应力作为平面结构面的峰值剪切强度 (图 5.3(d))。

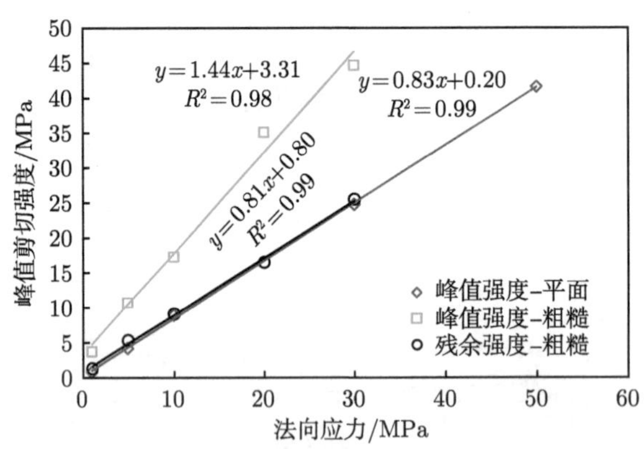

图 5.8 粗糙结构面峰值剪切强度、残余剪切强度变化规律及平面结构面峰值剪切强度的变化规律

剪切强度与法向应力之间的关系可用莫尔-库仑破坏准则很好地拟合。峰值剪切强度与残余剪切强度的差值随着法向应力的增加而增大。峰值摩擦角为 55°，残余摩擦角为 40°。粗糙结构面的残余强度包络线与平面结构面的剪切强度包络线几乎重合，表明粗糙结构面的残余摩擦角与锯切平面结构面直剪试验确定的基本摩擦角基本一致。

5.4 结构面剪切前后粗糙度的变化

为了比较剪切前后的表面粗糙度，首先用非常柔软的刷子清理剪切后粗糙表面上的断层泥和碎屑，然后用 Holon^{3D} 光学扫描系统再次扫描表面，获得沿剪切方向的 RMS 粗糙度。对于平面结构面，仅对法向应力为 1 MPa、10 MPa 和 30 MPa 的剪切后的表面采用 Taylor Hobson-PGI 800 扫描，计算 RMS(其他试件被用于切割制备薄片)。比较了平行 (图 5.9 中 “P”) 和垂直于 (图 5.9 中 “V”) 剪切方向所得的 RMS 值。

由于粗糙结构面是通过人工劈裂所得，因此剪切前 RMS 与平面结构面相比存在较大差异。从图 5.9(a) 中可以看出，5 个粗糙结构面的 RMS 均在剪切后减小，而不管方向如何，3 个平面结构面的 RMS 均增大。更大的法向应力通常会导致粗糙结构面的 RMS 退化更严重 (图 5.9(b))，表明结构面表面变得更加平坦。另一方面，在较高的法向应力下，平面结构面的表面变得更为粗糙。RMS 在垂直方向上的增加比平行方向上更显著，差异的原因将在 5.6.1 节中进一步讨论。

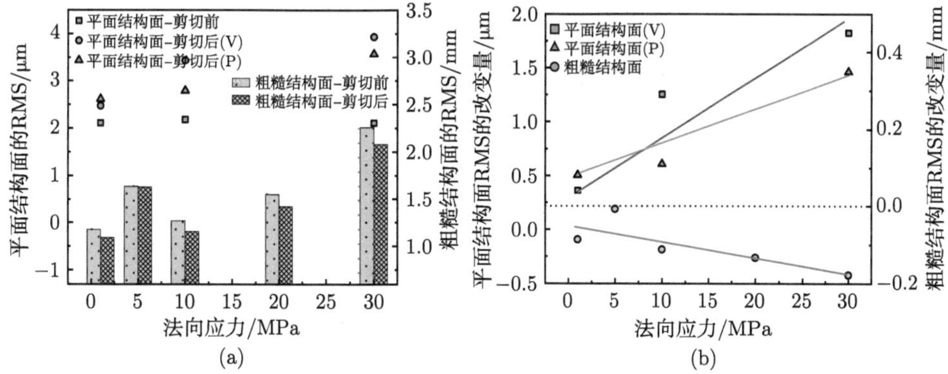

图 5.9 (a) 剪切前后 RMS 与方向应力的关系；(b) 劈裂粗糙结构面和平面结构面剪切后的 RMS 粗糙度改变情况，“V” 和 “P” 分别表示垂直于剪切方向和平行于剪切方向，三条线表示增加或减少的趋势

5.5 结构面岩壁内破裂损伤特征

为定量分析剪切作用导致的结构面岩壁内的损伤特征，剪切试验后首先在结构面表面画一条平行于剪切方向的直线 (长约 30 mm)(如图 5.7 中红线所示)。然后沿着这条线垂直于剪切面将试样切成两块，并在这条线以下制作一个长约 30 mm、宽约 20 mm 且包含裂隙面的岩石薄片。对比剪切后平面结构面与粗糙

结构面的薄片，可以发现平面结构面的微裂纹明显少于粗糙结构面，并且分布范围也相对更小。因此，两种结构面分别采用两种不同的方法对损伤区进行观察和量化。

对于平面结构面，在剪切后表面画线区域涂上液态环氧树脂，以保持剪切后表面的原始状态，环氧树脂固化后可以保护表面，防止切割过程中表面的损坏和破坏产生的岩石碎屑的丢失 (图 5.10)。如果表面以下存在空隙和裂隙，则环氧树脂可以渗透进去，其不仅可以起到固化作用，环氧树脂填充区域的厚度还可以作为判断平面结构面损伤程度和范围的指标。

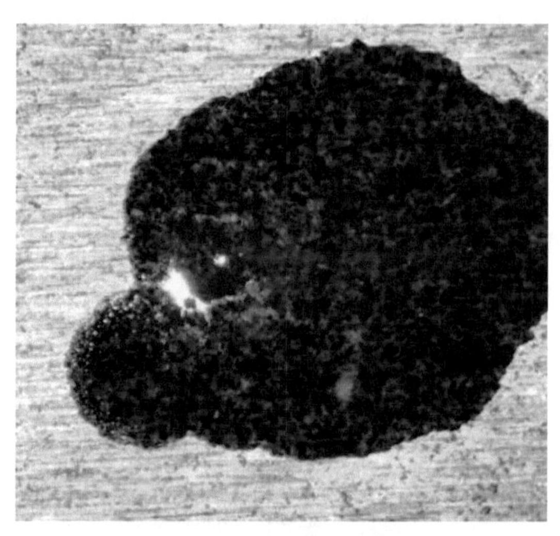

图 5.10　平面结构面表面的环氧树脂，红线为提前画出的切割位置

对于粗糙结构面，首先将剪切产生的碎屑和断层泥清理干净，然后扫描表面形貌以获得粗糙度参数。粗糙结构面剪切后由于要进行三维形貌扫描，因此表面没有涂环氧树脂。我们提出了另外一种更精确的方法来确定损伤区宽度。首先，从大的全景薄片 (约 35 mm × 19 mm) 中选取面积约为 5 mm × 12.8 mm 的代表性区域，在薄片图像上画若干条相互平行且间距为 0.2 mm 的垂直线和水平线，形成方形网格线 (如图 5.11 所示)。如果方格内含有一个或多个裂纹，此方格即记作 1。一行中含有裂纹的方格总数 ($N_{\text{crack}} = 1 + 1 + 1 + 1 + \cdots$) 得到后，相对裂纹密度 ($\rho_r$) 定义为 N_{crack} 与方格总数 N_{total} 之比。沿垂直于剪切面的方向，ρ_r 在不同位置 (即不同行) 的值即可获得。损伤区的宽度为从剪切表面至 ρ_r 不发生显著变化时位置的距离。由于方格尺寸较小 (线间距仅为 0.2 mm)，因此该方法可以有效地评价结构面岩壁中微裂纹的分布情况。

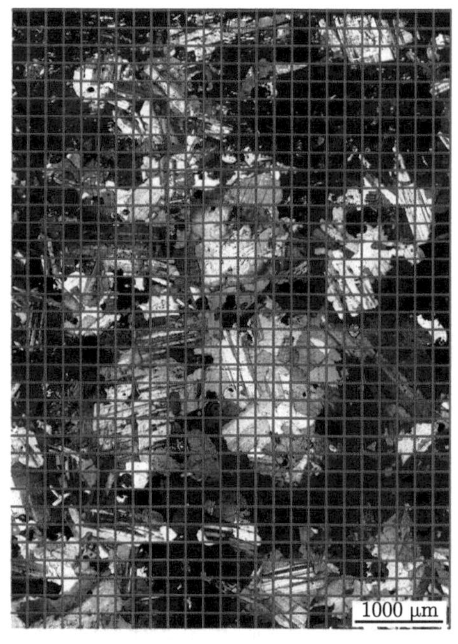

图 5.11 岩石薄片图像上间距为 0.2 mm 的网格

5.5.1 锯切平面结构面损伤特征

当平面结构面分别在 1 MPa 和 5 MPa 法向应力下剪切时，细观结构 (图 5.12(a) 和 (b)) 与未剪切的岩样差异不大 (图 5.9)。在剪切面附近区域，微裂纹很少出现。值得注意的是，剪切后的平面表面在细观上变得更加粗糙，这是剪切过程中的磨损损伤以及试验后岩石切割过程中可能引入的损伤导致的。

剪切试验结束后，在每个试样表面画出近乎水平的直线，以标记切割位置 (图 5.10 环氧树脂下面的红线，即图 5.13(a) 和 (b) 中的粉色线)。光滑和平整的外观表明环氧树脂在样品制备过程中非常有效地保存和保护了剪切后表面形态。图 5.13~ 图 5.15 显示环氧树脂已渗透到平面结构面下的空隙和孔洞中 (红色虚线描画出图中表面环氧树脂与下面矿物之间的边界)。区域中的圆圈是密封在环氧树脂中的气泡。图 5.12 与图 5.13 的比较表明，如果剪切后试样不经过环氧树脂处理而直接切割，那么边界以上的部分 (即红色虚线) 可能不会被保留并观察到。

在 10 MPa 法向应力作用下 (图 5.13)，结构面下部损伤区厚度为 0~440 μm。损伤区厚度在不同位置存在差异性，表明即使是非常平滑的结构面，剪切应力也是不均匀的。虚线以下的矿物相对完整且损伤不明显，说明剪切作用主要局限于平面结构面表面非常薄的表层。

图 5.12　平面结构面在法向应力 1 MPa (a) 和 5 MPa (b) 时岩壁内的细观结构 (剪切面在图像上方，黄色箭头表示剪切方向，下同)

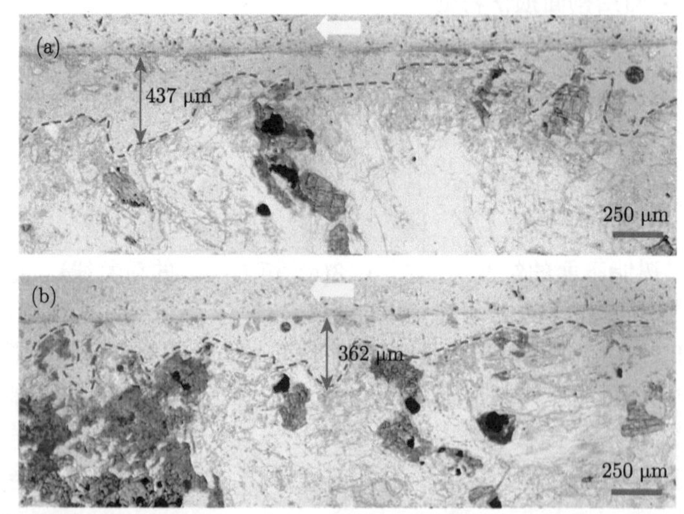

图 5.13　平面结构面在法向应力 10 MPa 时岩壁内细观结构，(a) 和 (b) 来自薄片的不同位置 (红色虚线表示环氧树脂层与矿物之间的边界)

30 MPa 法向应力下，正交偏光和平面偏光下观察的结构面表面剪切细观结构如图 5.14(a)～(d) 所示。与图 5.13 所示的相似，在红色直线下方可以观察到环氧树脂，在观测范围内最大深度约为 600 μm(图 5.14(e))。在涂环氧树脂之前，表面产生的断层泥没有被清理，因此，在环氧树脂上面可以观察到一些岩屑的存在。

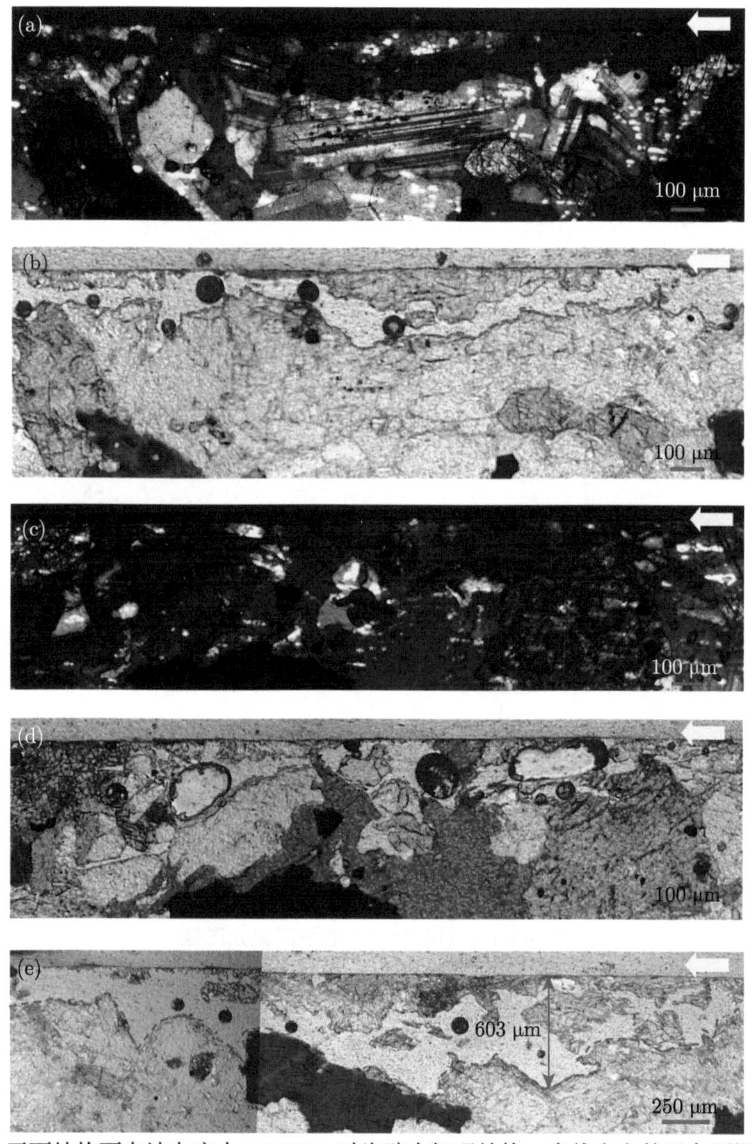

图 5.14 平面结构面在法向应力 30 MPa 时岩壁内细观结构。虚线上方的黑色圆圈是密封在环氧树脂中的气泡。(a)、(c)、(e) 为薄片的不同部位，(b)、(d) 分别为 (a)、(c) 的平面偏光薄片图像

在 50 MPa 法向应力作用下，细观结构的主要特征 (图 5.15) 与图 5.13 和图 5.14 相似，在观察区域能够渗透环氧树脂的最大厚度 (即损伤区厚度) 约为 700 μm(图 5.15(b))。在图 5.15(a) 和 (b) 的右侧观察到几个小气泡，这是环氧树脂渗透在贯通的裂纹中造成的。

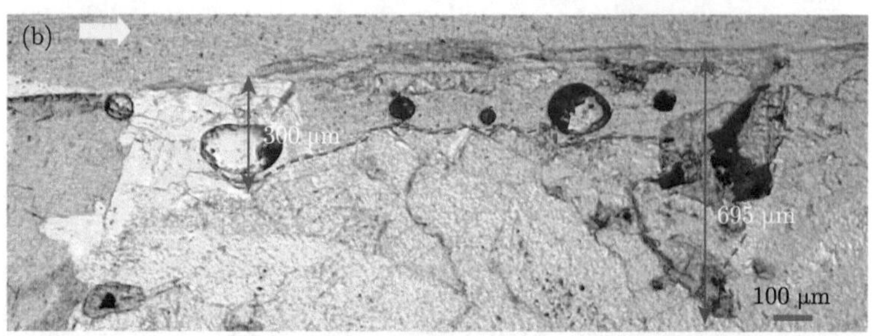

图 5.15 平面结构面在法向应力为 50 MPa 时 50-1 岩壁内细观结构：(a) 和 (c) 为薄片的不同部位；(b) 为 (a) 的平面偏光图像

5.5.2 劈裂粗糙结构面损伤特征

图 5.16~ 图 5.19 为粗糙结构面岩壁面内剪切后的细观结构，以及 ρ_r 在 1 MPa、10 MPa、20 MPa 和 30MPa 法向应力作用下随距离剪切表面的增加的变化情况，ρ_r 随距离剪切表面的增加近似呈指数减小。粗糙结构面在 1 MPa 法向应力下剪切时，在上表面附近的矿物颗粒中可观察到少量随机分布的微裂纹 (图 5.16(a))。这些裂纹往往较短且无序分布，并且通常比矿物颗粒的尺寸更

小 (图 5.16(b))，裂纹并没有穿透矿物。微裂纹主要分布在距表面 0.6~1 mm 处 (图 5.16(c))。

在 10 MPa 法向应力下剪切后，更多的矿物产生微裂纹 (图 5.17(a))，靠近剪切面处矿物剪切应力导致的裂纹数量比较低法向应力作用下的更多、分布更广，这些裂纹看似是杂乱无章的，但从图 5.17(b) 的放大图中可以看出，这些穿过矿物颗粒的贯通裂纹一般与剪切方向呈锐角倾斜。ρ_r 随距离增加的变化表明，剪切导致的结构面外岩壁内的损伤区厚度增加到 4.6 mm 左右 (图 5.17(c))。

图 5.16 (a) 1 MPa 法向应力作用下粗糙结构面岩壁内的细观结构；(b) 剪切面存在明显裂纹的部分；(c) 相对裂纹密度随距离的变化

在 20 MPa 法向应力作用下，观察区域损伤区的最大厚度增加到约 5.2 mm (图 5.18(b))。另一方面，图 5.18(a) 右侧的矿物受剪切的影响较小，可以从微裂纹数量较少推断出来的。右侧相对裂纹密度 ρ_r 比左侧小 (图 5.18(b))，确定的损伤区厚度也更小 (分别为 2 mm 与 5.2 mm)。这说明粗糙表面的应力分布不均匀会导致不同区域的损伤程度不同。

在 30 MPa 法向应力下，观察区域普遍存在微裂纹 (图 5.19(a))。然而，这些微裂纹并没有在碎裂矿物中贯通并形成大的宏观裂隙，且大多数微裂纹没有表现出明显的发展方向。但仔细观察剪切面附近区域，可以发现微裂纹一般呈锐角向剪切方向倾斜 (图 5.19(a) 和 (b) 中的红色箭头)，与图 5.17 相似。损伤区最大厚度约为 11.4 mm。

由于没有使用环氧树脂来覆盖剪切后的表面，所以表面最上层的那些细小破裂的矿物颗粒可能会在切割岩石时从原岩中掉落出来，因此在薄片图像中可能并没有包括这一部分损伤。此外，在剪切过程中，一些起伏体尖端被剪掉并被清扫掉，因此，损伤区的真实厚度将略大于上文中讨论的估计尺寸。

图 5.17 (a) 10 MPa 法向应力作用下粗糙结构面岩壁内的细观结构；(b) 为 (a) 中矩形所围区域的放大视图；(c) 相对裂纹密度随距离的变化。(a) 和 (b) 中的红色箭头表示贯通裂纹，(b) 中的虚线表示贯通裂纹的扩展方向

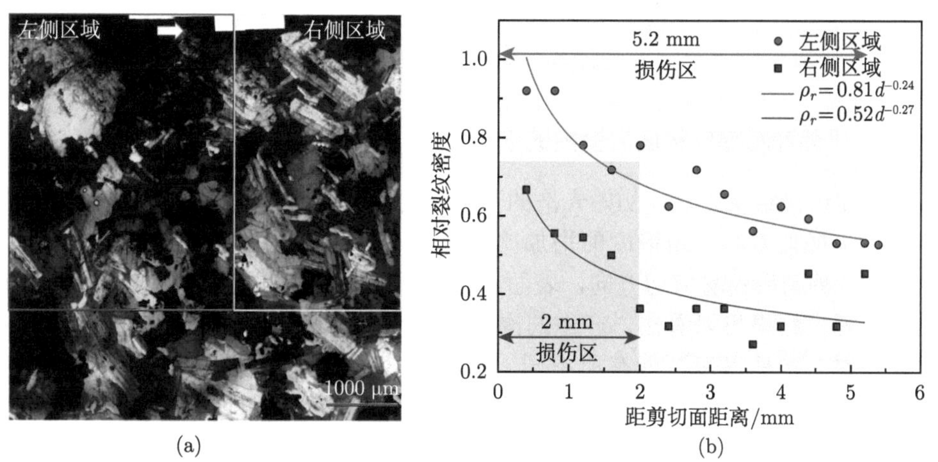

图 5.18 (a) 20 MPa 法向应力作用下粗糙结构面的细观结构；(b) 相对裂纹密度随距离的变化

图 5.19 (a) 30 MPa 法向应力作用下粗糙结构面岩壁内的细观结构；(b) 为 (a) 中矩形所围区域的放大视图；(c) 相对裂纹密度随距离的变化。(a) 和 (b) 中的红色箭头表示贯通裂纹，(b) 中的虚线表示贯通裂纹的扩展方向

5.6　结果讨论

5.6.1　平面和粗糙结构面岩壁内的细观损伤

上述试验结果表明，初始光滑的平面结构面在剪切后表面变得更加粗糙，且在垂直于剪切方向上粗糙度的增加比沿剪切方向的增加更为明显。从图 5.5 可以看出，剪切后沿着剪切方向，表面出现了平行的磨损沟槽，从图 5.13~图 5.15 的细观观察结果可以看出，产生的沟槽内填充了环氧树脂。即使是同一表面下，不同位置的沟槽深度可能有所不同，但其深度远大于剪切前的原始起伏体高度 (图 5.1(f))，且一般随法向应力的增大而增大。这些现象可以解释剪切后沿剪切方向粗糙度的增加。此外，两个相邻微沟槽之间通常有"岩脊"，且脊的高度比沟槽底部大。表面高低起伏的形态使粗糙度沿垂直方向比沿平行方向增加得更明显。

粗糙结构面的岩壁内部损伤通常根据损伤位置分为两部分。第一部分类似于平面结构面，发生在紧邻剪切界面附近 (对于平面结构面，这种损伤保存在环氧树脂涂层下，可以通过光学显微镜观察到)。由于部分起伏体尖端被剪断，试验后产生的断层泥已经被清除，因此这部分损伤在薄片图像中无法观察到。粗糙起伏体尖端的剪断导致剪切后表面粗糙度的降低 (图 5.9)。第二部分的损伤发生在第一部分下面相邻的区域。对于平面结构面，几乎没有发生第二部分的损伤。

对于平面结构面，估计的损伤区最大厚度通常小于 1 mm(例如，在 10 MPa 和 30 MPa 法向应力下剪切的结构面损伤区厚度分别约为 0.44 mm 和 0.6 mm)。相反，粗糙结构面在 10 MPa 和 30 MPa 法向应力下剪切时，其损伤区厚度分别增大到 4.6 mm 和 11.4 mm，表明粗糙结构面的损伤区厚度比锯切平面结构面的损伤区厚度大一个数量级。在剪切过程中，粗糙结构面具有更大的损伤区域，主要由于粗糙的起伏体上产生更大的应力集中。Meng 等 [206] 对 30 MPa 法向应力下两个不同粗糙度结构面的剪切数值模拟研究发现，更粗糙表面 (剖面的 JRC 为 14~16) 的最大接触力约为 220 MPa，而更光滑表面 (剖面的 JRC 为 6~8) 的最大接触力约为 140 MPa。这些接触力几乎比施加的法向应力大一个数量级。结构面越光滑，结构面面外岩壁内裂纹越少，分布越均匀，但应力集中程度越小。

5.6.2　结构面粗糙度对黏滑的影响

在早期关于岩石结构面或断层表面粗糙度对黏滑破坏影响的研究中 [207,184,208,209]，研究者主要采用锯切方式制作平坦的结构面，并打磨制备具有不同微观粗糙度的断层面 (粗糙度一般在微米级)。这些研究表明，表面粗糙度越大，黏滑趋势越小。例如，Okubo 和 Dieterich[208] 分别在两个粗糙度为 ~0.2 μm 和 ~80 μm 的模拟断层表面上进行剪切试验，发现粗糙断层上的应力降小于光滑断层上的应力降。Dieterich[207] 的研究发现采用较细颗粒砂纸打磨的 Westerly 花岗岩表面在较低的法向应力下发生黏滑，而粗糙表面发生黏滑所需的法向应力更高 (这两个表面分别用 #600 和 #240 砂纸打磨)。Ohnaka 和 Shen[184] 发现光滑断层表面上，成核期间的滑移弱化过程更不稳定，尽管光滑断层表面的爬坡距离和时间比粗糙、不规则断层表面短。上述研究的结论与本研究的发现不同。直剪试验表明，在 30 MPa 法向应力以下剪切的平面花岗岩结构面不发生黏滑 (即发生稳定滑移)，在 30 MPa 法向应力下，平面结构面仅在剪切后半段出现不明显的黏滑现象，而粗糙结构面在所有法向应力作用下均出现不稳定黏滑现象。

Morad 等 [210] 对不同表面情况的实验室断层在相同法向应力下 (5 MPa) 进行了直剪试验 (劈裂形成的结构面 A 和 B，锯切面 C，锯切打磨的表面 D 和 E，各个面的 RMS 粗糙度分别为 1356 μm、450 μm、7 μm、0.85 μm 和 0.7 μm)。作者的研究表明，应力降大小与表面粗糙度不是单调相关的。具有临界粗糙度的锯切面 C 黏滑幅值最大，且黏滑幅值随表面粗糙度的进一步增大或减小而减小，即表面越粗糙或越光滑，断层的滑移越稳定，不产生黏滑。临界粗糙度是接触起伏体有效互锁所需的最小粗糙度。对于粗糙度较小的打磨表面，起伏体接触处的局部应力较小，不能引起不稳定滑动。在我们的研究中，剪切前的平面结构面表面非常光滑，接触起伏体的力学互锁和应力集中不显著，导致稳定滑移。在较高的法向应力下，随着滑动的持续，表面逐渐变得粗糙 (图 5.5(e) 和 (f))，接触起伏体的互锁效应变得突出，导致应力降较大。Morad 等 [210] 和本研究分别使用辉绿岩和花岗岩，前一研究仅采用 5 MPa 法向应力。最粗糙张拉裂隙的不同摩擦行为归因于不同的岩石类型和较低的法向应力。在较高的法向应力下，黏滑更容易发生在石英矿物含量更多的岩石中 [211]。

5.6.3 摩擦行为和结构面损伤的应力相关性

本研究表明，法向应力水平在宏观剪切行为和细观损伤特征中起主导作用。对于锯切平面结构面，在 50 MPa 法向应力下剪切至大的应力降前，摩擦滑动仍保持稳定。后者与结构面上盘或下盘产生的局部较大的破裂有关，这可能是试样制作过程中的工艺所致，表面局部较小的突起可能在高应力下产生大的应力集中作用从而发生局部破裂。在剪切的后半段接近剪切试验结束时，较高的法向应力使得断层泥得到了充分的压实，从而获得了较高的黏结强度，促进了规则黏滑的发生。

对于劈裂得到的粗糙结构面，即使在低法向应力下 (1 MPa 法向应力下，出现小幅度的黏滑) 也会发生黏滑。从 5 MPa 的法向应力开始，随着法向应力的增加，黏滑的幅值越来越显著。随着法向应力的增加，黏滑幅值的增加可以归因于临界刚度的增加 [212,213]。

细观观察结果表明，平面结构面和粗糙结构面的损伤区厚度都随着法向压力的增大而变大，而即使在相同法向应力下，两组结构面的损伤区厚度也不同。较大的法向应力致使起伏体处有较高的局部应力集中，导致岩壁内部损伤区域范围更大，微裂纹更多 [214]。

平面结构面剪切后表面的断层泥随着法向应力的增加而增加 (尽管断层泥的数量一般比粗糙结构面少得多)(图 5.5)，在 30 MPa 和 50 MPa 法向应力下产生的断层泥更多。在 30 MPa 下，平面结构面剪切应力波动出现在剪切试验后期，而不是贯穿整个剪切过程，我们认为这与剪切过程中断层泥在表面的累积密切相关。断层泥的数量随着剪切位移的增加而增加，表面也变得粗糙 (这一推论和图 5.3 中即使在试验结束时剪切应力随着剪切位移增加略微增加的趋势是一致的)。在非常高的法向应力下，随着滑移的持续增加，断层泥被压实 [199,215]。压实后的断层泥颗粒中出现局部断裂时，导致应力降发生。

在 50 MPa 法向应力下，两条剪切应力-剪切位移曲线上应力降发生的时间不同 (图 5.4)。在所有平面和粗糙结构面试验中，结构面 50-2 剪切后试样断裂最严重。在试样的上盘出现了许多几乎平行的大拉伸裂隙 (图 5.5(g))，在下盘的表面也可以观察到一些裂纹 (图 5.5(f))，这些裂纹延伸到试样内部。除了这些大的宏观断裂外，在薄片上观察到裂隙之间的矿物发生了严重的破裂 (图 5.20)。微裂纹通常穿过多个矿物颗粒。此外，这些长微裂纹几乎与宏观裂隙平行 (图 5.20)，且均呈锐角倾斜于剪切方向。从图 5.17、图 5.19、图 5.20 比较可以看出，在一定条件下，无论结构面的粗糙度大小如何，连通的微裂纹和宏观裂隙均以锐角倾斜于剪切方向。

剪切后，由于结构面 50-1 未出现大裂隙，且表面以下矿物颗粒较结构面 50-2 也未出现严重破裂，且两个结构面的剪切应力曲线总体上基本重合，因此我们认为结构面 50-2 大的宏观裂隙与剪切应力曲线上的四个大应力降密切相关。当突然形成一条大裂隙时，伴随着大应力降的产生。岩石块体在连续剪切作用下被裂隙切割，裂隙之间的岩石强度由于结构弱化效应而降低。在高法向应力和剪切-拉伸应力的联合作用下，容易形成微裂纹。平面表面的剪切应力比粗糙表面的剪切应力分布更均匀，这导致了本研究中平面结构面和粗糙结构面的微裂纹分布模式不同 (粗糙表面的应力分布更复杂，作用在接触起伏体上的局部应力方向取决于起伏体的形状)。结构面 50-2 的四个较大应力降可能与制样工艺有关。在很高的法向应力下，平坦表面上的一些微小不规则体会导致强烈的应力集中，从而产生较大的裂隙和显著的应力下降。

结构面 50-1 和 50-2 试验结束时的规律性黏滑归因于较高法向应力下断层泥的堆积和压实作用，类似于 30 MPa 法向应力下的小应力振荡。这些高法向应力下的压实断层泥突然断裂 [199,215]，或单个断层泥颗粒力链的突然断裂，导致间歇和显著黏滑 [216]。

图 5.20 平面结构面 50-2 在 50 MPa 法向应力作用下的岩壁内部损伤情况；(b) 为 (a) 中矩形围成区域的放大视图；(c) 为结构面靠近剪切面的上部

5.7 主要结论

在本研究中，对锯切平面结构面和劈裂粗糙结构面进行了不同法向压力下的直剪试验，对比分析了平面结构面和粗糙结构面的剪切行为和岩壁内的细观损伤，获得的主要结论总结如下：

(1) 锯切平面结构面在几乎所有施加法向应力下都发生稳定破坏，只有在 50 MPa 下接近试验结束时出现规则的黏滑，而所有粗糙结构面都出现峰值后应力下降和残余摩擦阶段的黏滑。

(2) 锯切平面结构面和粗糙结构面的峰值强度与法向应力之间都可以用线性关系拟合，粗糙结构面的残余抗剪强度包络线与平面结构面的峰值抗剪强度包络线几乎重合，表明粗糙结构面的残余摩擦角可以很好地近似基本摩擦角。

(3) 平面结构面剪切后 RMS 粗糙度增大，劈裂粗糙结构面剪切后 RMS 粗糙度减小；并且对于平面结构面而言，垂直于剪切方向上的粗糙度变化比平行于剪切方向上的更加明显。

(4) 平面结构面剪切导致的岩壁内损伤局限在非常薄的一层，而粗糙结构面在剪切界面下除了粗糙起伏体尖端的剪断外，矿物中还发育了大量的微裂纹，低法向应力下微裂纹随机分布，并且主要分布在单个矿物晶粒内，随着法向应力的升高，微裂纹穿透单个颗粒，形成长的裂纹，并且其扩展法向一般与剪切方向呈锐角斜交。

(5) 在相同法向应力下，粗糙结构面岩壁内损伤厚度比锯切平面结构面岩壁内损伤厚度大一个数量级。

第 6 章　花岗岩矿物粒径对粗糙结构面滑移特征和损伤特性的影响

6.1　引　言

第 5 章详细对比分析了高应力条件下花岗岩锯切平滑结构面和劈裂粗糙结构面的剪切行为及岩壁内的细观损伤特征。粗糙度对结构面的力学特性起着重要的控制作用，同时花岗岩作为典型的火成岩，形成过程中往往经历了不同的地质构造环境和冷却历史，因此通常表现出不同的结构和矿物性质 (如矿物粒径、颗粒形状、矿物组成和黏结程度)。鉴于深部地热储层、川藏铁路、核废料处置库等众多地下工程中广泛存在的花岗岩岩体，因此开展花岗岩细观结构对其力学特性影响的研究具有十分重要的工程意义和科学价值。已有众多研究表明，矿物粒径显著影响着花岗岩的抗压强度、抗拉强度和断裂韧度等力学特性。但花岗岩矿物结构的差异性和矿物粒径的区别对结构面抗剪强度的影响有待进一步研究。另外，高应力下结构面的动态滑移特征和剪切损伤特性与花岗岩细观结构的关系也未曾系统地研究过。针对该问题，本章采用了粗粒和细粒两种花岗岩结构面，开展了法向应力 1~30 MPa 下的直剪试验，对比分析了粗、细粒花岗岩结构面的剪切特性，包括矿物粒径对结构面粗糙度、抗剪强度、黏滑幅值、断层愈合等参数的影响，并进一步通过率与状态摩擦定律给出了机理解释。另外，借助偏光显微镜定量化地对比研究了粗、细粒花岗岩结构面的剪切损伤 (裂纹类型、裂纹数量和分布、损伤带的大小) 特征。

6.2　试 验 方 法

6.2.1　试验材料

本试验中选用两种不同类型的花岗岩，分别称为粗粒花岗岩 (CG) 和细粒花岗岩 (FG)。该花岗岩质地均匀，平均 P 波波速分别为 4.167 km/s (CG) 和 5.435 km/s (FG)。X 射线衍射 (XRD) 结果显示两种花岗岩的主要矿物成分均为石英、长石和云母。但通过偏光显微镜观察到两种花岗岩中的矿物粒径存在显著差异，如图 6.1(a) 和 (b)。本章使用等效面积法量化矿物粒径 (即 $D_e = \sqrt{4A/\pi}$，图 6.1(c))。

对于 FG 和 CG 分别选取面积为 51.911 mm^2 (包括 346 个矿物粒径) 和 100.954 mm^2 (包括矿物粒径 195 个) 的区域进行矿物粒径的计算，结果如表 6.1。

可以发现，对于两种花岗岩，石英的粒径均大于长石和云母的粒径，而长石和云母的粒径比较相近。另外，CG 中的矿物粒径分布范围较 FG 中的大 (0.32~3.23 mm 和 0.19~1.66 mm)。如图 6.1(d) 所示，FG 的矿物粒径主要集中在 0.6~1.0 mm，而 CG 主要分布在 1.0~2.2 mm 范围，并且均服从指数分布。FG 和 CG 的平均矿物粒径分别为 0.61 mm 和 1.07 mm。

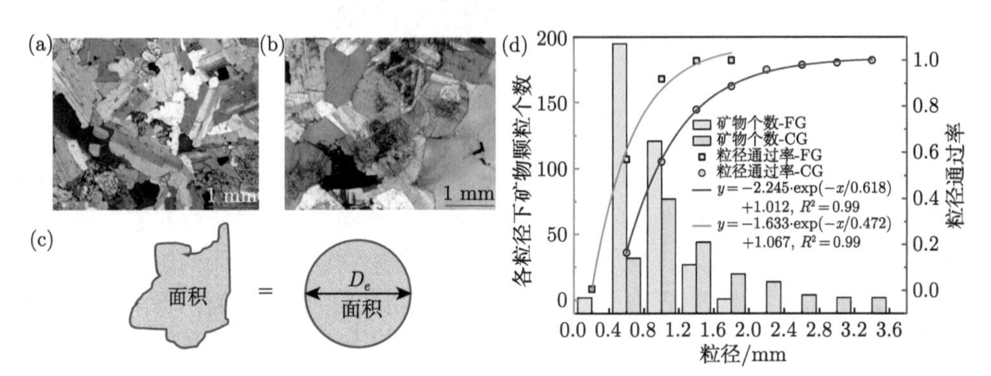

图 6.1　两种花岗岩的微观结构：(a) FG；(b) CG；(c) 等效粒径的计算；(d) 矿物粒径分布

表 6.1　FG 和 CG 的矿物组成和矿物粒径

岩石类型	粒径范围/mm			平均粒径/mm		
	石英	长石	云母	石英	长石	云母
FG	0.23~1.32	0.19~1.66	0.21~1.22	0.69	0.57	0.58
CG	0.61~3.23	0.38~1.75	0.32~2.30	1.55	0.90	0.90

6.2.2　试样制备

为了获取 CG 和 FG 的基本力学参数，用每种岩石分别制备了两个圆柱试样 (Φ50 mm×100 mm) 以进行单轴压缩试验。直剪试验中所用花岗岩粗糙结构面试样为劈裂形成的结构面，即对尺寸为 100 mm×100 mm×100 mm 立方体试样的两个相对表面施加一对线性荷载，劈裂获得一对上下表面吻合的粗糙结构面。采用精度 ±0.01 mm 的 Holon^{3D} 光学扫描系统对劈裂的粗糙结构面进行扫描，获取结构面的点云数据；进而利用点云数据对结构面进行数字化重建和粗糙度量化。

本书使用粗糙度系数 (JRC) 对结构面粗糙度进行量化。沿着剪切方向，每隔 10 mm 选取一条结构面剖面线进行粗糙度量化，计算公式如式 (6.1)[179]。取这 10 条剖面线粗糙度的平均值作为该结构面的粗糙度量值。

$$\mathrm{JRC}_i = 32.2 + 32.47\lg\left(Z_{2i}\right) \tag{6.1}$$

式中，Z_{2i} 为剖面线的坡度均方根。

6.2.3 试验步骤

单轴压缩试验和直剪试验均通过 RMT150C 试验系统开展，单轴压缩试验的加载速率为 0.002 mm/s；直剪试验过程中，结构面的上盘固定，推动下盘进行剪切，法向应力以 1 kN/s 的速度加载到设定值 (即 1 MPa，5 MPa，10 MPa，15 MPa，20 MPa，25 MPa 和 30 MPa)，然后以 0.005 mm/s 的速度进行剪切。剪切位移通过放置在剪切盒前端的 LVDT 进行监测。

6.2.4 损伤分析

剪切试验完成后，为最大程度减小试样的扰动，获得结构面内部的损伤特点，剪坏的试样从试验机上缓慢取下随后放到环氧树脂中进行浸泡，首先，环氧树脂可以固化剪坏的试样，凝固后与试样成为一个整体，减少后续切割制片过程中对已经损伤的结构面产生二次扰动损伤；其次，缓慢流动的环氧树脂可以沿着微裂隙渗透进入岩石内部，将剪切形成的碎屑、断层泥等保存、固化下来，从而原位保存发生在结构面上以及岩壁中的剪切损伤。对于每种岩石，沿剪切方向、垂直于结构面对破坏试样进行切割，制备包含剪切面的长度约为 3~4 cm 的薄片。使用徕卡 DM2700P 偏光显微镜观察薄片，并对发生在岩壁中的剪切损伤进一步量化。每一个薄片由超过 400 张的照片组成。

6.3 试验结果

6.3.1 细粒和粗粒花岗岩的基本力学特性

FG 和 CG 的两个试样均具有相似的应力-应变曲线形状，说明这两种岩石具有很好的均质性 (图 6.2)。但 CG 和 FG 的平均单轴抗压强度存在显著差异，分别

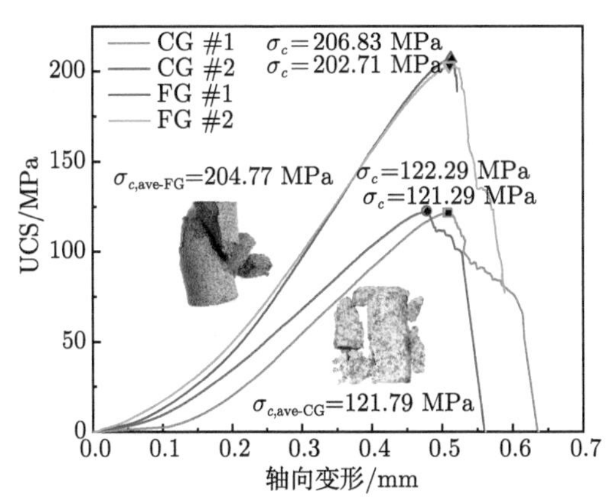

图 6.2 FG 和 CG 的单轴压缩应力-变形曲线和破裂模式

UCS 为单轴抗压强度

为 204.77 MPa (FG) 和 121.79 MPa (CG)。与之前的研究成果一致，随着粒径的增大，花岗岩的单轴抗压强度减小。另外，弹性模量同样受矿物粒径的影响，FG 和 CG 的弹性模量分别为 45 GPa 和 23 GPa。在峰后阶段，FG 和 CG 均呈现脆性破坏，即在峰值应力之后发生了应力骤降，并且 FG 产生了更剧烈的应力降。另外，FG 和 CG 表现出不同的破裂模式：CG 发生了轴向的劈裂，而 FG 倾向于发生剪切破裂。

6.3.2 矿物粒径对劈裂结构面粗糙度的影响

粗糙度被普遍认为是影响着结构面的强度和变形特征的最主要因素之一。本试验中用的一组 FG 和 CG 结构面的三维形貌，如图 6.3 所示。基于点云数据可以量化出结构面的粗糙度，FG 结构面的 JRC 范围为 5.84~8.34，CG 结构面的 JRC 范围为 12.68~16.50。可以看出，劈裂结构面的粗糙度与矿物粒径呈正相关，即大的矿物粒径通常会引起更粗糙的劈裂结构面。

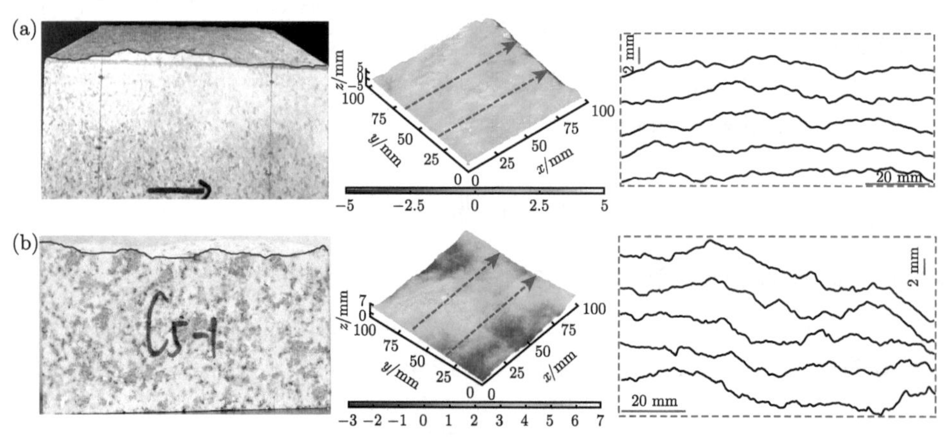

图 6.3 FG (a) 和 CG (b) 结构面的照片和几何形貌云图以及相应的五条典型剖面线

6.3.3 不同粒径花岗岩结构面的剪切行为

1. 剪切应力-剪切位移曲线

总体上，FG 和 CG 结构面的剪切应力-剪切位移曲线具有类似的特征。剪切应力先增大到峰值强度，然后减小到残余滑移阶段 (图 6.4(a) 和 (b))。几乎所有的 FG 和 CG 结构面在残余阶段均发生了黏滑现象，黏滑幅值随着法向荷载的增加而变大。除了上述存在的相似之处外，在峰后阶段 FG 和 CG 结构面呈现出不同的剪切行为 (如峰值应力、残余应力、断层愈合、愈合率、峰后应力降和黏滑应力降)。

对于 CG 结构面，除了在法向应力 20 MPa 下，峰值抗剪强度缓慢稳定地降到残余强度；而在 FG 结构面中，峰值抗剪强度发生了剧烈骤降，先降到一个较小的应力值，然后随着剪切位移的增大应力逐渐恢复，最后达到残余抗剪强度。FG 和 CG 结构面的峰值和残余抗剪强度均随法向荷载的增大而线性增大，并且符合线性摩尔-库仑准则。CG 结构面的峰值和残余抗剪强度拟合线的斜率均大于相应 FG 结构面 (图 6.4(c))。CG 结构面拟合线的截距 (即黏聚力) 也大于 FG 结构面，分别为 2.97 MPa 和 2.85 MPa。另外，峰值和残余摩擦系数 (定义为 $\mu=\tau/\sigma_n$，其中 τ 分别对应峰值和残余抗剪强度，如图 6.5(a) 所示) 均随法向应力的增大而减小，尤其当法向应力小于 10 MPa 时。而在更高的法向应力下，摩擦系数对法向应力的依赖性逐渐降低 (图 6.4(d))。CG 结构面的峰值和残余摩擦系数均大于 FG 结构面，但在法向应力 10~25 MPa 下，残余摩擦系数在 0.72~0.95 范围内，这与 Byerlee 给的数值 0.85 非常接近。

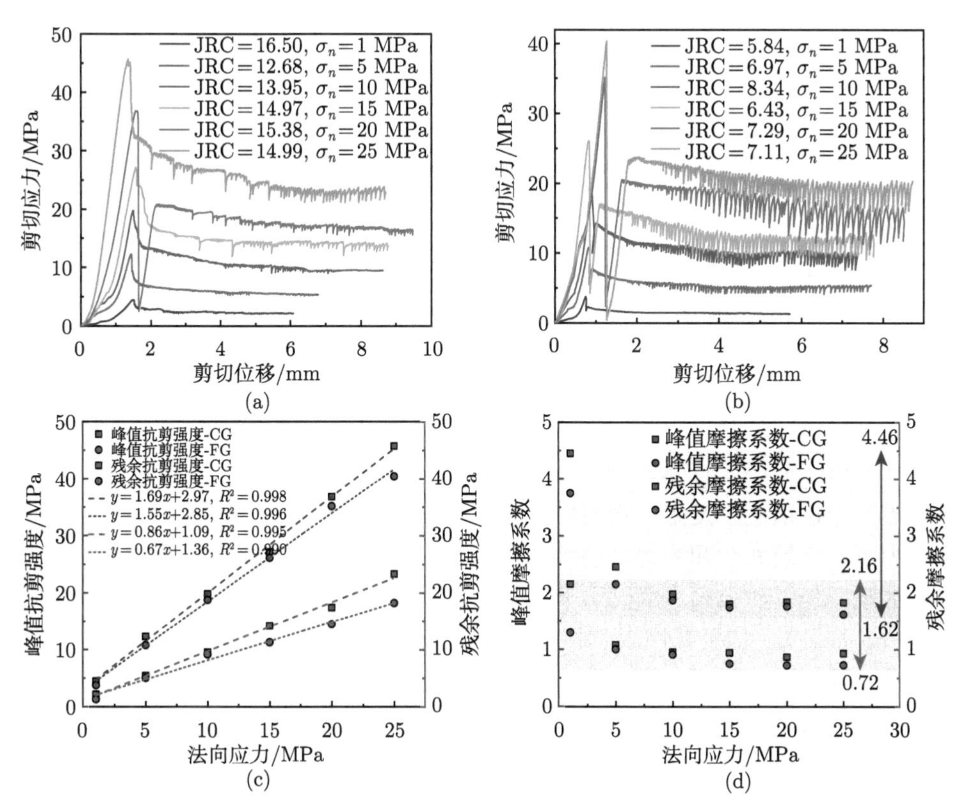

图 6.4 CG (a) 和 FG (b) 结构面的剪切应力-剪切位移曲线；以及不同法向应力下 CG 和 FG 结构面残余抗剪强度 (c) 和残余摩擦系数 (d) 的变化规律

2. 实验室黏滑特征

实验室中的断层黏滑行为与工程中滑移型岩爆、诱发地震和自然地震具有相似的过程 [207]。在黏滞阶段，随着剪切应力的积累，断层强度逐渐恢复 (即断层愈合)，之后断层突然滑动，产生应力降，释放累积的能量。本试验中获得的典型的黏滑行为如图 6.5(a) 所示，具体特征如图 6.5(b) (即图 6.5(a) 中矩形阴影区域的放大视图) 所示。通常，一个黏滑事件可以分为三个阶段：震间黏滞、预滑移和动滑移。

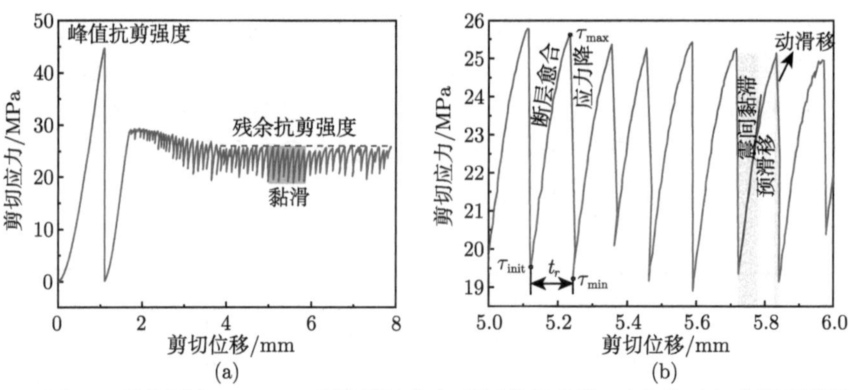

图 6.5　(a) FG 结构面在 30 MPa 下的剪切应力-剪切位移曲线；(b) 为 (a) 中矩形阴影区域的放大图

断层愈合是周期性地震发生的重要因素，而应力降代表了断层围岩的能量释放，被视为可能震源。如图 6.5(b) 所示，在一个黏滑事件中，初始剪切应力 (τ_{init}) 线性增大，随着位移增大，应力持续增大到峰值应力 ($\tau_{\max}$)。当剪切应力降低到峰后最小剪切应力 ($\tau_{\min}$) 时，断层发生失稳。在本研究中，定义断层愈合 ($\Delta\tau_h$) 为 τ_{init} 和 $\tau_{\max}$ 的差值，而 $\tau_{\max}$ 与 $\tau_{\min}$ 的差值定义为应力降 ($\Delta\tau_d$)。不同法向荷载下，FG 和 CG 的 $\Delta\tau_h$ 和 $\Delta\tau_d$ 随黏滑事件的变化，如图 6.6 所示。

不同于锯切面上发生的均匀黏滑 [209]，对于本书所用的粗糙结构面，在给定法向力下，断层愈合和应力降的数值分散在一定范围内。如图 6.6 中不同颜色的阴影区域，$\Delta\tau_h$ 和 $\Delta\tau_d$ 均随着法向应力的增大而增大。有趣的是，这些黏滑参数 (即 $\Delta\tau_h$ 和 $\Delta\tau_d$) 均受花岗岩矿物粒径的影响。如图 6.6(a) 和 (b) 所示，不同颜色的阴影区域近似平行，说明 CG 结构面的 $\Delta\tau_h$ 和 $\Delta\tau_d$ 与黏滑事件的震荡次数有很小的相关性。在低法向应力下，FG 结构面的 $\Delta\tau_h$ 和 $\Delta\tau_d$ 同样表现出了与黏滑事件震荡次数的较小相关性；但当法向荷载超过 10 MPa 时，$\Delta\tau_h$ 和 $\Delta\tau_d$ 随着黏滑次数的增大而增大。

为了更清楚地比较 FG 和 CG 结构面的 $\Delta\tau_h$ 和 $\Delta\tau_d$ 对应力和粒径的相关性，我们确定了每个试验中各黏滑事件的 $\Delta\tau_h$ 和 $\Delta\tau_d$ 平均值 (图 6.7)。平均 $\Delta\tau_h$ 和

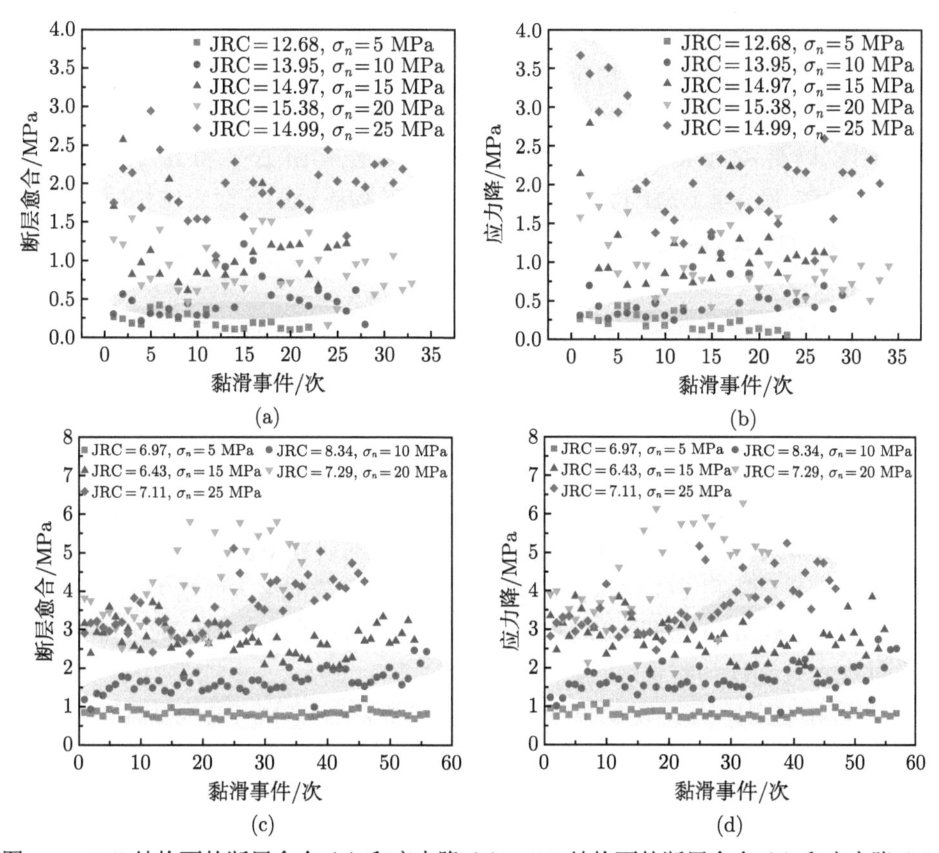

图 6.6 FG 结构面的断层愈合 (a) 和应力降 (b)，CG 结构面的断层愈合 (c) 和应力降 (d)

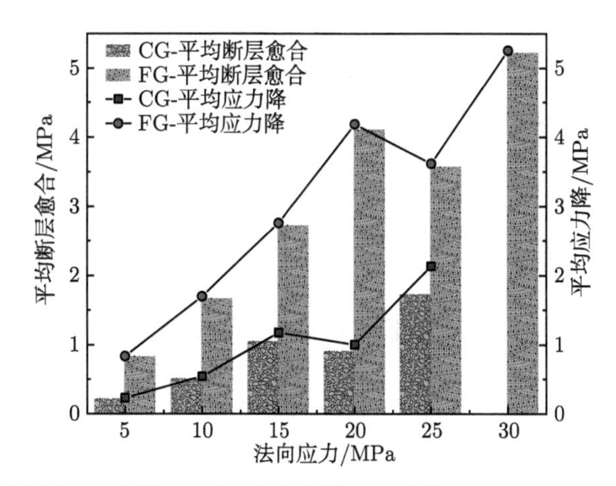

图 6.7 不同法向荷载下 FG 和 CG 结构面的平均 $\Delta\tau_h$ 和 $\Delta\tau_d$ 变化规律

$\Delta\tau_d$ 均随着法向荷载的增大而增大，大的 $\Delta\tau_h$ 通常会导致大的 $\Delta\tau_d$。另外，在图 6.7 中，可以明显发现矿物粒径对 $\Delta\tau_h$ 和 $\Delta\tau_d$ 的影响。对于 CG 结构面，当法向荷载从 5 MPa 增加到 25 MPa 时，$\Delta\tau_h$ 和 $\Delta\tau_d$ 分别从 ~0.2 MPa 增加到 ~1.7 MPa 以及 ~0.2 MPa 到 ~2.1 MPa；而 FG 结构面 $\Delta\tau_h$ 和 $\Delta\tau_d$ 的变化范围为 ~0.8 MPa 到 ~4.1 MPa。所以，具有小的矿物粒径的花岗岩结构面表现出了更剧烈的黏滑现象 (即更大的 $\Delta\tau_h$ 和 $\Delta\tau_d$)。

3. 愈合速率

断层愈合速率决定着应力降和随后的动力滑动破裂特征。为了评估粗糙面在稳定接触阶段断层再强化的可能性,对断层愈合进行量化并将其绘制成与 $\log 10(t_r)$ 的关系，其中 t_r 为两相邻应力降之间的时间间隔 (图 6.5(b))。前人的研究显示，$\Delta\tau_h$ 随着静置时间的对数呈线性增大，拟合线的斜率代表着愈合速率 (即 $\beta = \Delta\tau_h/\Delta\log_{10}t_h$)。在本研究中，我们没有进行滑移-静置-滑移试验，所以无法获得该试验条件下的 t_h。但是，在 Mclaskey 等的研究中已表明 t_h 可以用 t_r 代替。结果显示 CG 和 FG 结构面的 β 均随着法向荷载的增大而增大 (图 6.8)。例如，在法向荷载 5 MPa 下，β 约为 0.4；当法向荷载在 25 MPa 时，CG 和 FG 结构面的 β 分别增加到了 ~1.9 和 ~3.6。

另外，β 呈现出了对矿物粒径的相关性 (图 6.8)。在同一法向荷载下，FG 结构面的 β 比 CG 结构面的大，并且这一差距随着法向荷载的增大而增大。CG 结构面 β 的范围为 0.4~2.5，而 FG 结构面的范围为 0.4~8.7。

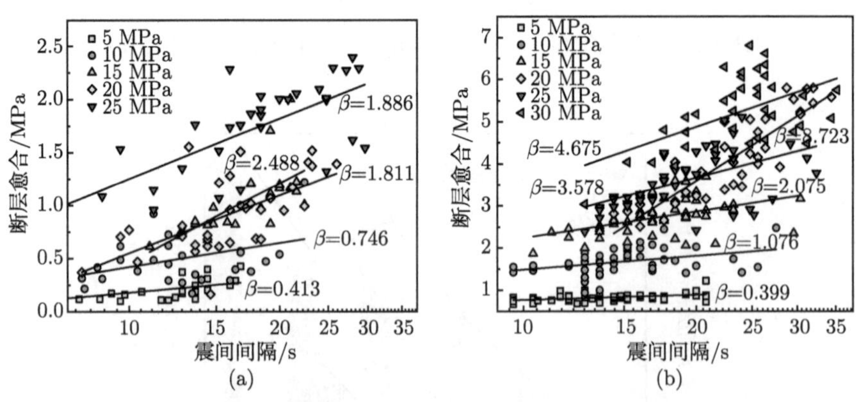

图 6.8 不同法向荷载下 CG (a) 和 FG (b) 结构面的愈合速率

6.3.4 细粒和粗粒花岗岩结构面的微观损伤特征

1. 剪切损伤的微观特性

结构面、断层等不连续构造的剪切损伤带是包括不同组分和几何特征的复杂构造，对裂隙的动态传播、地壳流体输运和地震波辐射具有重要影响。本书通过偏光显微镜观察发生在 FG 和 CG 结构面岩壁上的剪切损伤。选取剪切面附近，且损伤比较严重的区域进行对比分析。

图 6.9 为 CG 和 FG 结构面在 5 MPa 和 20 MPa 法向荷载下的剪切损伤图，可以发现以下三个特点：① 对于 CG 和 FG 结构面，20 MPa 下产生的微裂纹较 5 MPa 下要多，并且低法向荷载下主要产生的是晶内裂纹，在高法向荷载下晶内裂纹进一步扩展，发展成晶间裂纹；② 剪切后，在 CG 结构面内产生的主要裂纹类型为晶间裂纹，而晶内裂纹是 FG 结构面内的主要裂纹形式；③ FG 和 CG 的主要矿物成分均为石英、长石和云母，但表现出了不同的破裂模式。CG 结构面中的裂纹主要分布在石英中，而 FG 结构面中的裂纹主要分布在云母中。

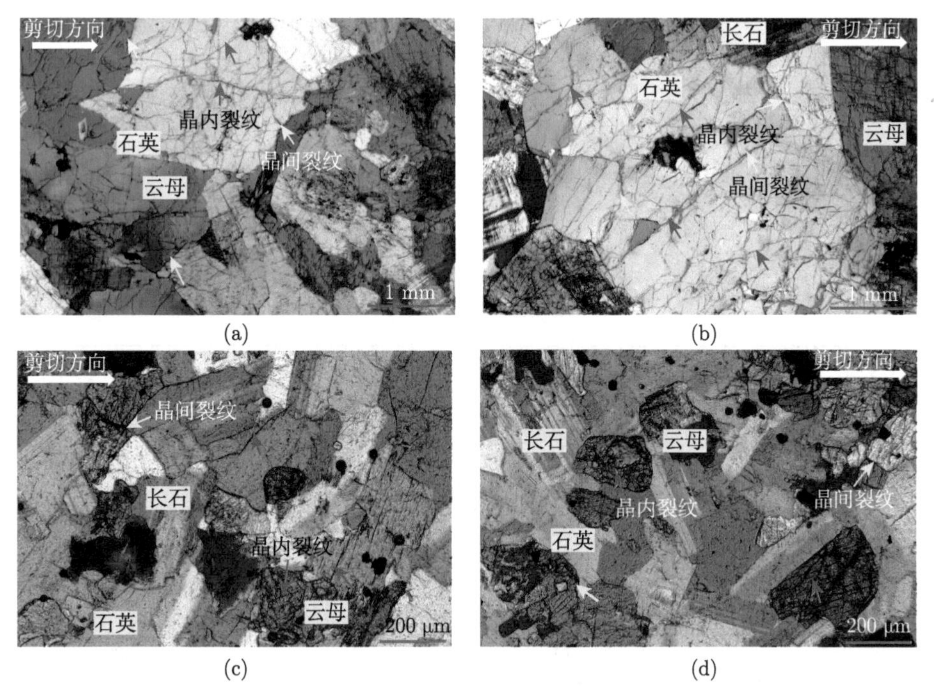

图 6.9 CG 结构面在 5 MPa (a) 和 20 MPa (b) 下的微观损伤，FG 结构面在 5 MPa (c) 和 20 MPa (d) 下的微观损伤

2. 裂纹密度和损伤带

为了确定剪切损伤带的范围，我们对合成的偏光图片 (尺寸为 ~35 mm× 19 mm) 进行分析。考虑到分析的耗时和效率，我们从合成的大图像中选取了一个包含结构面的尺寸为 ~15.4 mm×13.6 mm 的区域来量化 CG 和 FG 结构面的剪切损伤。裂纹密度 (ρ_d) 的量化采用了和第 5 章中相同的方法，此处不再赘述。

通过图 6.10(a)~(c) 可以发现不同法向荷载下 FG 和 CG 结构面的 ρ_d 均随

离结构面距离的增大而减小，并且呈幂律关系递减。当远离结构面一定距离后，ρ_d 会达到一个稳定值 (即代表了试验材料的原始损伤情况)。FG 和 CG 结构面的稳定 ρ_d 分别为 ~0.7 和 0.5。所以剪切损伤区可以估计为从剪切面到 ρ_d 趋于稳定位置的距离。如图 6.10(d) 所示，当法向荷载从 1 MPa 增加到 10 MPa 和 25 MPa 时，FG 结构面的损伤区为 ~1.8 mm、3.6 mm 和 7.8 mm，CG 结构面的损伤区则为 ~3 mm、6 mm 和 10.2 mm。可以发现，同一法向荷载下，在距离剪切面相同位置处，CG 结构面的裂纹密度比 FG 的大，说明在剪切过程中 CG 结构面发生了更大的损伤，并且相较于 FG 结构面，其损伤延伸到岩壁中更大范围。

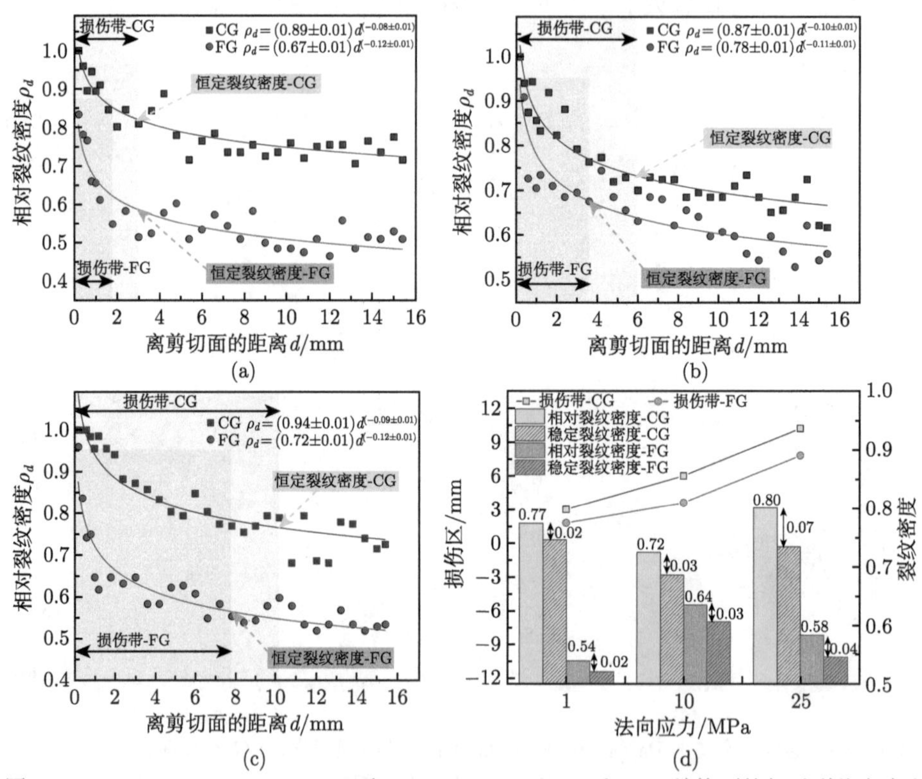

图 6.10 1 MPa (a)、10 MPa (b) 和 25 MPa (c) 下 FG 和 CG 结构面的相对裂纹密度和损伤区；(d) 裂纹密度和损伤区随法向荷载的变化趋势

6.4 结果讨论

6.4.1 矿物粒径对劈裂结构面粗糙度的影响

结构面的粗糙度对岩石的抗剪强度、滑移特征和断裂破坏程度起着重要的决定作用，对岩石的渗透性、流通能力和换热能力也有重要的影响 [210]。在本研究

中，通过巴西劈裂方式 (即 I 型断裂) 获得粗糙的花岗岩结构面。在天然岩体中，当岩浆房侵入岩石、深层页岩或地热储层被压裂，以及岩石在隧道、采矿和钻孔中被挖掘时，都会诱发张拉结构面。而结构面由于卸荷、动力扰动和液体注入发生剪切破坏，进而导致静态或动态地质灾害 (如岩石崩塌、岩爆和诱发地震) 的发生。

本章的试验结果表明劈裂产生的 CG 结构面的粗糙度比 FG 的大。为进一步探索矿物粒度与结构面粗糙度的关系，将新劈裂的 CG 和 FG 结构面重新匹配对齐，然后将试样浸入环氧树脂中固化。制备包含结构面的长度分别为 20.65 mm (CG) 和 11.25 mm (FG) 的薄片 (图 6.11(a) 和 (b))，进行矿物组成和裂隙类型的分析 (P，Q，B 分别代表长石，石英和云母；红色线代表穿晶，黄色线代表沿晶)。例如，在 CG 结构面沿线，总的结构面迹线长度为 24.29 mm，穿过石英的总长度 (即穿晶裂纹) 为 7.68 mm，则石英中穿晶裂纹的比例为 32%。按照该方法，长石、云母中的穿晶裂纹以及各矿物间的晶间裂纹所占比例都可以计算得到 (图 6.11(c))。结果显示，对于 CG，沿晶裂纹 (51%) 比穿晶裂纹 (49%) 多，而 FG 中穿晶裂纹 (85%) 占主导地位。另外 CG 和 FG 结构面沿线中最多的矿物成分分别为石英 (32%) 和长石 (45%)。

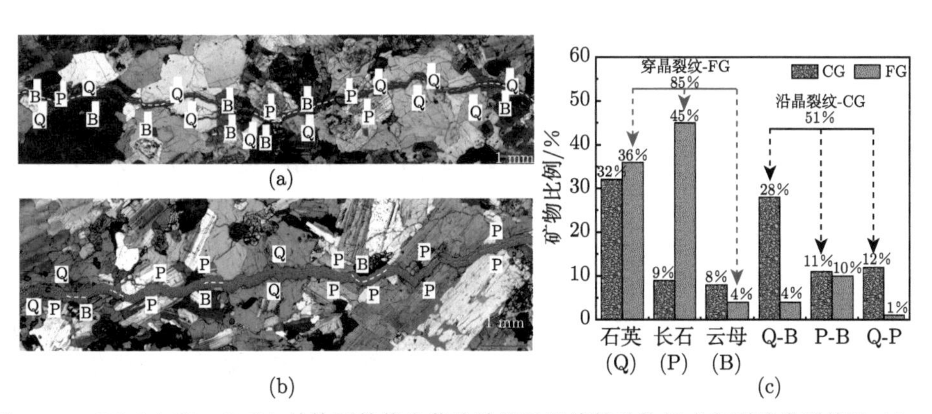

图 6.11 CG (a) 和 FG (b) 结构面的偏光薄片结果及沿线的矿物组成和裂隙类型统计 (c)

我们认为不同结构面的粗糙度与上述破裂模式密切相关。对于 FG，矿物粒径远小于 CG，并且倾向于发生穿晶破坏，所以产生了相对平坦的结构面 (图 6.12(a) 和 (b))。而对于 CG，结构面主要沿晶界扩展，由于晶粒尺寸较大，通常会有较大的起伏 (图 6.12(c))，进而引起较大的粗糙度。

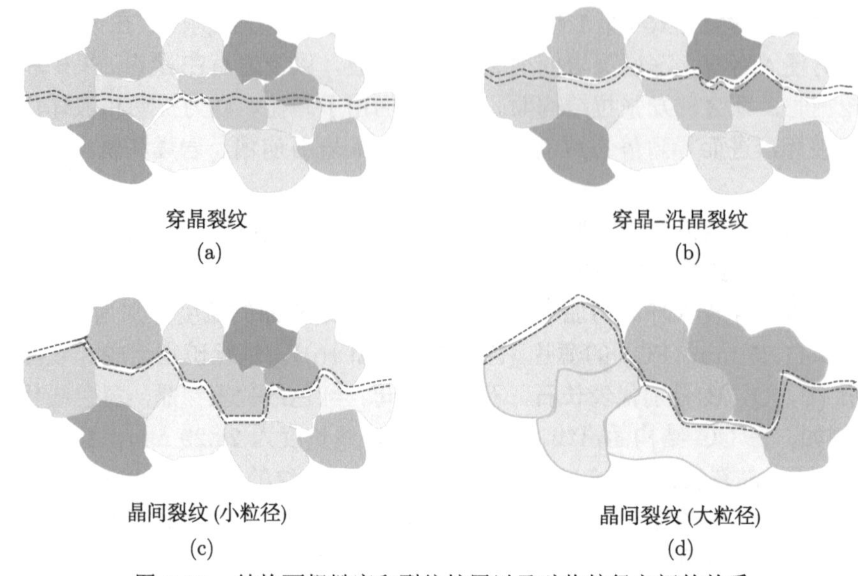

图 6.12 结构面粗糙度和裂纹扩展以及矿物粒径之间的关系

6.4.2 矿物粒径对动态滑移特征的影响

试验结果显示，CG 和 FG 均发生了黏滑现象，但峰后的摩擦特性受矿物粒径的影响，FG 发生了比 CG 更剧烈的黏滑现象。率与状态相关摩擦定律 (RSF 定律) 被广泛应用于断层摩擦失稳的研究。根据 RSF 定律的内容可知，滑移行为受临界滑移距离 (D_c) 和摩擦速率参数 ($a-b$) 的控制。当 $a-b<0$ 时，断层发生不稳定滑动 [213]。

为进一步解释矿物粒径对结构面动态滑移特征的影响，对 CG 和 FG 结构面开展了法向荷载 0.2 MPa 下速度步进试验 (剪切速率从 0.06~0.6 mm/min)，并计算获得了率与状态相关的摩擦系数 a，b 和 D_c。CG 结构面的摩擦参数分别为 $a=0.039$，$b=0.05$ 和 $D_c=5.3$ μm；而这些值对于 FG 结构面分别等于 0.028，0.045 和 3.3 μm。通过计算可知，CG 和 FG 结构面的 $a-b$ 均小于 0，均呈现速度弱化行为，具有发生摩擦失稳的可能。

另外，当刚度比 $K=k/k_c$ 小于 1 时，断层会发生不稳定滑动；其中 k 是加载刚度 (即 $k=\Delta\tau/\Delta u$，如图 6.5(b) 所示)，k_c 是临界刚度 (即 $k_c=(b-a)\sigma_n/D_c$)[210,212,213]。为了对比 CG 和 FG 结构面的动态滑移特征，我们计算了 5 MPa，15 MPa 和 25 MPa 下 CG 和 FG 结构面的 k，k_c 和 K。在应力-位移曲线上选取 10 个黏滑事件进行 k 的计算 (图 6.13(a))，用它们的平均值来确定 K。根据 k_c 的计算公式和速度步进试验中得到的摩擦参数确定临界刚度 k_c，进而可以计算 K，如图 6.13(b) 所示。

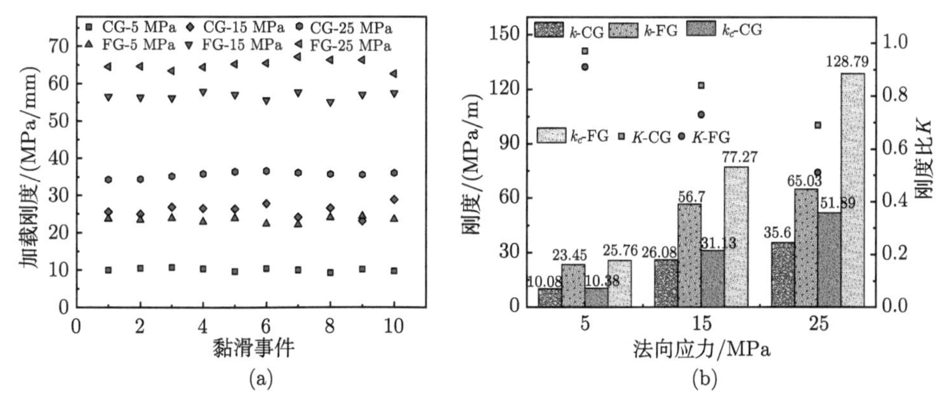

图 6.13 不同法向荷载下 FG 和 CG 结构面的加载刚度 (a) 以及平均加载刚度、临界刚度和刚度比 (b)

结果显示相较于 CG 结构面，FG 结构面的 k 值更大。k 值越大，通常表明结构面间互锁越好，加载段弹性能积累越高，从而引起越大应力降 (图 6.6)。相反，CG 结构面较小的 k 值代表了少量有效的互锁，黏滑事件的强度也越小。另外，$b-a$ 值越小，D_c 值越大，导致 CG 结构面的临界刚度 k_c 越小。已有研究表明，降低 k_c 会增加断层稳定性 [210]，因此，在 CG 结构面中发生了幅值更小的黏滑事件。此外，FG 结构面的 K 均小于相应 CG 结构面的值，从而导致 FG 结构面中发生了更剧烈的黏滑事件，这与 Mei 等 [213] 的结果是一致的。

6.4.3 矿物粒径对结构面损伤的影响

断层带是一个复杂的结构，通常包括断层核和损伤带，如图 6.14(a) 所示。断层核是一个相对狭窄的区域，其内填充了断层泥、碎裂岩、超碎裂岩和角砾岩。损伤带是断层核向围岩的过渡区，含有大量裂缝。研究表明，损伤带对地震动、地震破裂和断层应力有明显的影响。前人已针对断层带的结构开展了大量的宏观现场研究和微观实验室分析。从我们的微观分析中也可以发现类似断层带的结构，如图 6.14(b) 所示。

本研究中通过相对密度量化剪切损伤，结果显示 CG 结构面中发生了更多的剪切损伤，并且损伤的分布范围更广 (图 6.10)，我们认为该损伤特征可能与花岗岩初始的矿物结构和矿物粒径有关。粗粒花岗岩的粒径大并且含有更多的原生裂隙，而细粒花岗岩矿物颗粒分布较均匀并且颗粒与颗粒之间紧密相连 (图 6.1(a) 和 (b))。

基于两种花岗岩的力学和矿物特性，对两种不同粒径、结构面粗糙度和岩壁强度的粗糙结构面使用 DEM 进行剪切试验模拟。在本研究中，采用 GBM (grain based model) 的建模方法生成与真实岩石相似的矿物组成和粒度分布模型。在模

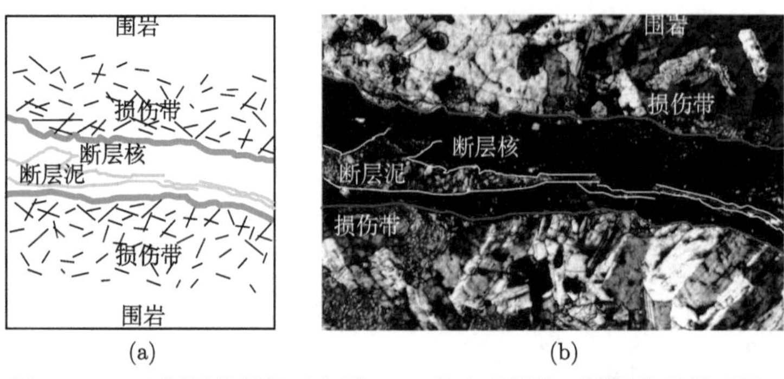

图 6.14 (a) 断层带结构示意图；(b) 偏光显微镜下断层带的微观图

型中，设置石英、长石和云母为三种主要构成矿物；粒径分布由体积分数、最小颗粒半径和最大最小颗粒半径比决定。如图 6.15(a) 和 (b) 所示，CG 结构面的围岩强度大于 FG 结构面的围岩强度；同时考虑了三种矿物类型 (白色、灰色和黑色颗粒分别代表石英、长石和云母) 以及 0.35~2.16 cm (CG) 和 0.18~1.19 cm (FG) 两种不同的粒度分布。选取我们剪切试验中使用的 JRC 分别为 13.84 (CG) 和 6.43 (FG) 的两条典型剖面线，生成模型中的二维结构面，并在 10 MPa 法向应力下进行剪切试验。

图 6.15 为剪切后结构面岩壁内裂纹的分布情况，可以看出，对于细粒结构面，剪切诱发的微裂纹范围较小 (图 6.15(a))；但随着粒径的增大，损伤带的厚度增大 (图 6.15(b))。同时，CG 结构面 (253) 中产生了比 FG (97) 更多的裂纹。模拟结果和我们的试验结果是一致的。另外，我们可以通过图 6.15(c) 和 (d) 分析局部接触力。接触力与颗粒的分布和大小有关，且沿剪切面存在显著差异。粗糙度大的结构面的接触力远大于粗糙度小的结构面。通过对接触力和裂纹分布的比较可知，微裂纹容易出现在接触力大的起伏体上。

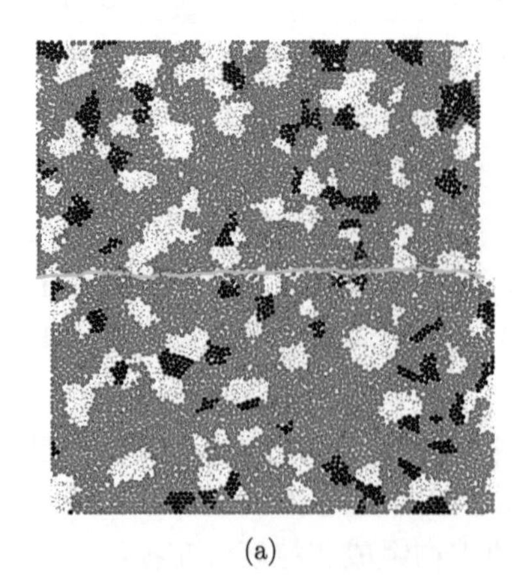

(a)

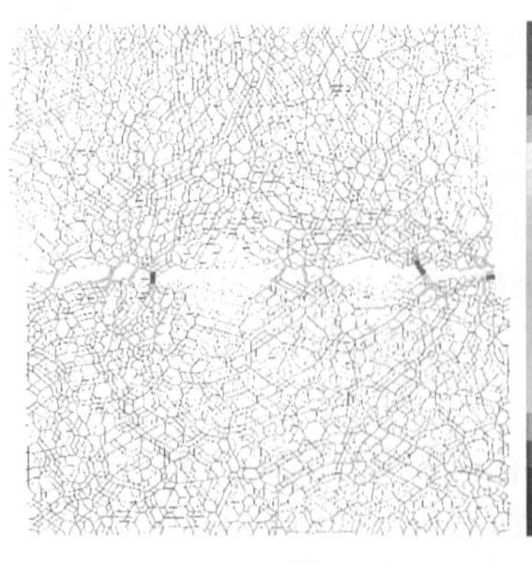

(c)

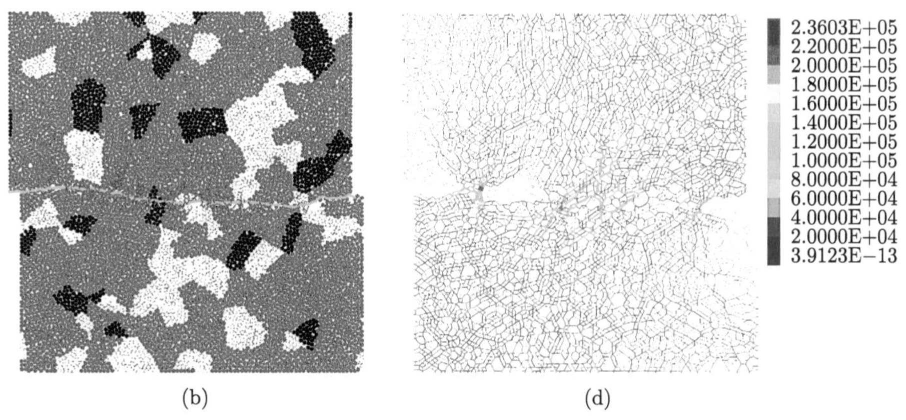

图 6.15 FG (a) 和 CG (b) 结构面的裂纹分布，FG (c) 和 CG (d) 结构面的接触力

分析表明结构面的几何形貌显著影响着结构面附近的裂纹分布和损伤范围。我们的试验结果和模拟结果一致，随着粒径的增大，损伤范围显著增大。对于粗糙度较小的细粒花岗岩结构面，起伏体较小，提供的滑移阻力也较小，所以产生的微裂纹较少，且剪切面上的裂纹分布较均匀。而粗糙的粗粒花岗岩结构面上的大起伏体，在剪切荷载下产生较大阻力，从而带来更多的裂纹和更厚的损伤带。

6.5 主 要 结 论

在本研究中，对粗粒花岗岩 (CG) 和细粒花岗岩 (FG) 结构面进行了不同法向荷载下的直剪试验，研究了矿物粒径对结构面剪切特性和损伤特征的影响，并对比分析了 CG 和 FG 结构面的峰后黏滑行为，主要得到以下结论：

(1) 在劈裂结构面制备过程中 (花岗岩发生 I 型断裂)，CG 的结构面倾向于沿晶界扩展，而 FG 发生了穿晶破坏。劈裂破坏模式的不同以及粒径的差异性，使 CG 结构面呈现出比 FG 结构面更大的粗糙度。

(2) 矿物粒径显著影响着花岗岩的单轴抗压强度和结构面的抗剪强度，但呈现出不同的变化特征。CG 具有高于 FG 的抗压强度。但 CG 结构面的抗剪强度大于相应 FG 结构面的，这主要与 CG 结构面具有更大的粗糙度有关。

(3) 黏滑特征受矿物粒径的影响。CG 和 FG 结构面均发生了黏滑现象，但相较于 CG 结构面，FG 结构面发生了更剧烈的黏滑。FG 结构面的较大加载刚度和较小刚度比可能是引起其剧烈黏滑的原因。

(4) 剪切后，CG 结构面内产生了大量的晶间裂纹，而 FG 结构面内的主要裂纹类型为晶内裂纹。通过相对裂纹密度量化了剪切损伤，结果显示，CG 结构面具有范围更广的损伤带。

第 7 章　高应力下花岗岩结构面剪切破坏的率效应

7.1　引　　言

岩体在开挖过程中或运营期间，常常遭受爆破、地震、岩爆、垮塌等扰动作用。在不同扰动源下，岩石结构面可能遭受不同速率下的剪切作用。了解结构面在不同剪切速率下的力学响应，对于减轻地震、滑移型岩爆和滑坡等动态地质灾害的危害具有重要意义。前人主要采用砂浆材料制作的复制结构面和劈裂结构面开展类岩石结构面剪切破坏的率效应研究，较少有人采用原岩结构面开展剪切试验。石膏、砂浆等模型材料与岩石，尤其花岗岩等硬岩，由于在矿物成分和成岩作用上具有很大不同，导致其力学性质，尤其峰后力学行为具有显著的不同，类岩石材料很难再现花岗岩类等硬岩结构面的真实力学性质。另外，前人关于岩石结构面剪切率效应的研究主要在低应力范围内，研究的对象主要是岩质边坡、浅埋隧洞等工程，而对于深部岩体工程中围岩在高应力下结构面的率效应的研究较为少见。因此，在本研究中，对劈裂形成的花岗岩结构面进行了不同法向应力 (3~40 MPa) 下不同剪切速率 (0.001~0.1 mm/s) 的直剪试验，分析并讨论了剪切速率对结构面的抗剪强度、峰后剪切行为和声发射特性的影响，研究成果将对深部岩石结构面在动灾害作用下的剪切破坏机理、监测和防灾减灾等提供理论指导。

7.2　试 验 方 案

之前的直剪试验研究 [83,217] 已发现花岗岩结构面的峰后剪切行为与其他岩石结构面，如大理石、水泥砂浆结构面，在应力降和能量释放的量级上具有很大不同。在本研究中，从花岗岩块中切割出尺寸为 10 cm×10 cm×10 cm 的立方体样品，然后按照国际岩石力学与岩石工程学会 (ISRM) 建议的方法进行磨平 [177]，保证试样的表面平整度和垂直度。再沿立方体试件中线采用人工劈裂法制作花岗岩结构面 (图 7.1(a))，试验在 RMT150C 剪切试验装置上进行 [83]。按照表 7.1 所示的试验方案进行常法向荷载条件下的剪切试验。剪切速率控制为 0.005~0.1 mm/s，直剪试验中分别设置了 4 种不同的法向应力水平 (3 MPa、10 MPa、20 MPa 和 40 MPa)。

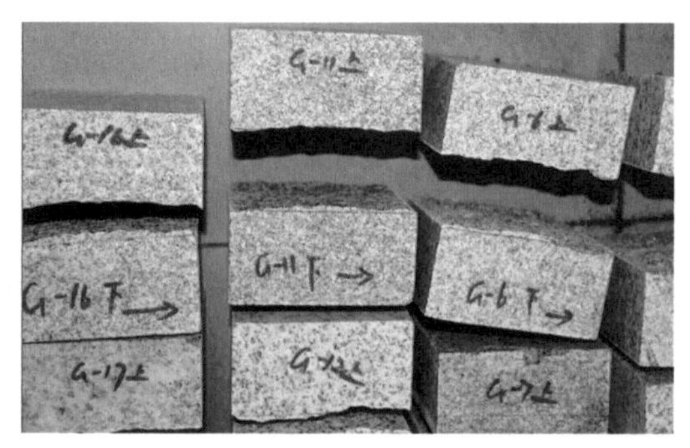

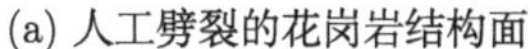

(a) 人工劈裂的花岗岩结构面

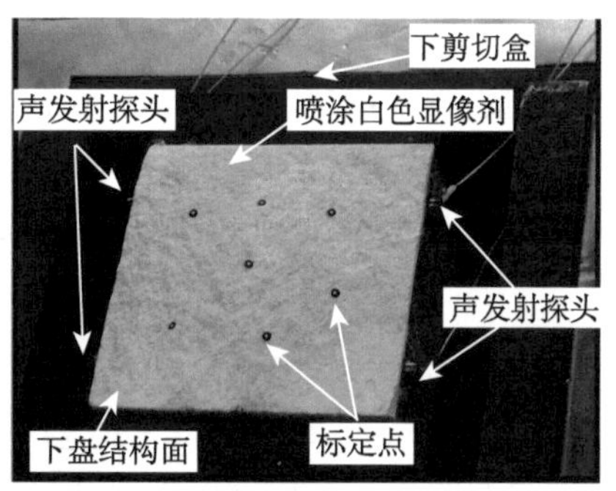

(b) 声发射传感器布置(4个传感器在同一个平面内,距表面约0.5 cm)

图 7.1 花岗岩结构面试样及声发射安装图

表 7.1 不同结构面的剪切试验方案及相应的剪切强度

试样编号	JRC	剪切速率/(mm/s)	法向应力/MPa	是否 AE 监测	τ_p/MPa	τ_u/MPa
G27	8.9	0.005	3	是	5.18	2.81
G3	10.3	0.05	3	是	5.05	2.79
G12	10.8	0.001	10	是	13.55	8.32
G19	11.1	0.005	10	是	12.79	8.13
G4	9.4	0.05	10	是	12.51	7.7
G28	9.5	0.1	10	是	12.20	6.93
G26	10.6	0.001	20	否	24.4	15.8
G16	9.0	0.005	20	否	20.08	13.37
G7	10.0	0.05	20	否	19.94	13.46
G11	9.4	0.1	20	否	20.34	13.22
G18	8.7	0.001	40	否	39.51	25.76
G21	10.1	0.005	40	否	36.66	28.3
G17	10.2	0.05	40	否	39.82	27.8
G29	10.9	0.1	40	否	37.02	27.1

注：τ_p 和 τ_u 分别是结构面的峰值和残余强度。

结构面粗糙度是影响结构面峰值抗剪强度和力学性能的主要因素之一。用人工劈裂法很难获得两个具有相同表面形貌的结构面。在本研究中，将结构面粗糙度相近的归为一组，然后在相同的法向应力下以不同的速率进行剪切试验。在剪切试验之前，利用 Holon^{3D} 三维扫描仪系统 (由一个中央投影单元和两个高精度工业摄像机组成) 对岩石结构面进行数字化重建。该系统的精度为 ±0.005 mm，一次测量时间小于 3 s。在结构面上喷一层白色显像剂，以提高中心投影仪发出白光的反射率和两台 CCD (电荷耦合器件) 相机的吸收率，然后对结构面表面的起伏状态进行测量 (图 7.1(b))。由于扫描仪一次扫描面积有限，于是通过多次扫描结构面的不同部位拼接成完整的结构面。将多个参考点 (圆形黑白标记点) 黏结在结构面表面上，以便于后续测量数据的自动拼接 (图 7.1(b))。更详细的测量原理，请参考 Jiang 等 [218]。图 7.2(a) 和 (b) 为花岗岩结构面 G11 扫描得到的点云数据图。选择水平面作为结构面粗糙度计算的参考面，并对其进行粗糙度量化。每个结构面的粗糙度 (用粗糙度系数 JRC 表征) 采用 Tse 和 Cruden[178] 提出的方法进行定量：

$$\mathrm{JRC} = 32.2 + 32.47 \lg z_2 \tag{7.1}$$

$$z_2 = \left[\frac{1}{L}\int_{x=0}^{x=L}\left(\frac{\mathrm{d}z}{\mathrm{d}x}\right)^2 \mathrm{d}x\right]^{\frac{1}{2}} = \left[\frac{1}{L}\sum_{i=1}^{N-1}\frac{(z_{i+1}-z_i)^2}{x_{i+1}-x_i}\right]^{\frac{1}{2}} \tag{7.2}$$

其中，z_2 为轮廓线坡度均方根，L 为轮廓线投影的长度 (样本长度为 10 cm)，x_i 和 z_i 为轮廓线离散点的坐标值，N 为离散点的个数。

然后，根据公式 (7.1) 和 (7.2) 计算平行于剪切方向上的 10 条等间距剖面线 ($Y = 5, 15, 25, \cdots, 95$，如图 7.2(b) 所示) 的 JRC 值。本研究将剖面上的数据点间距设置为 0.2 mm。然后通过式 (7.3) 计算反映整个结构面表面整体粗糙度的 JRC 平均值：

$$\mathrm{JRC} = \frac{1}{10}\sum_{i=1}^{10}\mathrm{JRC}_i \tag{7.3}$$

其中，JRC_i 为第 i 条剖面线的 JRC 值。各结构面平均 JRC 值见表 7.1，表 7.1 表明本试验中结构面的最大 JRC 值为 11.1，最小 JRC 值为 8.7。在每组试验中，使用结构面 JRC 相近的试样进行相同法向应力条件下的剪切试验，使得不同速率剪切时的剪切试验结果具有可比性。

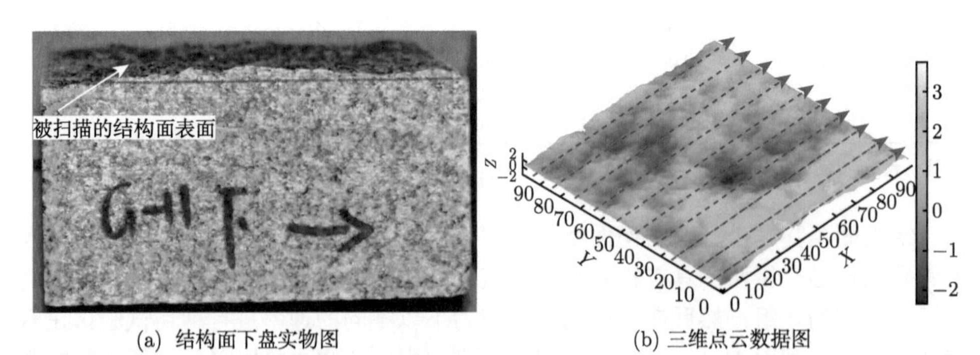

(a) 结构面下盘实物图　　(b) 三维点云数据图

图 7.2　结构面下盘实物图及其三维扫描数据重构的结构面，比例尺单位：mm

7.3 剪切速率对剪切应力特性的影响

本节将比较和分析不同法向应力下，花岗岩的结构面在不同剪切速率下的剪切应力-剪切位移曲线、峰值剪切强度、峰后剪切行为和破坏模式等剪切特性。在剪切过程中，试验在满足以下三种情况下停止剪切：① 黏滑过程中的最大强度基本保持不变 (即达到残余抗剪强度)；② 残余黏滑阶段应力下降幅度变化不大；③ 剪切试验时的最大剪切位移一般小于 10 mm。对于结构面 G28 (剪切速率为 0.1 mm/s，正应力为 10 MPa)，在剪切位移接近 10 mm 时，黏滑现象仍不明显，因此继续剪切至剪切位移达到 12 mm。

7.3.1 剪切应力-剪切位移曲线

不同法向应力和剪切速率条件下，花岗岩结构面的剪切应力-剪切位移曲线以及峰值剪切强度和残余剪切强度随剪切速率的变化如图 7.3 和图 7.4 所示。峰值抗剪强度和残余抗剪强度均随法向应力的增大而增大。总的来说，峰值剪切强度和残余剪切强度随着剪切速率增加逐渐降低。虽然所用岩石类型不同，且本试验中法向应力更高，但这与 Li 等 [106]，Atapour 和 Moosavi[103]，Tang 和 Wong[109]，Wang 等 [110] 研究结果类似。图 7.4 中有个别数据点不完全符合上述规律，这可能与所用结构面具有不同的三维形貌特征有关。

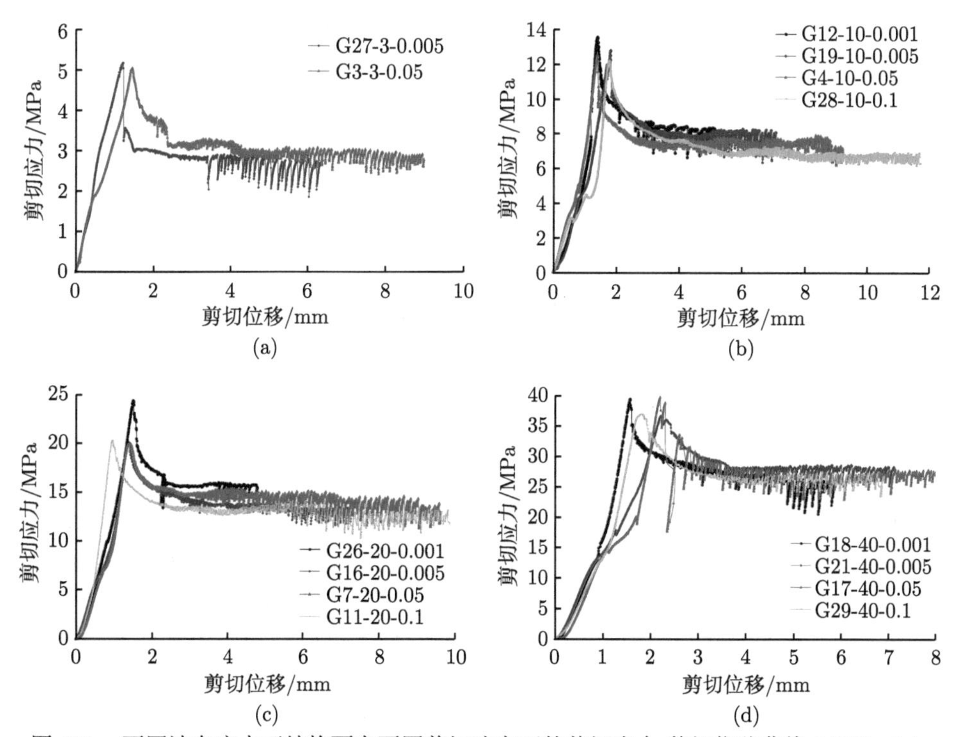

图 7.3 不同法向应力下结构面在不同剪切速率下的剪切应力-剪切位移曲线 3 MPa (a)，10 MPa (b)，20 MPa (c)，40 MPa (d)。图注中的三个部分 GX-Y-Z 分别代表样本编号、法向应力 (MPa) 和剪切速率 (mm/s)

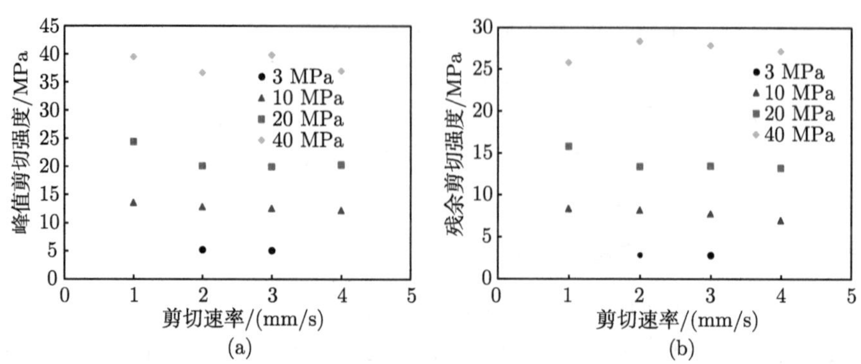

图 7.4　在不同法向应力下花岗岩结构面的峰值剪切强度 (a) 和残余剪切强度 (b) 随剪切速率的变化。两个图中的横坐标 1，2，3 和 4 分别代表 0.001 mm/s，0.005 mm/s，0.05 mm/s 和 0.1 mm/s

7.3.2　不同剪切速率下结构面的峰后剪切特性

图 7.3(a) 为法向应力为 3 MPa 时，两个花岗岩结构面试样的剪切应力-剪切位移曲线。对于低剪切速率 (0.005 mm/s) 的结构面 G27 而言，峰后剪切应力随着剪切位移的增加逐渐减小。在摩擦滑动阶段，剪切位移达到 3.5 mm 时发生黏滑。G3 结构面在 0.05 mm/s 的速率下剪切时，峰后剪切应力没有突然下降，而是缓慢稳定下降，在剪切位移 2~5.5 mm 左右，剪切应力开始出现微小的、不明显的振荡。随后出现了明显的黏滑现象，随着剪切位移的增大，黏滑的应力降逐渐增加。高剪切速率下结构面的黏滑幅值远小于低剪切速率下结构面的黏滑幅值。

图 7.3(b) 为 4 种剪切速率在 10 MPa 正应力下结构面剪切应力-剪切位移曲线，可见剪切速率对花岗岩粗糙结构面剪切特性的影响明显。当剪切位移达到 2.7 mm 时，结构面 G12 (剪切速率为 0.001 mm/s) 开始出现明显的黏滑现象，且应力降幅值是 4 个结构面中最大的。由于该试样的剪切位移最小，可以推断如果继续剪切到位移 10 mm，应力降值将变得更大。对于结构面 G19 (0.005 mm/s)，当剪切位移达到 5 mm 时，黏滑的应力降值逐渐变大，在此之前出现较小幅度的应力振荡，并且剪切应力周期性增大和减小的时间间隔要比结构面 G12 短。G12 黏滑期间的应力降值略大于 G19，当结构面 G4 以 0.05 mm/s 的速率剪切时，剪切应力振荡过程中的应力降值比上述两个结构面的应力降值小。当剪切位移达到 6.5 mm 时，黏滑现象开始明显，但两者的差异分界点前后的应力降幅度较小；除此之外，相邻应力降之间的时间间隔进一步减小。对于 G28 (0.1 mm/s) 结构面，尽管其最终的剪切位移达到所有试样里面最大的剪切位移 12 mm，但其黏滑应力降最小，黏滑时间间隔最短。

图 7.3(c) 为 20 MPa 正应力不同剪切速率下，花岗岩结构面的剪切应力曲线。结构面 G26 (0.001 mm/s) 在剪切位移达到 2.2 mm 时出现两次较大的应力降。之

后，由于剪切位移很短，只发生了几个较小的应力降。当剪切位移达到 5.5 mm 时，结构面 G16 (0.005 mm/s) 出现明显的黏滑，在此之前出现了较小幅度的应力振荡。这两个结构面峰后黏滑不剧烈的原因可能是剪切位移很短 (因为黏滑过程中的应力降值随着剪切位移的增大而增大，如图 7.3 所示)。结构面 G7 (0.05 mm/s) 在 3.5~5.5 mm 剪切位移范围内剪切应力振荡较 G16 更为明显和频繁。G16 在剪切位移为 7.2 mm 之前的最大应力降略高于 G7。但对 G7 而言，随后的剪切过程中黏滑更剧烈。总体而言，G11 的应力降幅值和应力降间隔时间 (0.1 mm/s) 均小于 G7 结构面。结构面 G11 在 3~5.6 mm 剪切位移范围内剪切应力曲线存在较长周期的小幅度应力振荡，是 4 个结构面中剪切位移最长的。随着剪切位移的增加，黏滑过程中应力降增加。

图 7.3(d) 为 40 MPa 法向应力下，花岗岩结构面在不同剪切速率下的剪切应力曲线。对于 G18 结构面 (0.001 mm/s)，当剪切位移达到 4.8 mm 时，结构面发生了幅值约为 5 MPa 的剧烈的黏滑，远远大于其他结构面在相同法向应力下的黏滑。与其他结构面试样相比，G21 黏滑不明显 (0.005 mm/s)。G17 结构面 (0.05 mm/s) 达到峰值剪切应力后，剪切应力从 39 MPa 急剧下降到 17 MPa，之后出现周期性的增加和降低，应力降幅度较大。G29 (0.1 mm/s) 在达到 4.5 mm 剪切位移之前，应力降很小，时间间隔很短，在此之后，应力降值和间隔均随剪切位移的增大而增大。

由图 7.3(b)~(d) 可知，当结构面在最大剪切速率 (0.1 mm/s) 下剪切时，随着法向应力的增大，较小幅度的剪切应力振荡和较大幅度的黏滑应力降更加明显。图 7.3(a)~(d) 中各法向应力作用下花岗岩结构面的应力降值随着法向应力的增加有增大的趋势。

在相同法向应力下的一组试验中，尽管试验采用的粗糙度 JRC 值相似，但不同的三维形貌无疑会对结构面的剪切性能产生一定影响。这种影响解释了为什么 G17 和 G21 等一些结构面的力学行为与其他结构面略有不同。劈裂制备的结构面形貌很难保证各自完全一致，这种潜在的形貌差异对结构面的剪切力学性质有影响。但尽管如此，从四组剪切试验结果中可以得出一些共同的特征，这些特征说明了高法向压力下剪切速率对花岗岩粗糙结构面峰后剪切行为的影响：

(1) 所有花岗岩结构面试样均发生黏滑，黏滑过程中应力降幅值受剪切速率影响。在相同的法向应力下，较低的剪切速率比较高的剪切速率产生更大的应力降。

(2) 与低剪切速率相比，高剪切速率下的结构面相邻应力降的时间间隔较短。随着剪切速率的增加，小的黏滑应力降更频繁地发生。

(3) 随着法向应力的增加，黏滑过程中的应力降幅度增大；剪切试验中的应力降随着剪切位移的增大而增大。

(4) 对于剪切速率大的结构面试样，在出现明显的黏滑之前会伴随较长时间的小幅应力振荡，随后出现较大的应力降，且随法向应力的增加，小幅振荡的持续时间减小。

(5) 当结构面以很低的剪切速率剪切时，剪切应力通常缓慢而稳定地下降，峰值后剪切应力没有小幅的振荡。当剪切位移达到一定值时，显著的黏滑现象出现，应力降较大。

7.3.3 不同剪切速率下结构面的破坏模式

7.3.1 节和 7.3.2 节的分析表明，剪切速率显著影响粗糙花岗岩结构面的抗剪强度和峰后剪切行为。本节探讨剪切速率对结构面试件的破坏模式的影响。

在所有试验的结构面试样中，剪切过程中可以听到与应力降同时发生的连续脆响。每一个应力下降都伴随着噼啪声。对于剪切速率较高的结构面，由于每次应力降之间的时间间隔较小，噪声出现的频率较大。随着法向应力的增加，声音变得更加清晰和响亮。

图 7.5 为在 10 MPa 法向应力作用下，结构面在 0.001 mm/s (G12) 和 0.1 mm/s (G28) 下剪切破坏后的照片。从结构面 G12 的外观来看，结构面附近的损伤很小 (图 7.5(a))，而 G28 在结构面附近有一定的损伤，发生了一定程度的岩石剥落。当结构面在低法向应力下缓慢剪切时，表面起伏体有足够的时间适应上下盘错动时的剪切变形，从而导致起伏体的爬坡和滑动破坏，因此对结构面表面的损伤有限。另一方面，在较高的剪切速率下，起伏体没有充足的时间适应剪切变形，导致结构面起伏体发生剪断。

G12 和 G28 的上、下盘结构面分别如图 7.5(b)、(c) 所示。在剪切前进行三维形貌扫描时，为了提高反射率，喷射了白色的显像剂，导致下表面呈白色。对比图 7.5(b)、(c) 可知，G28 在剪切过程中遭受的损伤更为严重。在 G28 表面发现了更多的白色区域，它们与起伏体的剪切、破碎和滑动有关。此外，在下盘两侧可以观察到一些岩石剥落，该现象在 G12 中不存在。两个结构面的相对运动引起局部拉应力。张拉裂纹从接触的起伏体中萌生并向岩体两边扩展，两边发生破坏产生剥落。

如图 7.6 所示为 40 MPa 法向应力作用下，分别在 0.001 mm/s (G18) 和 0.1 mm/s (G29) 剪切速率下的结构面剪切破坏后的照片。两个结构面的两侧均可见局部剥落。图 7.6(b)、(c) 中，两表面上的白色区域密集分布，表明在高法向应力条件下，粗糙起伏体的损伤要比低法向应力条件下严重得多。由图 7.5 和图 7.6 可以看出，由于高法向应力对起伏体的损伤更为严重，在 40 MPa 法向应力作用下，上、下表面的颜色差异比在 10 MPa 法向应力作用下更不明显。除了广泛分布的白色粉末外，在 G29 的下表面也发现了一些小的碎屑，如图 7.6(c) 所示，这在 G18 试样中较为少见。

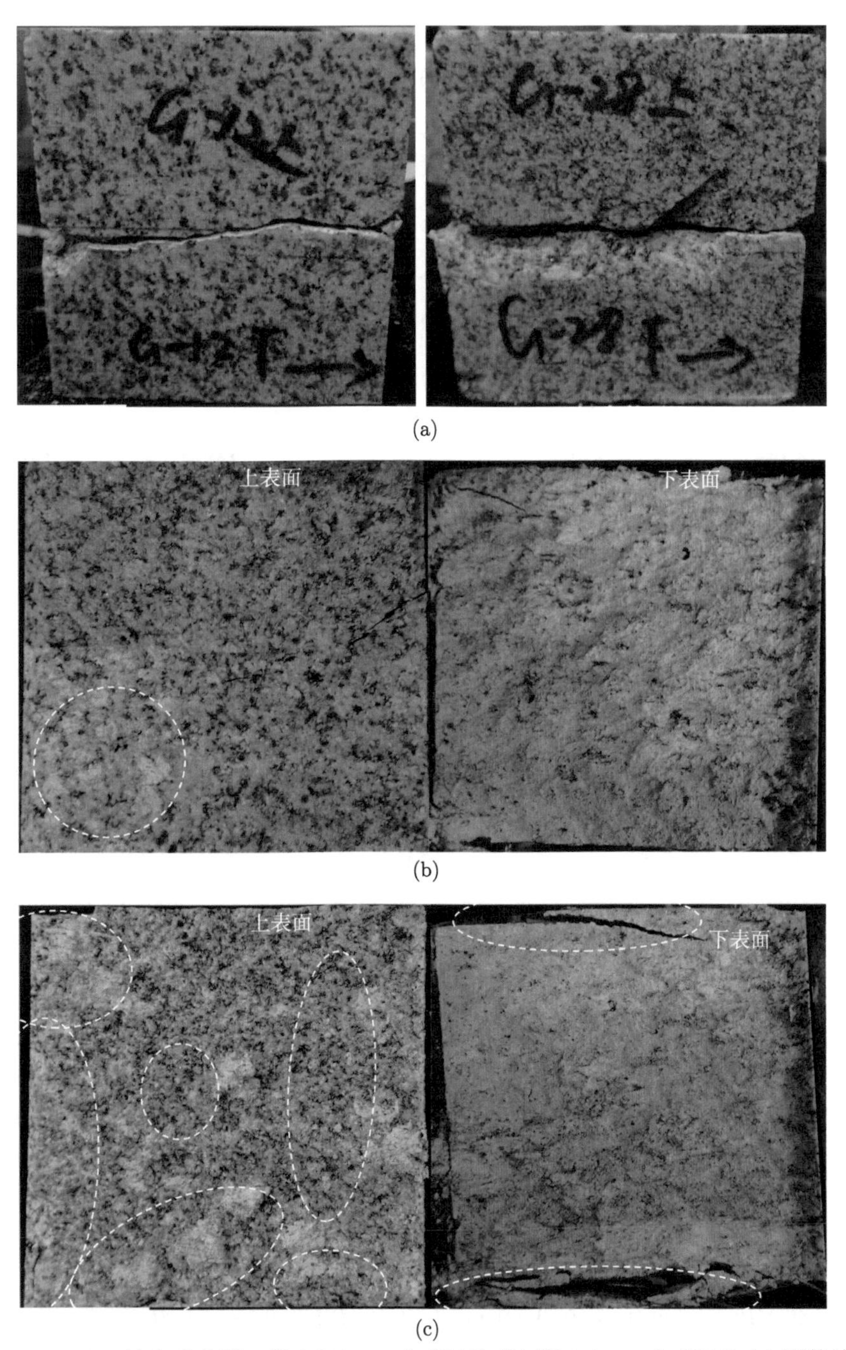

图 7.5　10 MPa 法向应力下，在 0.001 mm/s (G12) (b) 和 0.1 mm/s (G28) (c) 下的结构面剪切破坏模式 (a)

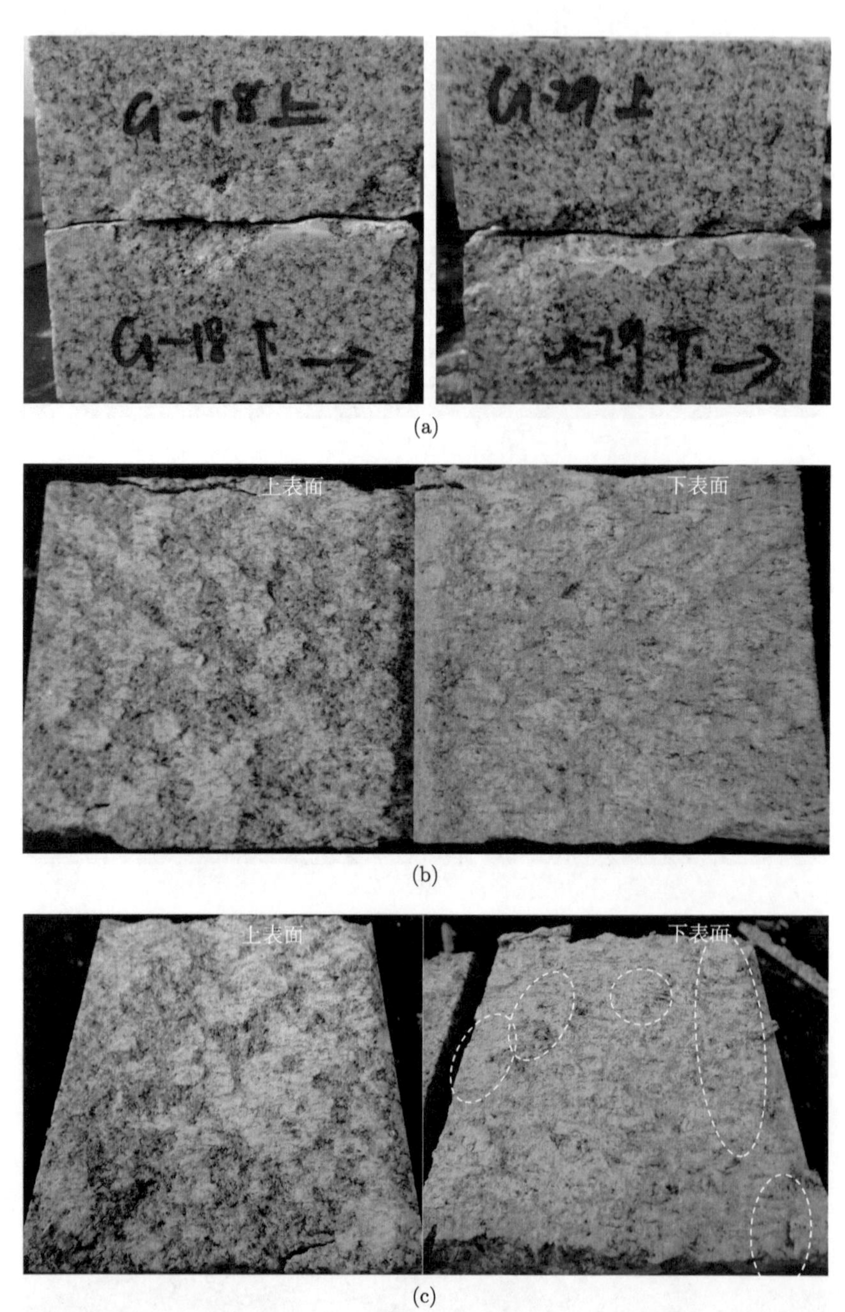

(a)

(b)

(c)

图 7.6 40 MPa 法向应力下，在 0.001 mm/s (G18) (b) 和 0.1 mm/s (G29) (c) 下的结构面剪切破坏模式 (a)

上述分析表明，剪切速率对结构面破坏模式的影响在低法向应力下比高法向应力下更显著。剪切速率较低时，结构面表面起伏体有更多的时间适应剪切变形，从而可以在没有完全剪断的情况下爬坡和滑动。然而，当结构面以很高的速度剪切时，由于变形的时间有限，这些阻碍滑动的粗糙起伏体必须被切断才能继续向前移动。因此，高剪切速率下的结构面损伤更严重。在高法向应力下，不同剪切速率下结构面破坏模式差异不显著，均表现为严重的粗糙度劣化现象。在表面上可以观察到密集分布的白色区域，充满了细粉末。然而，以较高的速率剪切时，在结构面的下表面还可以观察到小尺寸的碎屑，这可能是由于尺寸较大的不规则起伏体被剪断而产生。

7.4 剪切速率对声发射特性的影响

7.4.1 声发射参数随剪切速率的变化规律

由于受地震、爆破和岩爆等动荷载的影响，岩石结构面可能会以不同的速率发生剪切破坏。声发射 (微震) 技术目前被广泛用来监测岩质边坡、隧洞和矿山等的失稳破坏，本节将分析结构面在不同剪切速率下剪切时的声发射特点，以期将声发射监测技术更好地用于岩体结构面的剪切破坏的监测和预测中。

图 7.7 为 3 MPa 法向应力下结构面 G27 以 0.005 mm/s 剪切速率剪切时声发射撞击率和能量率曲线。图中 1、2、3、4 的撞击 (能量) 率分别表示声发射传感器 1、2、3、4 号记录的数据。在峰值抗剪强度之前，撞击率和能量率均随剪切应力的增大而增大。在峰值抗剪强度之后，应力突然下降，同时撞击率达到峰值。随着剪切的持续进行，撞击率逐渐降低。然而，由于剪切应力的周期性振荡 (即黏滑现象)，在剪切过程的后半段 (650 s 至试验结束)，能量率变得非常活跃。通过对能量率曲线和剪切应力曲线的对比研究发现，黏滑过程中几乎所有的小应力降都与能量率曲线上的突增相对应。

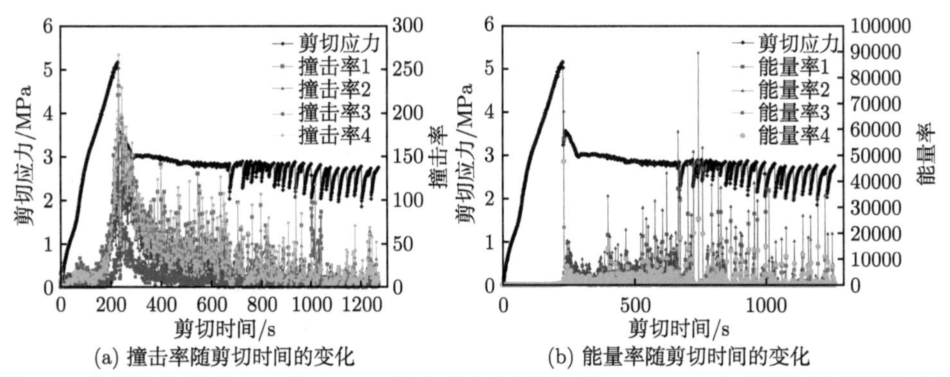

(a) 撞击率随剪切时间的变化　　(b) 能量率随剪切时间的变化

图 7.7 花岗岩结构面 G27 在 3 MPa 法向应力作用下，以 0.005 mm/s 的剪切速率剪切时声发射撞击率和能量率随剪切时间的变化

图 7.8 为 3 MPa 法向应力下结构面 G3 在 0.05 mm/s 剪切速率下的撞击率和能率曲线。能量率在剪切试验开始后迅速增加，并在峰值剪切应力时刻达到峰值。从 A 点到 B 点 (图 7.8(a))，随着剪切应力的减小，四个传感器的撞击率逐渐降低到 0，然后再次增加，伴随着剪切应力出现了不显著的应力振荡 (图 7.8(a) 中红色圆虚线所示)。从 C 点 (图 7.8(a)) 到剪切试验结束，撞击率保持在非常活跃的状态。除传感器 3 外，其他传感器的能量率从剪切时间 23 s 开始急剧增加，并在剪切应力峰值处达到最大值。能量率从峰值剪切应力到试验结束均呈下降趋势。虽然剪切应力-剪切位移曲线也出现了不显著的应力振荡和明显的应力降，但由于时间间隔较小且应力降频率较高，应力降和能量率的突然增加没有像 0.005 mm/s 剪切速率时完全一一对应。

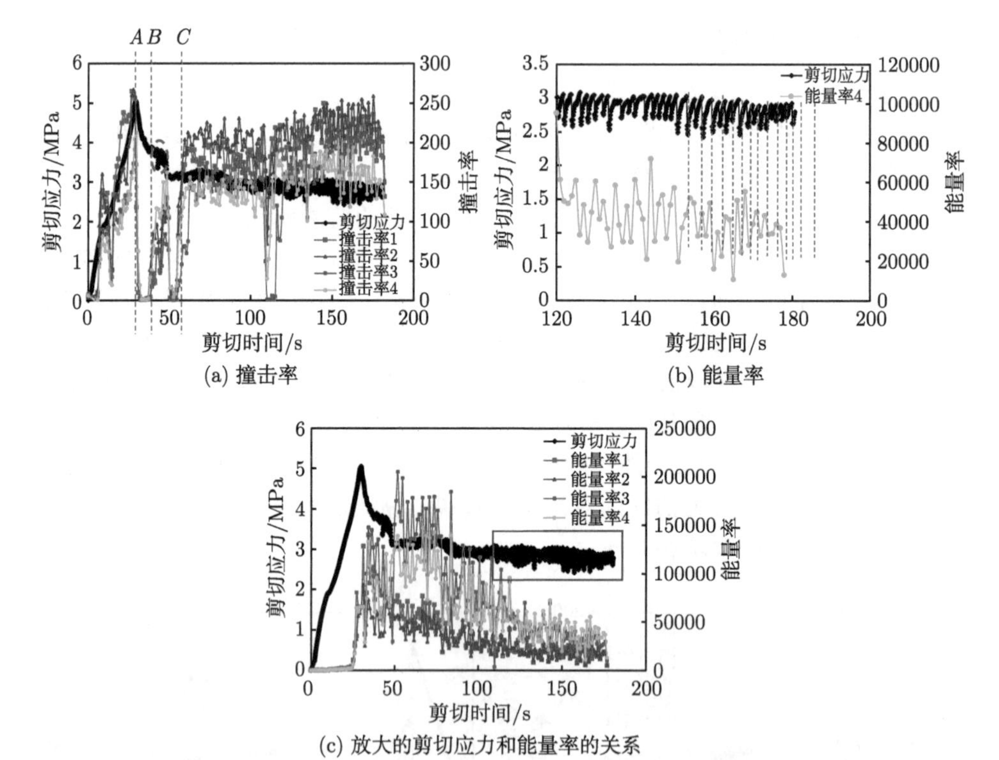

图 7.8　在 3 MPa 法向应力下，花岗岩结构面 G3 在 0.05 mm/s 剪切速率下的声发射监测结果

图 7.7 和图 7.8 的对比表明，在更高的剪切速率下，峰后滑移阶段的撞击率更加活跃，峰值处或者摩擦滑动阶段的能量率相较于低剪切速率下也更活跃。如图 7.7(b) 所示，失稳摩擦滑动过程中，在每个应力降之前可以明显看出剪切应力缓慢增加的过程，从上一次应力下降的最小应力到后面局部剪切应力峰值的再加

载过程与峰值抗剪强度之前的加载过程相似。在应力下降瞬时，能量释放最大，在此之前能量较低。加载过程持续时间越长，能量突增越显著。图 7.8(c) 显示了从 120 s 开始到剪切结束的剪切应力和能量率 (由传感器 4 记录) (图 7.8(c) 矩形方框内) 所对应的黏滑运动模式与图 7.7(b) 所示非常相似，只是黏滑的时间间隔变短。从图 7.8(c) 可知，绝大多数的黏滑应力降伴随着能量突增的峰值。

图 7.9 为不同剪切速率下结构面声发射事件的分布情况，说明由于低剪切速率下剪切试验持续时间较长，因此结构面剪切破坏产生的声发射事件较多。

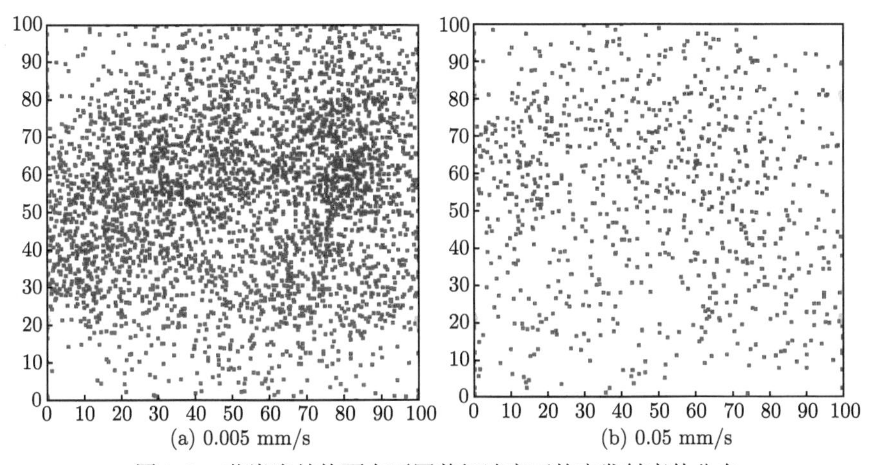

(a) 0.005 mm/s (b) 0.05 mm/s

图 7.9 花岗岩结构面在不同剪切速率下的声发射事件分布

10 MPa 法向应力下，剪切速率为 0.001 mm/s、0.005 mm/s、0.05 mm/s 和 0.1 mm/s 时声发射撞击率和能量率随剪切时间的变化，如图 7.10~ 图 7.13 所示。剪切速率为 0.001 mm/s 时，由于时间长产生了大量的声发射信号，系统中单个文件允许的最大储存量是 2 GB 以内，因此声发射数据只存储了剪切时间为 3600 s

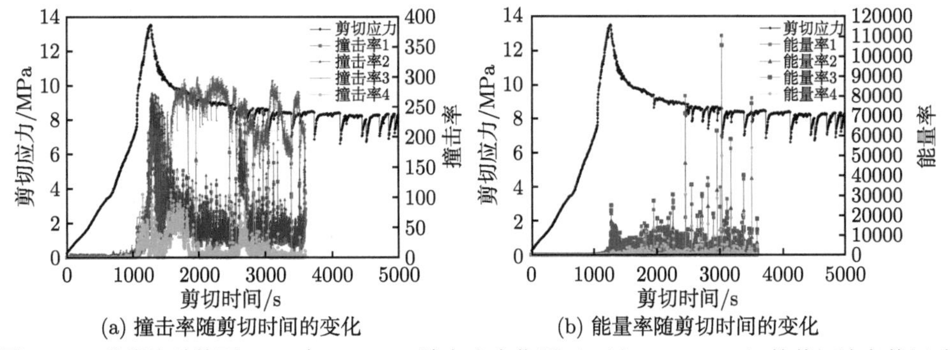

(a) 撞击率随剪切时间的变化 (b) 能量率随剪切时间的变化

图 7.10 花岗岩结构面 G12 在 10 MPa 法向应力作用下，以 0.001 mm/s 的剪切速率剪切时声发射结果

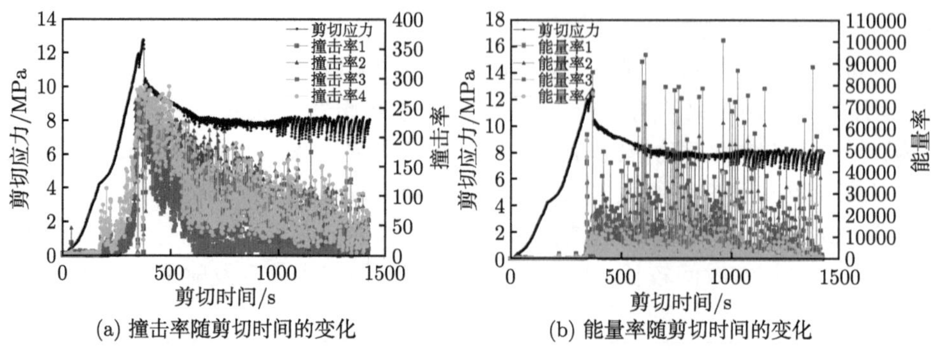

(a) 撞击率随剪切时间的变化 (b) 能量率随剪切时间的变化

图 7.11 花岗岩结构面 G19 在 10 MPa 法向应力作用下，以 0.005 mm/s 的剪切速率剪切时声发射结果

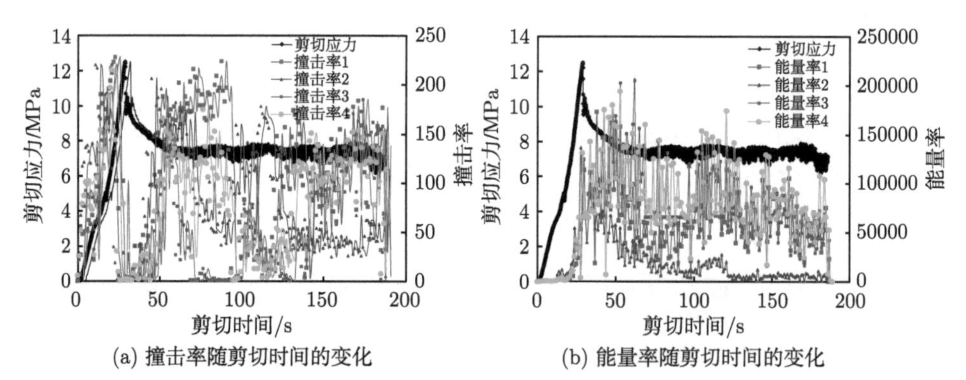

(a) 撞击率随剪切时间的变化 (b) 能量率随剪切时间的变化

图 7.12 在 10 MPa 正应力作用下，G4 结构面以 0.05 mm/s 的速率剪切时声发射结果

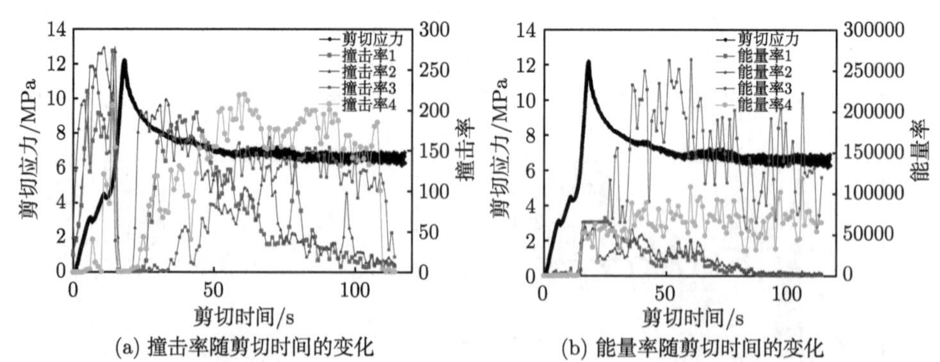

(a) 撞击率随剪切时间的变化 (b) 能量率随剪切时间的变化

图 7.13 G28 花岗岩结构面在 10 MPa 正应力作用下，以 0.1 mm/s 的剪切速率剪切时声发射结果

之前的数据，如图 7.10 所示。

10 MPa 法向应力下，剪切速率为 0.001 mm/s、0.005 mm/s 时声发射撞击和能量变化规律 (图 7.10 和图 7.11) 与 3 MPa 正应力下剪切速率 0.005 mm/s 时的

声发射撞击和能量变化规律 (图 7.7) 相似。剪切应力达到峰值剪切强度之前，声发射能量率和撞击率随剪切应力升高而增加，在结构面滑动过程中，声发射能量在峰值应力之后，黏滑开始之前下降。虽然能量率在图 7.10(b) 中峰值剪切应力点处达到峰值，但此时并没有达到最大能量率，而是在黏滑期间的应力降中出现了最大能量率。从图 7.11(b) 中可以看出，能量释放的幅度和频率都比图 7.10(b) 大得多，说明在花岗岩结构面剪切破坏过程中，剪切速率越大，释放的能量越大。

10 MPa 法向应力下，剪切速率为 0.05 mm/s 和 0.1 mm/s 时结构面的声发射撞击和能量变化规律 (图 7.12、图 7.13) 与 3 MPa 法向应力下剪切速率 0.05 mm/s 时的声发射撞击和能量变化规律 (图 7.8) 相似。剪切试验开始后声发射撞击率立即增加，剪切应力峰值后又降低到一个较低值。随后，声发射撞击率在摩擦滑动阶段随剪切时间出现波动。当剪切速率从 0.05 mm/s 增加到 0.1 mm/s 时，能量率有增加的趋势。图 7.14 为不同剪切速率下四组结构面剪切声发射事件的分布情况。声发射事件数随剪切速率的增加而减少，这与 3 MPa 法向应力下的结果一致。

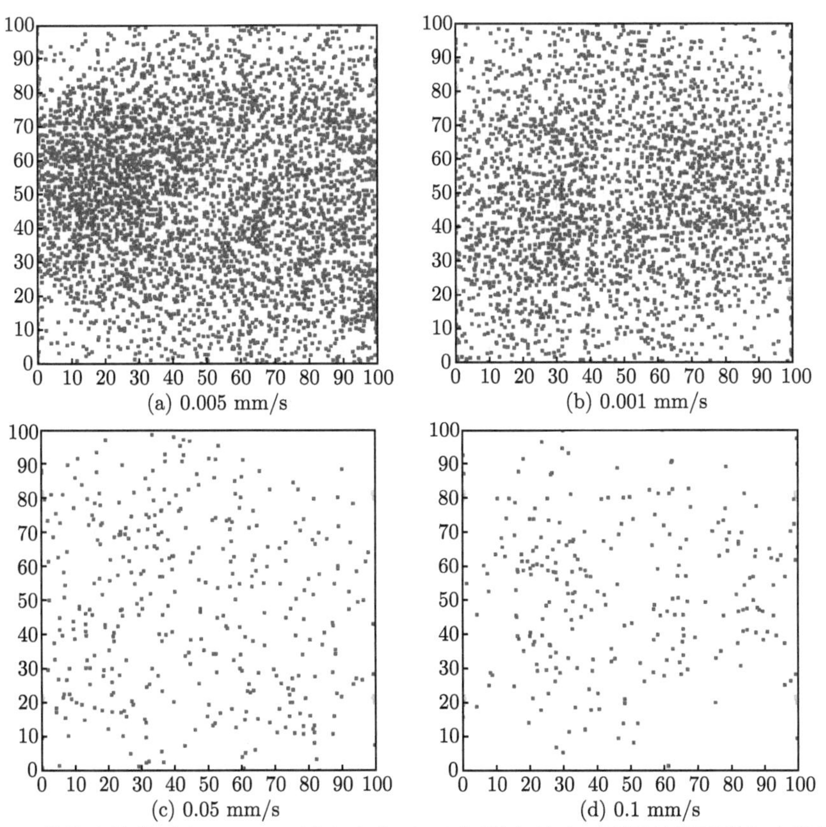

图 7.14 花岗岩结构面在 10 MPa 法向应力下，不同剪切速率时四组结构面剪切声发射事件的分布情况

综上所述，剪切速率对声发射特性的影响较大。随着剪切速率的增大，结构面剪切破坏的能量率增大，说明结构面剪切速率越大，能量释放量越大。声发射事件随着剪切速率的增加而减少，这主要是由于剪切速率越大，剪切过程持续时间越短，但并不能代表表面起伏体破裂的数目少。

7.4.2 剪切速率对声发射 b 值的影响

在实验室和自然界中，地震事件的数量通常随震级增大呈指数衰减，其指数 (即 b 值) 描述了小震级和大震级事件的相对比例 [219]：

$$\lg N = a - bM \tag{7.4}$$

其中，M 为震级，N 为大于 M 震级事件的累积频率。研究表明，地震 b 值与应力水平、断层深度、震源机制和断层强度的非均质性密切相关。因此，b 值被认为是断裂滑移型岩爆和地震等动力灾害的有效预警指标，而这两种动力灾害都是岩石断层或结构面的动态剪切破坏引起的。在本节中，根据下式计算不同剪切速率下声发射 b 值：

$$\lg N = a - b\frac{A_{\mathrm{dB}}}{20} \tag{7.5}$$

其中，A_{dB} 是声发射撞击的幅值，单位是分贝，$A_{\mathrm{dB}} = 10\lg A_{\max}^2 = 20\lg A_{\max}$，$A_{\max}$ 是声发射事件的峰值振幅，单位是 mV。

图 7.15 和图 7.16 分别为 3 MPa 和 10 MPa 法向应力下，不同剪切速率时结构面声发射数据的拟合结果。其中 y_1、y_2、y_3、y_4 分别为传感器 1、2、3、4 记录的声发射数据，R^2 是拟合相关系数，结果表明，声发射的振幅和累积撞击数符合良好的线性关系，相关系数 R^2 较高 (大多数值大于 0.98)。

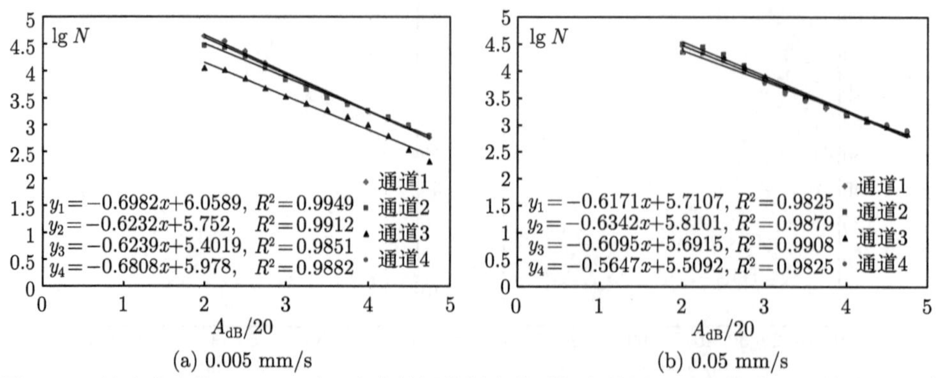

图 7.15 法向应力为 3 MPa 时，声发射幅值频率关系拟合结果 (y_1 为传感器 1 的结果，R^2 为相关系数)

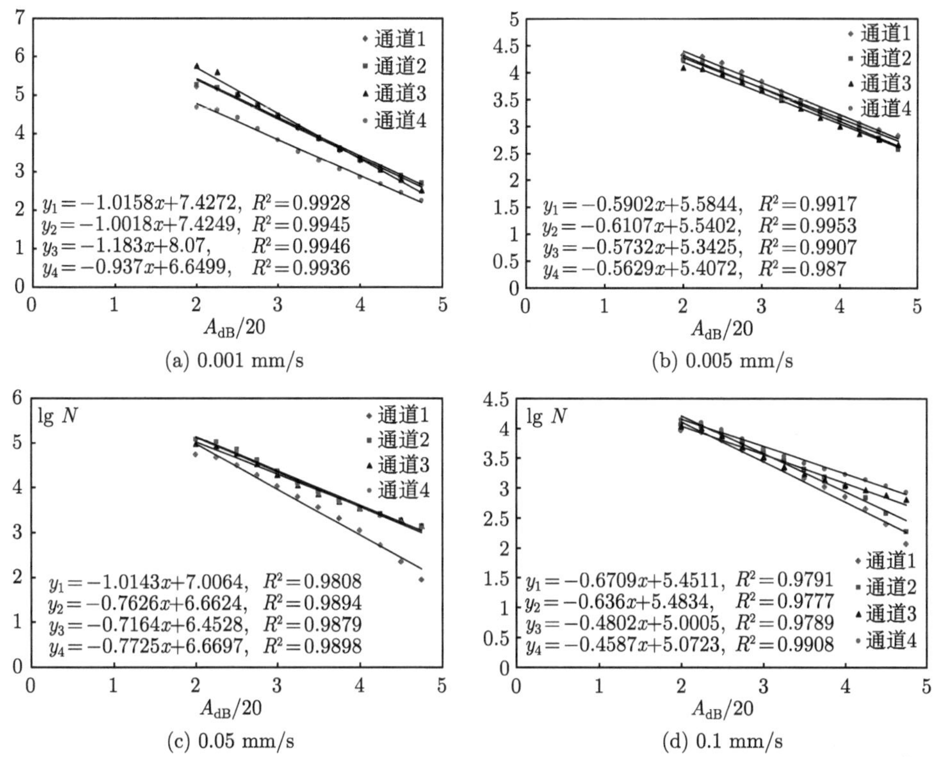

(a) 0.001 mm/s (b) 0.005 mm/s

(c) 0.05 mm/s (d) 0.1 mm/s

图 7.16 法向应力为 10 MPa 时，声发射幅频关系拟合结果 (y_1 为传感器 1 的结果，R^2 为相关系数)

不同试验条件下计算的 b 值如表 7.2 所示，每次试验中不同声发射传感器计算出的 4 个 b 值具有很好的一致性。4 个 b 值的平均值表示某一组试验条件下的声发射 b 值。因为，在法向应力为 10 MPa 时，剪切速率为 0.005 mm/s 时传感器 1 和剪切速率为 0.1 mm/s 时的传感器 1 和 2 在累积撞击-幅值的拟合线性关系严

表 7.2 不同传感器在不同法向应力下获得的 b 值

法向应力	剪切速率/(mm/s)	b 值				平均 b 值
		b_1	b_2	b_3	b_4	
3	0.005	0.6982	0.6232	0.6239	0.6808	0.6565
3	0.05	0.6171	0.6342	0.6095	0.5647	0.6064
10	0.001	1.0158	1.0018	1.183	0.937	1.0344
10	0.005	<u>**1.0143**</u>	0.7626	0.7164	0.7725	0.7505
10	0.05	**0.5902**	0.6107	0.5732	0.5629	0.5843
10	0.1	<u>**0.6709**</u>	<u>**0.636**</u>	0.4802	0.4587	0.4695

注：在一定正应力作用下，不包括划线部分的 b 值。

重偏离相同条件下其他传感器的结果，即表 7.2 中加粗和下划线的数值，因此在计算对应试验条件下的平均 b 值时不采用这几个数值。

由表 7.2 可知，在 3 MPa 和 10 MPa 法向应力下，b 值随着剪切速率的增加而减小。b 值随剪切速率 (以对数尺度表示) 的变化如图 7.17 所示，取 b 值的平均值，得到 b 值与剪切速率的最佳拟合关系为

$$b = c_1 \ln v + c_2 \tag{7.6}$$

其中，c_1 和 c_2 是拟合常数。法向应力为 10 MPa 时最佳拟合直线的斜率的绝对值大于 3 MPa 法向应力下的绝对值，表明高法向应力下，剪切速率对 b 值的影响更大。

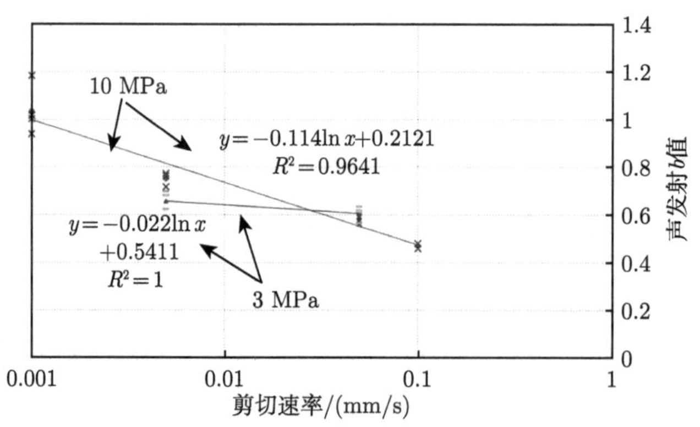

图 7.17　法向应力为 3 MPa 和 10 MPa 时剪切速率与 b 值的关系

由于 b 值反映了大震级声发射事件与小震级声发射事件的比例，本节分析表明，当花岗岩结构面剪切速度越快时，大震级声发射事件的比例越高，导致 b 值越小。这与 7.4.1 节中分析的剪切速率与能量释放关系的结果一致，即剪切速率越大 b 值越低，且能量释放越大 [83]。

7.5　结 果 讨 论

在较高的剪切速率下，声发射事件较少，并不是因为结构面表面的损伤少。相反，从图 7.5 和图 7.6 可以看出，在较高的剪切速率下，结构面会出现更广泛的损伤。相对于结构面在较低剪切速率下的缓慢变形，表面脆性和坚硬的起伏体没有足够的时间进行变形以适应在较高剪切速率下非常快的剪切位移。由于两个表面之间快速的相对错动，这些粗糙的表面起伏体被快速剪断。此外，由于较大起伏体在接触处受拉应力作用，结构面附近或结构面以下可能发生拉伸

断裂，释放出较大能量。当结构面剪切速率较低时，上下盘接触处的起伏体有更多的时间适应剪切变形、产生挤压，从而在剪切破坏过程中产生大量声发射事件。

除上述原因，其他外部因素也可能引起较高剪切速率下较少的声发射事件。首先，在剪切试验中，声发射系统的采样速率设置为 1 Msps，即每秒一百万次。更高的采样率可能更适合于高加载速率下剪切破坏的监测。另外，当剪切速率较高时，由于传感器贴在结构面附近，因此高剪切速率下结构面两侧发生局部剥落破坏 (图 7.5(c))。形成的裂缝会阻碍声发射信号的传输，导致声发射信号的衰减，甚至可能无法被传感器监测到，同样可以解释图 7.13 中不同传感器声发射撞击率曲线产生的一定的波动和差异性。

Wang 等 [110] 研究了不同剪切速率下水泥砂浆结构面的声发射特性，得出声发射计数和能量与剪切速率成反比的结论。然而，在本研究中我们发现，能量释放随着剪切速率的增加而增加。两者得出不同结论的主要原因可能是不同材料所致。本研究采用强脆性花岗岩 (单轴抗压强度为 199 MPa) 劈裂制作相互吻合的粗糙结构面。在 Wang 等 [110] 的研究中，采用砂浆材料复制结构面，峰值抗剪强度后剪切应力基本保持不变，无明显的弱化现象，而本研究中花岗岩结构面峰后均出现不稳定黏滑现象。这一分析表明，相似材料制成的复制结构面可能不能完全代表硬岩石结构面的力学性能 [217]。因此，基于砂浆等相似材料获得的研究结果应用于高应力的深埋硬岩岩体工程时应考虑材料的影响。

7.6 主要结论

采用劈裂形成的花岗岩结构面，在不同法向应力 (3 MPa、10 MPa、20 MPa 和 40 MPa) 下，进行了不同剪切速率 (0.001~0.1 mm/s) 时的直剪试验，分析讨论了剪切速率对剪切强度、峰后剪切行为和声发射特性的影响。通过本研究可以得出以下结论。

(1) 在 3~40 MPa 的正应力范围内，随着剪切速率的增加，花岗岩结构面的峰值剪切强度和残余剪切强度均呈下降趋势。所有花岗岩结构面峰后摩擦阶段都发生黏滑现象。随着剪切位移和法向应力的增加，黏滑过程中的应力降有增大的趋势。剪切速率影响黏滑过程中应力降的幅度和时间间隔。剪切速率越大，应力降值越小，但应力降频率越高。剪切速度越快，结构面的损伤越严重。

(2) 剪切速率对声发射特性有较大影响。随着剪切速率的增加，声发射事件数减少，能量率增加。在较低的剪切速率下，粗糙的起伏体有相对充足的时间适应变形，因此产生更多的声发射事件。相比之下，在结构面上下盘快速相对运动下，起伏体不能适应非常快的剪切位移，瞬间被剪切掉，导致声发射事件减少，能量释放更强烈。

(3) 在对数坐标中，声发射 b 值随剪切速率呈线性减小，高法向应力下的剪切速率变化比低法向应力下的剪切速率变化对声发射 b 值的影响更加明显。b 值能反映花岗岩结构面动态剪切破坏过程中的能量释放演化过程，是预测花岗岩结构面动态剪切破坏的有效指标。

第 8 章　粗糙结构面的冲击剪切强度特性

8.1　引　　言

剪切速率是影响岩体结构面的主要因素之一，第 7 章及以往的研究中主要针对中低剪切加载速率或准静态 (应变率 $10^{-8}\ \mathrm{s}^{-1} < \dot{\varepsilon} < 10^{-1}\ \mathrm{s}^{-1}$) 和中应变率 ($10^{-1}\ \mathrm{s}^{-1} < \dot{\varepsilon} < 10^{1}\ \mathrm{s}^{-1}$) 条件下，不同剪切速率对岩石结构面剪切力学性质及损伤规律的研究。随着众多工程向地球深部进军，深部资源开采中涉及的爆破以及大埋深隧道建设中可能发生的岩爆都不可避免地会对岩体结构面产生瞬时冲击荷载并造成强扰动。而这类强扰动的应变率已属高应变率 ($10^{1}\ \mathrm{s}^{-1} < \dot{\varepsilon} < 10^{4}\ \mathrm{s}^{-1}$) 范畴。冲击荷载作用下的剪切力学性质与准静态荷载作用下的结构面剪切力学性质完全不同，已有中低剪切加载速率下的研究成果不足以用于分析这种瞬态强扰动下结构面的剪切特性。所以，开展高加载速率下的结构面剪切特性研究意义重大。

目前，关于冲击荷载作用下的岩石结构面剪切力学的测试装置及监测手段均处于探索阶段，如何有效且准确地实现冲击荷载作用下结构面的剪切力学性质测定和分析成为主要的研究障碍。因此，本章旨在建立结构面冲击剪切试验系统，对不同粗糙结构面进行不同法向荷载和不同剪切载率下的冲击剪切试验，量化分析了粗糙度、法向荷载和冲击剪切载率对结构面动态抗剪强度的影响。同时，基于试验结果，进一步分析了抗剪强度参数的率效应，给出了考虑率效应的结构面动态抗剪强度准则及相应的损伤本构模型，并对其进行了验证。研究成果对揭示高加载速率条件下结构面的强度演化及岩体结构面失稳灾变机理有指导意义。

8.2　试样准备及试验系统

本书选用质地均匀，平均粒径为 350 μm 的细粒白色大理岩为试验材料。从宏观角度，对其基本力学特性进行测定，如图 8.1 为三个大理岩试样的应力-位移曲线，得到大理岩的平均单轴抗压强度为 62.80 MPa，其余力学参数如表 8.1 所示。从微观角度，使用扫描电子显微镜 (SEM) 对大理岩进行分析 (图 8.2)，其主要组成元素为 O (48.86%)，Ca (25.50%)，Mg (12.06%) 和 Si (7.47%)。

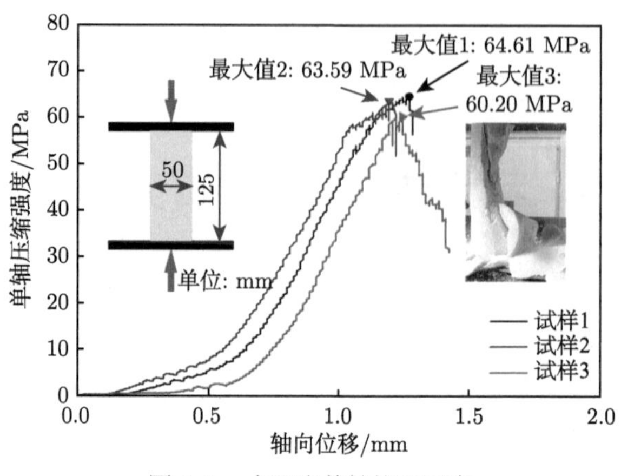

图 8.1 大理岩单轴抗压强度

表 8.1 大理岩的基本力学参数

性质	密度/(kg/m^3)	杨氏模量/GPa	泊松比	单轴抗压强度/MPa	P 波速度/(m/s)	S 波速度/(m/s)
数值	2720	73	0.31	62.8	6099.22	3200.56

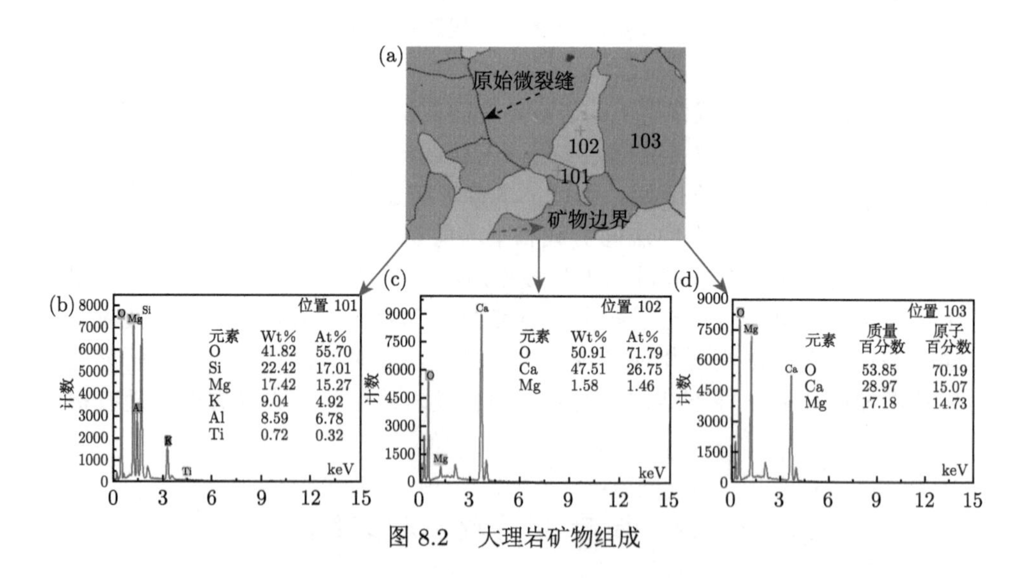

图 8.2 大理岩矿物组成

本试验旨在研究粗糙结构面的冲击剪切特性，包括其冲击剪切强度和剪切损伤过程。为了保证试验的重复性和影响因素的可控性，本试验选用 Barton 给出的 JRC 标准剖面线 (表 8.2) 制备不同粗糙结构面试样，具体方法如下。

首先，对 JRC 标准节理轮廓线进行数字化表达。本书利用 Getdata 软件，获取 JRC 标准曲线，设置采样间距为 0.5 mm，借助软件中内置的“数字化区域”功能，可以实现 Barton 和 Choubey[179] 论文中 10 条 JRC 标准节理轮廓线数据信息的获取。

表 8.2 十条标准节理轮廓线 [179]

序号	岩性	标准节理轮廓线	JRC值
1	板岩		0~2 (0.4)
2	半花岗岩		2~4 (2.8)
3	片麻岩		4~6 (5.8)
4	花岗岩		6~8 (6.7)
5	花岗岩		8~10 (9.5)
6	角页岩		10~12 (10.8)
7	半花岗岩		12~14 (12.8)
8	半花岗岩		14~16 (14.5)
9	角页岩		16~18 (16.7)
10	滑石		18~20 (1.87)
		0 5 10 cm	标尺

其次，根据获取的 JRC 标准节理轮廓曲线，确定试件加工时所使用的曲线轮廓。因为 JRC 标准节理轮廓曲线的长度是 100 mm，而本书中所使用的试件的长度是 230 mm，所以应对获取的原始 JRC 标准节理轮廓曲线进行比例缩放，本书采用 AutoCAD 实现上述要求，得到的试件示意图如图 8.3(a-1)~(e-1) 所示。然后根据确定的试件示意图使用数控水刀进行试件的加工，选择 JRC 等级分别为表 8.2 中序号 1，2，3，4，5 的粗糙度用于研究结构面粗糙度对其冲击剪切特性的研究，同时选择 JRC 等级为 4 的粗糙度用于研究加载率和法向荷载对剪切特性的影响。试件尺寸为 230 mm×65 mm×10 mm，加工完成的试件实物图如图 8.3 所示。需要说明的是，为了保证试样的一致性，所有试样的原材料取自同一块大理岩。加工完成的试样，满足试样表面平整度和光滑度的要求。

结构面冲击剪切试验系统，需在保证施加冲击剪切荷载的同时完成法向荷载的加载，同时还需确保试验过程中不同参数的采集，所以本书基于传统霍普金森杆 (SHPB) 进行修改，搭建可实现结构面冲击剪切的双轴霍普金森杆试验系统 [133]，设备示意图和主要组成部分如图 8.4 所示。试验系统主要包括由气枪、子弹以及入射杆组成的动态加载装置，由液压泵、液压加载头及相应加载适配头组成的法向加载装置，由应变片、继电器盒、波形整形器和示波器组成的波形记录装置。

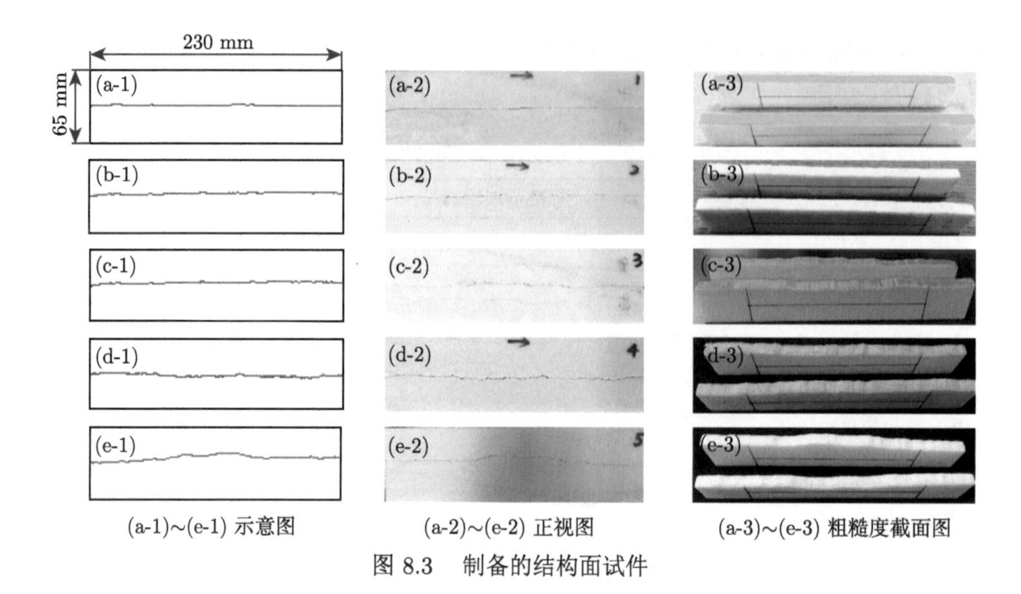

图 8.3　制备的结构面试件

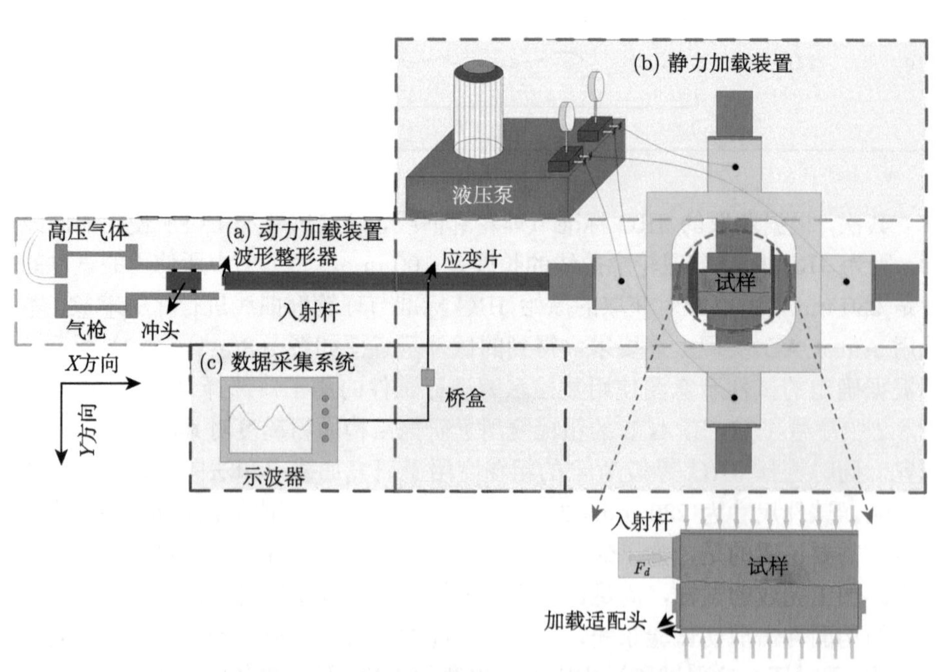

图 8.4　结构面冲击剪切试验系统示意图

首先，动态加载装置，该部分沿用传统霍普金森杆的冲击加载方法，主要包括气枪、子弹以及入射杆等组件，气枪推动子弹撞击入射杆进而冲击结构面试件，完成冲击荷载的加载。需要说明的是，为了保证冲击荷载的全断面加载，在该装置中设计了全断面加载夹具置于入射杆和试件撞击处。本试验中使用的是霍普金森杆系统，杆的材料为马氏体钢，屈服强度为 2.5 GPa，其性质参数如表 8.3 所示。

表 8.3 霍普金森杆试验系统参数 [220]

性质	单位	数值
入射杆直径	mm	25.4
入射杆长度	mm	1830
子弹长度	mm	200
杨氏模量	GPa	200
密度	kg/m^3	7850
波速	m/s	5107

其次，剪切系统是整个试验装置的核心，如何在施加冲击剪切荷载的同时完成法向荷载的加载是现存冲击系统面临的主要问题。针对该问题，本装置设计了双轴加载系统，在加载冲击荷载的同时，通过液压泵施加法向荷载 (最大可达 130 kN)，压力方向垂直于杆方向。为保证压力均匀施加，设计了相应的加载适配头。

另外，在试验过程中，通过粘贴在入射杆上的应变片记录应力波的传递过程，同时结合示波器实现波形的采集和分析。当撞击杆冲击入射杆时，会在入射杆内产生一个压缩波，通过入射杆上的应变片记录入射波信号。在本试验中，应变片粘贴在距离试件入射杆界面端约 1008.5 mm 处，为减少采集数据的误差，将应变片按照 180° 成对粘贴。试验中所用示波器为四通道，时间间隔设为 10^{-8} s。

基于上述冲击加载系统、法向加载装置以及数据采集设备，搭建了可实现结构面动态剪切的双轴霍普金森杆试验系统。由于该试验系统是基于霍普金森杆建立的，所以从整个试验系统方面，需满足一维应力波的传播假定，即杆在变形时横截面保持为平面，沿截面只有均匀分布的轴向应力。为了满足上述假定，目前主要采用两种方式：一种是改进试验技术，例如采用波形整形器；另一种是修正试验数据，该方法操作复杂且易引起新的误差 [221–223]。所以，改进试验技术是被广泛采用的处理措施，而添加波形整形器以其方便的操作和较好的试验修正结果被视为试验技术改进的一个重要途径。入射波整形技术是通过在入射杆撞击端粘贴一个整形器，使撞击时子弹先撞击整形器，在整形器变形的同时，将应力波传入入射杆，其工作原理是通过过滤加载波中的高频波，使试验过程中达到常应变率加载。所以，为了试验数据合理性，本试验使用了厚度为 1 mm、直径为 8.4 mm 的 AC1100 紫铜片为波形整形器，整形前后的波形图如图 8.5 所示。可以看出，图 8.5(a) 的波形为近似梯形，没有明显的峰值点，不利于本研究中抗剪强度的确定，使用波形整形器，获取如图 8.5(b) 所示的钟形波形，满足试验研究需求。

图 8.5(b) 所示波形属于电压信号，须通过公式 (8.1) 将入射和反射电压信号

输出为相应应变 [221]：

$$\begin{aligned}\varepsilon_i(t) &= \frac{2\Delta U_i(t)}{K_1 K_2 U_0} \\ \varepsilon_r(t) &= \frac{2\Delta U_r(t)}{K_1 K_2 U_0}\end{aligned} \tag{8.1}$$

式中，$\varepsilon_i(t)$ 为入射应变，$\varepsilon_r(t)$ 为反射应变，$U_i(t)$ 为入射电压，$U_r(t)$ 为反射电压，K_1 为应变片灵敏系数，K_2 为应变仪放大系数，U_0 为输入电压。

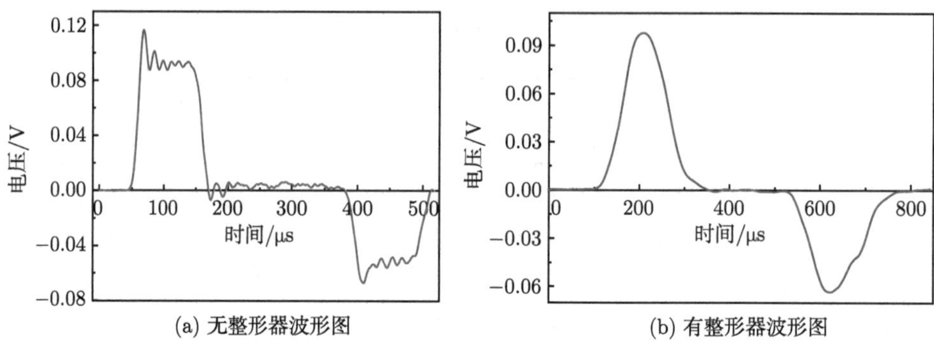

(a) 无整形器波形图　　(b) 有整形器波形图

图 8.5　典型波形图

通过获取的入射和反射应变，可确定入射应力 σ_i 和反射应力 σ_r：

$$\begin{aligned}\sigma_i(t) &= E\varepsilon_i(t) \\ \sigma_r(t) &= E\varepsilon_r(t)\end{aligned} \tag{8.2}$$

式中，E 为杆的杨氏模量。

同时，根据一维应力波理论，入射力、反射力及杆对试件的瞬态加载力分别为

$$\begin{aligned}F_i &= \sigma_i(t)A \\ F_r &= \sigma_r(t)A \\ F &= \sigma(t)A = A\left[\sigma_i(t) + \sigma_r(t)\right]\end{aligned} \tag{8.3}$$

式中，A 为杆的截面积。

进而可确定试件所受冲击剪切应力为

$$\tau = \frac{F}{A_s} \tag{8.4}$$

式中，A_s 为试件剪切面面积。

另外，对于动态试验，加载率的确定是必不可少的工作，确定方法如图 8.6 所示，通过最小二乘法计算应力-时间曲线图中入射上升段的斜率，将该斜率定义为加载率 [221,224,225]。

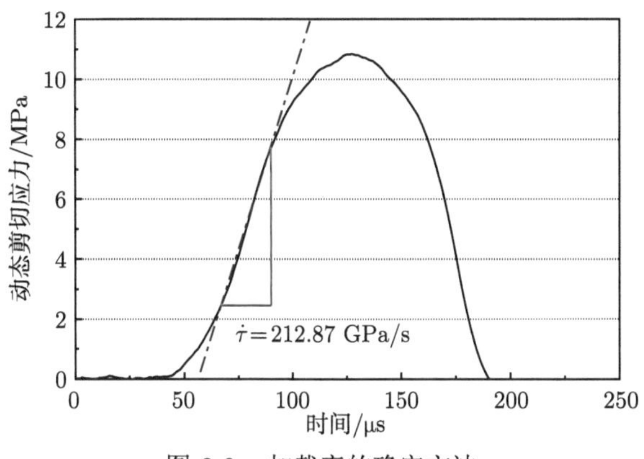

图 8.6 加载率的确定方法

为研究冲击荷载下结构面的剪切强度特性，本书将对具有不同粗糙度的结构面进行不同加载率 (或剪切速率) 和不同法向应力下的冲击剪切试验。试验中使用 Barton 定义的 JRC 来描述粗糙度，采用的粗糙度系数分别为 0.4，2.8，5.8，6.7 和 9.5。法向应力是根据试件所用材料的单轴抗压强度确定的，分别为 $0.05\sigma_c$，$0.10\sigma_c$，$0.15\sigma_c$，$0.20\sigma_c$ 和 $0.25\sigma_c$。加载率主要分布在 100~700 GPa/s 范围内，具体的试验计划如表 8.4 所示。

表 8.4 冲击荷载下结构面剪切强度试验计划

粗糙度系数	法向荷载/MPa	剪切速率/(m/s)	加载率/(GPa/s)
0.4, 2.8, 5.8, 6.7, 9.5	3.14	5.27	
6.7	3.14		117, 158, 213, 242, 279, 311, 386, 480, 557, 624
6.7	6.28		125, 145, 179, 240, 271, 288, 367, 478, 566, 607
6.7	9.42		124, 187, 211, 228, 273, 286, 378, 536, 638, 726
6.7	12.56		111, 147, 184, 230, 279, 294, 323, 379, 493, 677
6.7	15.70		133, 168, 202, 279, 321, 383, 509, 566, 634, 705

8.3 冲击荷载下粗糙结构面的抗剪强度特性

8.3.1 粗糙度对冲击剪切强度的影响

为研究粗糙度对结构面动态剪切特性的影响，对粗糙度系数分别为 0.4、2.8、5.8、6.7 和 9.5 的结构面进行法向荷载为 3.14 MPa、剪切速度为 5.27 m/s 的冲击剪切试验，所得典型波形图如图 8.7 所示。由于试验中采用了相似的剪切速率，所以入射波的波形和幅值基本相同，但同时由于结构面粗糙度的不同，使反射波存在显著差异，反射波的波形类似但幅值不同，随着粗糙度的增大，反射波的幅值变小。而根据霍普金森杆系统的工作原理可知，入射波与反射波之间的幅值差可反映被测材料的强度性能，所以从波形可近似判断，在冲击荷载下随着粗糙度的增大，剪切强度呈上升趋势。

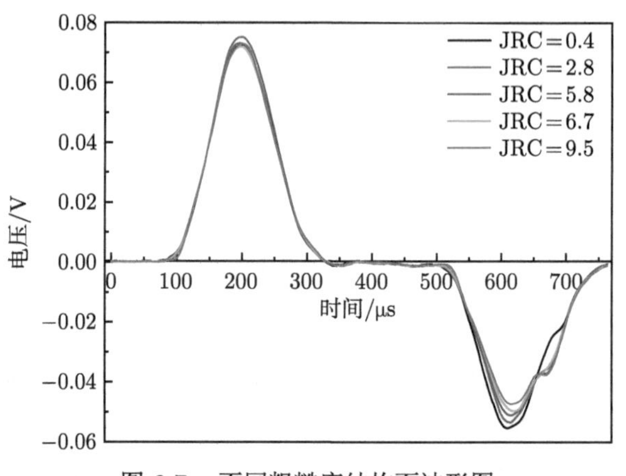

图 8.7 不同粗糙度结构面波形图

图 8.8 为不同粗糙度结构面的应力时程曲线。当应力波到达试件时，应力很小；此后，随着应力波的传递，剪切应力急剧增长，持续增长至其最大值后发生剪切应力的降低，最后减小至零。显然，在应力时程曲线上存在应力峰值，将峰值剪切应力定义为结构面的抗剪强度，可以得到当 JRC 分别为 0.4，2.8，5.8，6.7 和 9.5 时，抗剪强度分别为 7.73 MPa，8.64 MPa，9.02 MPa，9.41 MPa 和 9.69 MPa。如图 8.8(f) 所示，随着粗糙度系数的增加，结构面的冲击剪切强度增大，并且它们之间的关系可使用最小二乘法进行线性拟合，即抗剪强度随粗糙度系数呈线性增长。另外，随着粗糙度系数的增大，抗剪强度增加的趋势趋于平缓，增加速率降低。

为进一步分析粗糙度对结构面冲击抗剪强度的影响，通过获取的不同粗糙度系数结构面剪切强度的空间分布 (图 8.9)，以及根据波在结构面内的传递过程，分析了时间点为 288 μs，304 μs，320 μs，336 μs，352 μs 时结构面的剪切应力分布。从图 8.9 可以看出，具有不同粗糙度的结构面遵循类似的应力变化过程，但应力的大小和方向显著不同。随着粗糙度系数的增加，剪切应力整体呈增大趋势。同时，在结构面凸起的位置，剪切应力增大。

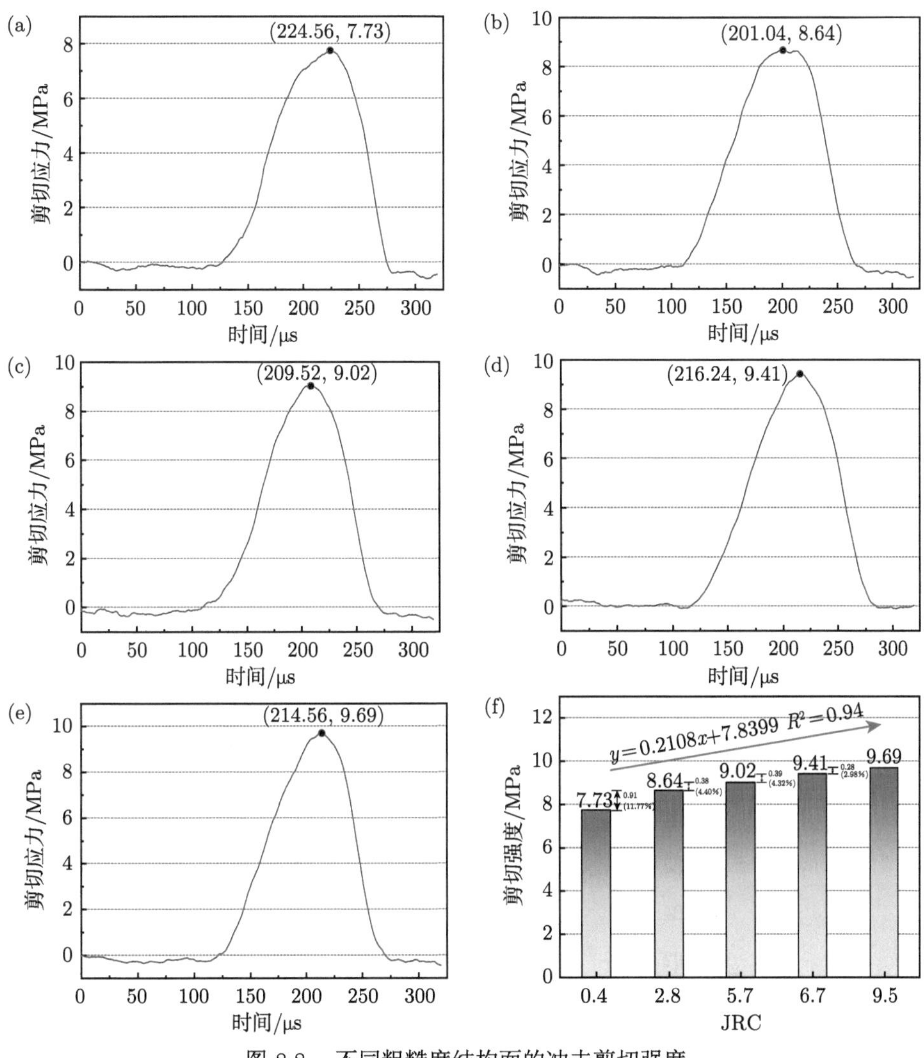

图 8.8 不同粗糙度结构面的冲击剪切强度

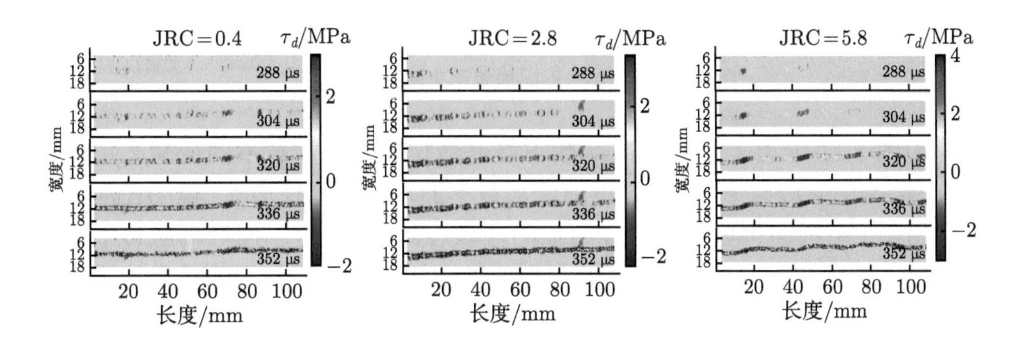

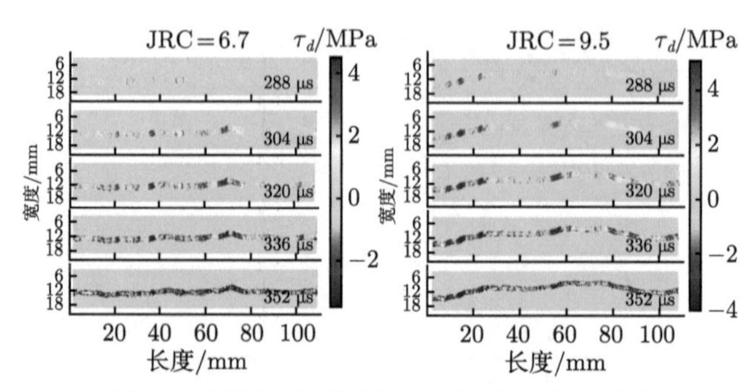

图 8.9　不同粗糙度结构面剪切应力分布云图

8.3.2　加载率对冲击剪切强度的影响

在动态试验中，加载率作为重要的动态表征参数，其对结构面的冲击剪切特性有着不容忽视的影响。如图 8.10 为粗糙结构面 (粗糙度系数为 6.7) 在给定法向荷载下 (12.56 MPa)，不同加载速率 (125 GPa/s，145 GPa/s，179 GPa/s，240 GPa/s，271 GPa/s) 时的波形图。试验中的不同加载速率决定了入射波和反射波具有相似的波形不同的幅值，随着加载率的增大，入射波和反射波的幅值增大。通过 SHPB 系统的工作原理可知，入射波与反射波的变化反映了材料的性质，所以可以判断，在冲击荷载下结构面的剪切强度具有率效应。

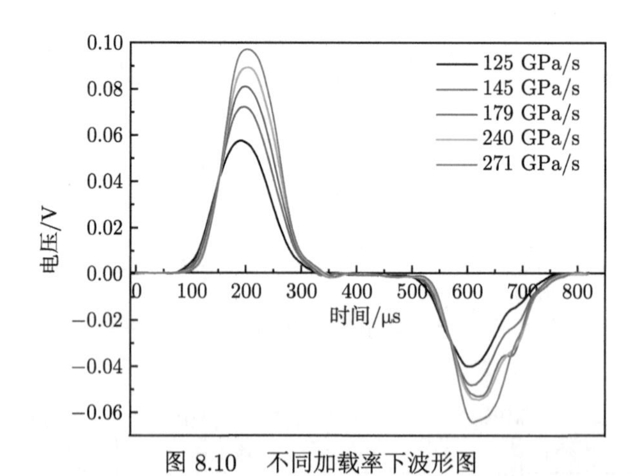

图 8.10　不同加载率下波形图

如图 8.11 给出了不同法向荷载下峰值剪切应力随加载率的变化。可以发现，在给定法向应力下，抗剪强度随着加载率的增大呈线性增大，说明在冲击荷载作用下，结构面抗剪强度存在明显的率效应。并且，对不同法向应力下的结构面抗剪强度分析可得，抗剪强度与加载率之间的关系可使用线性表达式进行描述。

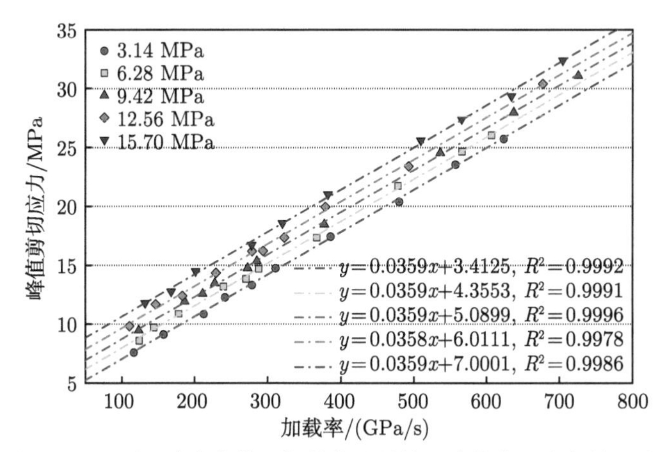

图 8.11 不同法向荷载下加载率对结构面峰值剪切应力的影响

8.3.3 法向荷载对冲击剪切强度的影响

为了研究法向应力对结构面冲击剪切强度的影响，试验中需控制加载率为不变值，而对于动态试验，设定加载率为恒定值是既耗时耗材又很难完成的操作。但是，通过 8.3.2 节的研究分析发现，对于给定的法向应力，抗剪强度和加载率之间的关系可使用线性表达式描述，所以可使用差值方法给出特定加载率下结构面的抗剪强度。在本试验中，加载率集中分布在 100~700 GPa/s，选取 5 个具有代表性的加载率 (200 GPa/s，300 GPa/s，400 GPa/s，500 GPa/s 和 600 GPa/s)，研究法向应力对剪切强度的影响。

如图 8.12 所示，分析了冲击荷载下，法向应力对结构面抗剪强度的影响。可以发现，在给定的加载率下，抗剪强度随着法向应力的增大呈线性增大。同时，通过对不同加载率下结构面的抗剪强度分析可得，抗剪强度与法向应力之间的关系可进行线性表达。

另外，对比加载率和法向应力对抗剪强度的影响，可以发现，抗剪强度均随加载率和法向应力的增加而增大，但增长的幅度不同。例如，当法向应力为 15.70 MPa 时，随着加载率从 200 GPa/s 增加到 600 GPa/s，抗剪强度从 14.18 MPa 增加到 28.54 MPa；而在加载率为 600 GPa/s 时，随着法向应力从 3.14 MPa 增加到 15.7 MPa，抗剪强度从 24.95 MPa 增加到 28.54 MPa。可以得到，在加载率从 200 GPa/s 增加到 600 GPa/s 的过程中，抗剪强度增加了 101.27%；而在法向应力从 3.14 MPa 增加到 15.7 MPa 的过程中，抗剪强度增加了 14.39%。所以，对比法向应力对抗剪强度的影响，加载率对抗剪强度的影响更显著。从图 8.12 可以看出，除了上述给出的代表性加载情况外，其他加载条件下的试验结果符合相同的规律。

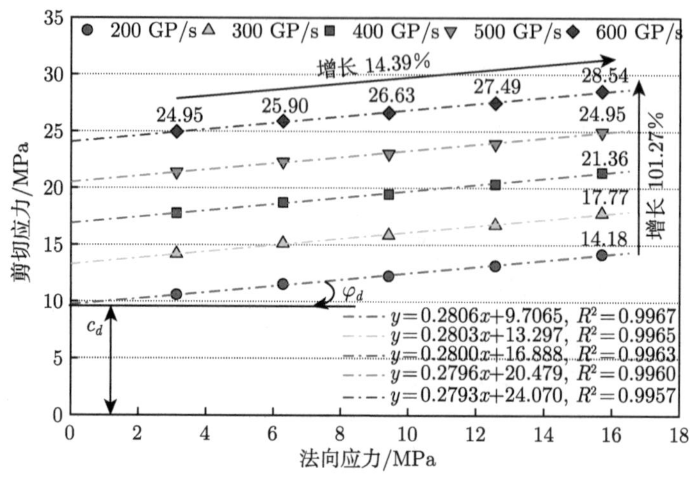

图 8.12　法向应力对结构面抗剪强度的影响

8.4　抗剪强度参数的率效应分析

结构面的抗剪强度参数黏聚力和内摩擦角是结构面抗剪强度的主要组成部分。通过对图 8.12 的进一步分析，使用最小二乘法对试验数据点进行数据拟合，得到不同加载率下结构面的法向力和剪切力之间的数量关系，结合库仑准则，给出结构面黏聚力和内摩擦角的确定方法。如图 8.12 所示，在剪切应力-法向应力曲线中，认为曲线的斜率为内摩擦角的正切值，截距代表黏聚力的大小。在本试验中，不同加载率下的剪切应力-法向应力曲线近似相互平行，截距互不相等。所以，基于对黏聚力和内摩擦角的定义，可以发现，结构面的黏聚力具有明显的率效应，而内摩擦角可认为率无关。基于此，进一步量化加载率对抗剪强度参数的影响。

如图 8.13 所示，当加载率从 200 GPa/s 增加到 600 GPa/s 时，黏聚力 (c_d) 从 9.71 MPa 增加到 24.07 MPa，而该过程中，内摩擦角 (φ_d) 基本保持为 15.64°。显然，黏聚力的大小受加载率的影响，而内摩擦角几乎不受影响。根据库仑准则，可以确定黏聚力与加载率之间的关系，如式 (8.5)：

$$\tau_d = c_d + \sigma_n \tan \varphi_d \tag{8.5}$$

式中，τ_d 为动态剪切应力，σ_n 为法向应力，c_d 为动态黏聚力，φ_d 为动态内摩擦角。

通过表达式 (8.5) 可知，法向应力为 0 时的抗剪强度等于黏聚力。在试验中，将法向力设为 0，得到抗剪强度 (黏聚力) 与加载率之间的关系，如图 8.14 所示。可以发现，动态黏聚力随着加载率的增大呈线性增大，并可用线性表达式描述，如

式 (8.6) 所示：

$$c_d = \alpha\dot{\tau} + c_0 \tag{8.6}$$

式中，c_d 为动态黏聚力，$\dot{\tau}$ 为加载率，c_0 为初始黏聚力，α 为率效应系数。基于本试验数据可得，初始黏聚力为 2.5422 MPa，率效应系数为 0.00359 MPa/(GPa/s)，需要说明的是，该试验值只适应于本书所使用的试验材料和加载条件。

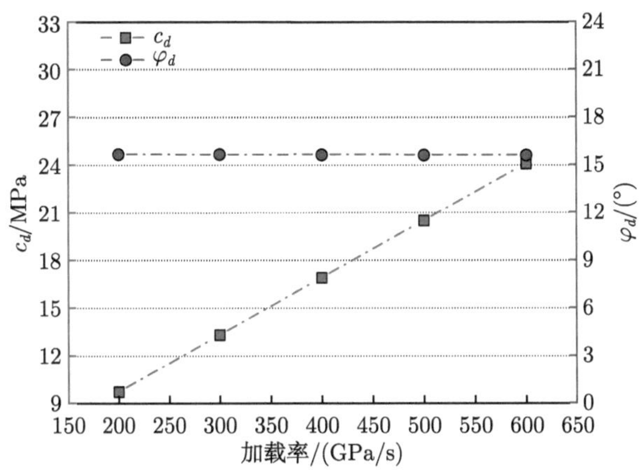

图 8.13 加载率对抗剪强度参数的影响

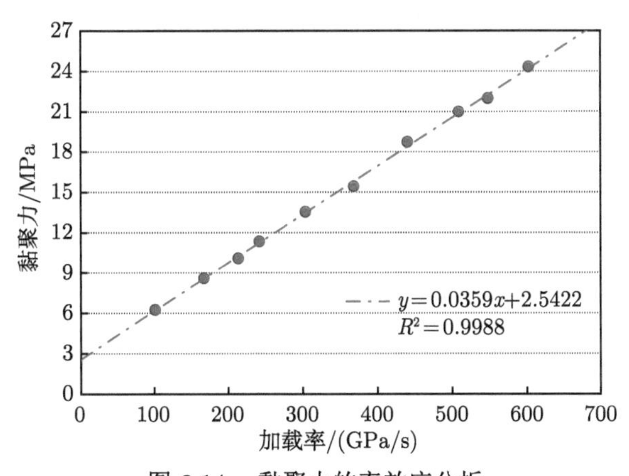

图 8.14 黏聚力的率效应分析

另外，由于黏聚力具有明显的率效应，所以不同于结构面的静态剪切特性 (对于无充填结构面，认为黏聚力为 0)，在冲击荷载作用下，不能忽略黏聚力对其抗剪强度的贡献。值得注意的是，通过获得的试验数据分析结果，可以发现，本试验所获得的黏聚力值偏大，这种现象可能与实验设备和加载条件有关。在试验开始时，法向荷载由液压泵控制并施加到试件，根据试验计划，将法向荷载加载到设定值。但是，冲击荷载施加过程中，结构面滑移产生剪胀，使法向应力瞬时增加，产生压缩波 P_i，如图 8.15(a) 所示。同时，因为加载活塞的刚度远大于岩体的刚度，所以一部分压缩波反射到结构面，产生附加法向压力 P_r，如图 8.15(a) 所示。而根据 8.3.2 节和 8.3.3 节的分析结果，结构面的抗剪强度随着法向荷载和加载率的增大而线性增大，并且抗剪强度的增大主要表现为黏聚力的增大。因此，冲击荷载下结构面滑移产生的剪胀导致了法向应力的瞬时增加，引起了本试验中所得黏聚力值偏大。其次，试验的测试条件和实际工程条件的差异也可能导致黏聚力的不同。实际工程条件下，认为岩体是无限延伸的，没有边界，所以压缩波不会被反射，如图 8.15(b) 所示，从而实际工程条件下的黏聚力将小于实验室所得的数值。

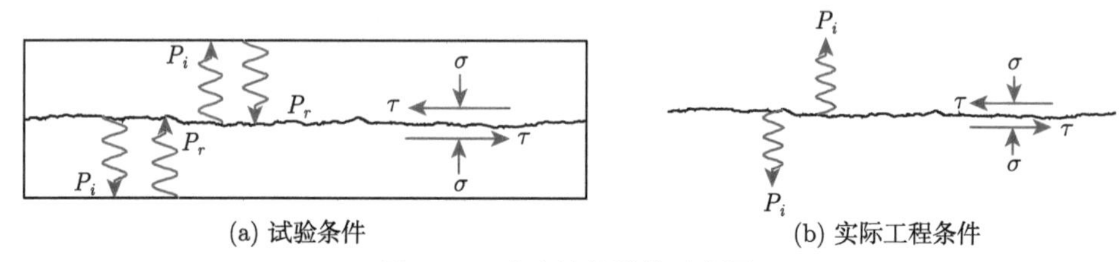

(a) 试验条件　　　　(b) 实际工程条件

图 8.15　应力波传递的示意图

8.5　冲击抗剪强度准则的建立与验证

通过 8.4 节得到黏聚力具有明显的率效应，同时内摩擦角率无关。所以，基于对抗剪强度参数黏聚力和内摩擦角率效应的分析，考虑黏聚力与加载率之间的关系 (如式 (8.5))，结合库仑准则 (如式 (8.6))，建立冲击荷载下结构面的抗剪强度准则，如式 (8.7)：

$$\tau_d = \sigma_n \tan\varphi_d + 0.0359\dot{\tau} + 2.5422 \tag{8.7}$$

需要注意的是，粗糙度作为影响结构面抗剪强度的重要因素之一是抗剪强度准则中不可忽视的一部分，并且在 8.3.1 节的研究中也已表明粗糙度对冲击荷载下结构面的抗剪强度有显著的影响。而 Barton 模型是被广泛应用的考虑结构面粗糙度的抗剪强度准则，如式 (8.8)：

$$\tau = \sigma_n \tan\left[\mathrm{JRC}\lg\left(\frac{\mathrm{JCS}}{\sigma_n}\right) + \varphi_b\right] \tag{8.8}$$

式中，τ 为结构面抗剪强度，σ_n 为法向应力，JRC 为结构面粗糙度系数，JCS 为结构面岩壁抗压强度，φ_b 为基本摩擦角。

另外，由于动态内摩擦角是率无关的，可被视为常数，即不考虑加载率的影响，所以本研究中沿用 Barton 准则中对内摩擦角的描述。综合公式 (8.7) 和 (8.8)，建立可描述冲击荷载下结构面剪切行为的抗剪强度准则为

$$\tau_d = \sigma_n \tan\left[\mathrm{JRC}\lg\left(\frac{\mathrm{JCS}}{\sigma_n}\right) + \varphi_d\right] + 0.0359\dot{\tau} + 2.5422 \tag{8.9}$$

需要说明的是，该强度准则是综合理论模型和试验分析结果建立的，所以具有一定的应用局限性。首先，本书所采用的法向荷载选取了 0.05，0.10，0.15，0.20 和 0.25 倍的白色大理岩 (试验中所用材料) 单轴抗压强度，因为 Barton 所给结构面抗剪强度准则限于法向荷载低于 $0.3\sigma_c$，而本书所给强度准则中，沿用 Barton 准则中对内摩擦角的描述，所以确定了上述法向荷载值，同时，限定了本书所给强度准则仅适用于低法向荷载的加载条件。此外，本试验所用加载率主要集中在 100~700 GPa/s 范围，因为对于本试验所采用的试验材料 (白色大理岩)、试样尺寸 (长 × 宽 × 高 = 230 mm×10 mm×65 mm) 以及结构面的粗糙度 (JRC = 6.7)，如果加载率过低，不足以使结构面滑动，而当加载率过高时，将致使与入射杆接触的岩体，在撞击端发生压碎，从而影响其剪切特性。所以本书对结构面抗剪强度以及抗剪强度参数率效应的分析，局限在加载率 100~700 GPa/s 范围内。根据上述情况说明，本书所建立的冲击荷载下结构面的抗剪强度准则，为冲击荷载下结构面的抗剪强度预估提供了一个理论思路，但预估值只适用于本书所给加载条件和试验材料。为了验证所建立强度准则的正确性和适用性，对比分析不同加载条件下结构面抗剪强度的理论预估值和试验值，如表 8.5 所示。

通过建立的强度准则 (公式 (8.9)) 计算不同加载条件下 (加载率分别为 200 GPa/s, 300 GPa/s, 400 GPa/s, 500 GPa/s 和 600 GPa/s，法向力分别为 3.14 MPa，6.28 MPa，9.42 MPa，12.56 MPa 和 15.7 MPa)，结构面试件的抗剪强度理论值。针对本试验的研究对象，公式 (8.9) 中各参数的确定方法为：由于试验中选择粗糙度等级为 4 的结构面试件，所以其 JRC = 6.7；将所测单轴抗压强度确定为岩壁的强度，即 JCS = 62.8 MPa；将法向力和剪切力曲线斜率确定为内摩擦角的正切值，考虑其不具有率效应，所以本研究中视其为常数，取不同加载率下的平均值作为实际值，即 $\varphi_d = 15.64°$，加载率通过最小二乘法计算试验所获得的时间-应力曲线入射上升段的斜率确定。通过上述各参数的确定，使用公式 (8.9) 计算的各加载条件下的抗剪强度值与试验测得的抗剪强度，如表 8.5 所示。可以发现，抗剪强度的理论计算值和相应试验值的平均误差为 5.04%，最大误差为 9%，所以本书所给强度准则可较准确地预估冲击荷载下结构面的抗剪强度。

进一步分析，从图 8.16 可知，抗剪强度的理论值略大于试验值，该现象可能是由黏聚力引起的。在理论模型建立的过程中，应用了黏聚力与加载率之间的关系，

表 8.5　抗剪强度的试验值和理论预估值

法向应力/MPa	加载率/(GPa/s)	试验值 (T)/MPa	理论预估值 (C)/MPa	(C-T)/T
3.14	200	10.59	11.13	0.05
	300	14.18	14.72	0.04
	400	17.77	18.31	0.03
	500	21.36	21.90	0.03
	600	24.95	25.49	0.02
6.28	200	11.54	12.27	0.06
	300	15.13	15.86	0.05
	400	18.72	19.45	0.04
	500	22.31	23.04	0.03
	600	25.90	26.63	0.03
9.42	200	12.27	13.33	0.09
	300	15.86	16.92	0.07
	400	19.45	20.51	0.05
	500	23.04	24.10	0.05
	600	26.63	27.69	0.04
12.56	200	13.17	14.32	0.09
	300	16.75	17.91	0.07
	400	20.33	21.50	0.06
	500	23.91	25.09	0.05
	600	27.49	28.68	0.04
15.7	200	14.18	15.27	0.08
	300	17.77	18.86	0.06
	400	21.36	22.45	0.05
	500	24.95	26.04	0.04
	600	28.54	29.63	0.04

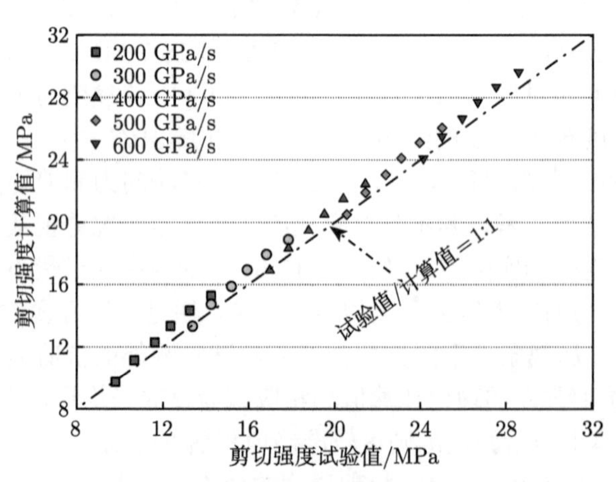

图 8.16　抗剪强度理论值和试验值对比分析

黏聚力与加载率之间的关系是基于法向应力为 0 时的试验数据确定的，而实际计算中法向应力分别取 3.14 MPa，6.28 MPa，9.42 MPa，12.56 MPa 和 15.7 MPa，并且通过 8.3.3 节的分析可得随着法向荷载的增大，结构面的抗剪强度线性增大，所以导致了理论抗剪强度预估值偏大。

8.6 冲击剪切损伤本构的建立与验证

8.6.1 基于微元强度随机分布的损伤本构

基于微元强度随机分布的损伤本构是通过采用统计学的方法对材料中存在的大量随机分布的缺陷进行定量分析的，进而研究这些缺陷对材料力学性质的影响。建立基于微元强度随机分布的损伤本构，主要工作是选择合适的可有效描述材料损伤特性的统计随机分布函数，现在的研究中主要采用幂函数分布、正态分布、对数正态分布和 Weibull 分布等统计学的模型对其进行描述 [226−229]。关于幂函数、正态分布函数、对数正态分布函数和 Weibull 分布函数及其相应的损伤模型，如表 8.6 所示。

表 8.6 基于微元强度随机分布的岩石损伤本构模型

随机分布函数	概率密度函数	岩石损伤变量 D	相应的损伤本构模型
幂函数分布	$P(F)=\frac{m}{F_0}\left(\frac{F}{F_0}\right)^{m-1}$	$D=\int_0^F P(x)\mathrm{d}x=\left(\frac{F}{F_0}\right)^m$	$\sigma_1=E\varepsilon_1\left[1-\left(\frac{F}{F_0}\right)^m\right]+\mu(\sigma_2+\sigma_3)$
正态分布	$P(F)=\frac{1}{S_0\sqrt{2\pi}}\cdot\exp\left[-\frac{1}{2}\left(\frac{F-F_0}{S_0}\right)\right]$	$D=\frac{1}{S_0\sqrt{2\pi}}\cdot\int_0^F\exp\left[-\frac{1}{2}\left(\frac{F-F_0}{S_0}\right)\right]\mathrm{d}x$	$\sigma_1=E\varepsilon_1\left\{1-\frac{1}{S_0\sqrt{2\pi}}\cdot\int_0^F\exp\left[-\frac{1}{2}\left(\frac{F-F_0}{S_0}\right)\right]\mathrm{d}x\right\}+\mu(\sigma_2+\sigma_3)$
对数正态分布	$P(F)=\frac{1}{FS_0\sqrt{2\pi}}\cdot\exp\left[-\frac{1}{2}\left(\frac{\ln F-F_0}{S_0}\right)^2\right]$	$D=\int_{-\infty}^F\frac{1}{xS_0\sqrt{2\pi}}\cdot\exp\left[-\frac{1}{2}\left(\frac{\ln F-F_0}{S_0}\right)^2\right]\mathrm{d}x$	$\sigma_1=E\varepsilon_1\left[1-\varphi\left(\frac{\ln F-F_0}{S_0}\right)\right]+\mu(\sigma_2+\sigma_3)$
Weibull 分布	$P(F)=\frac{m}{F_0}\left(\frac{F}{F_0}\right)^{m-1}\cdot\exp\left[-\left(\frac{F}{F_0}\right)^m\right]$	$D=\int_0^F P(x)\mathrm{d}x=1-\exp\left[-\left(\frac{F}{F_0}\right)^m\right]$	$\sigma_1=E\varepsilon_1\exp\left[-\left(\frac{F}{F_0}\right)^m\right]+\mu(\sigma_2+\sigma_3)$

各模型中，由于基于 Weibull 分布函数建立的损伤本构形式简单，物理意义明确，参数易于确定，所以在本研究中使用该分布函数进行结构面的剪切损伤特性描述。在进行损伤统计时，首先需设定损伤状态，例如，对于结构面，认为当剪切应力达到其峰值抗剪强度时即产生了损伤，所以通常使用结构面的抗剪强度准

则对损伤状态进行标定。另外，分布参数的确定直接影响损伤描述的准确度。对于结构面，其应力-位移曲线存在明显的极值特性，因此通常利用极值特点进行参数的确定。

8.6.2　冲击剪切统计损伤本构的建立

使用 Weibull 分布函数建立剪切损伤本构主要包括三部分：① 剪切损伤的统计描述；② 本构的建立；③ 模型参数的确定。

1. *动态剪切损伤的统计描述*

假设结构面微元抗剪强度符合两参数的 Weibull 分布，则其概率密度函数如式 (8.10)

$$p(F)=\frac{m}{F_0}\left(\frac{F}{F_0}\right)^{m-1}\exp\left[-\left(\frac{F}{F_0}\right)^{m}\right] \tag{8.10}$$

式中，$p(F)$ 为微元强度分布函数，F 为结构面微元强度，m 和 F_0 为 Weibull 分布参数。

所以冲击剪切下，结构面的损伤变量可表达为

$$D=\int_0^F p(x)\,\mathrm{d}x=1-\exp\left[-\left(\frac{F}{F_0}\right)^{m}\right] \tag{8.11}$$

在本研究中，结构面的损伤是由冲击荷载下其抗剪强度劣化引起的，所以本书中微元强度 F 为结构面动态抗剪强度，使用 8.3 节中建立的抗剪强度准则对其进行描述，所以本书将 F 定义为

$$F=\tau_d'-\sigma_n'\tan\left[\mathrm{JRC}\lg\left(\frac{\mathrm{JCS}}{\sigma_n'}\right)+\varphi_d\right]-0.0359\dot{\tau}-2.5422 \tag{8.12}$$

式中，τ_d' 为有效剪切应力，σ_n' 为有效法向应力。根据胡克定律和应变等价性假说，τ_d' 和 σ_n' 可分别表达为

$$\tau_d'=G\gamma \tag{8.13}$$

$$\sigma_n'=\frac{\sigma_n}{1-D} \tag{8.14}$$

式中，G 为剪切模量，γ 为剪切应变。

将公式 (8.13) 和 (8.14) 代入式 (8.12)，则

$$F=G\gamma-G\gamma\frac{\sigma_n}{\tau_d}\tan\left[\mathrm{JRC}\lg\left(\frac{\mathrm{JCS}\cdot\tau_d}{G\gamma\sigma_n}\right)+\varphi_d\right]-0.0359\dot{\tau}-2.5422 \tag{8.15}$$

2. 本构模型的建立

根据 Lemaitre 应变等价性假说和胡克定律 [230]，建立结构面损伤的基本本构模型如式 (8.16)

$$\tau = G\gamma(1-D) \tag{8.16}$$

将式 (8.11) 给出的损伤变量 D 代入式 (8.16)，则结构面剪切损伤本构可表达为

$$\tau = G\gamma \exp\left[-\left(\frac{F}{F_0}\right)^m\right] \tag{8.17}$$

基于微元强度 F 的表达式 (8.15)，得到结构面动态剪切损伤本构为

$$\tau_d = G\gamma \times \exp\left\{-\left[\frac{G\gamma - G\gamma\dfrac{\sigma_n}{\tau}\tan\left(\mathrm{JRC}\lg\left(\dfrac{\mathrm{JCS}\cdot\tau}{G\gamma\sigma_n}\right)+\varphi_d\right)-0.0359\dot{\tau}-2.5422}{F_0}\right]^m\right\} \tag{8.18}$$

3. 模型参数的确定

根据结构面应力-应变曲线的极值特性，确定 Weibull 分布参数 m 和 F_0。对于结构面的应力-应变曲线，通常是先上升，到达峰值应力后再下降，即具有明显的极值特性，在光滑的应力-应变曲线的峰值点处，导数为 0[226,231]。假设 τ-γ 曲线的峰值点为 (τ_p, γ_p)，则在该点满足：

$$\left.\frac{\partial \tau}{\partial \gamma}\right|_{\substack{\tau=\tau_p\\ \gamma=\gamma_p}} = 0 \tag{8.19}$$

同时，τ_p 和 γ_p 满足公式 (8.17)，即

$$\tau_p = G\gamma_p \exp\left[-\left(\frac{F_p}{F_0}\right)^m\right] \tag{8.20}$$

式中，F_p 满足

$$F_p = G\gamma_p - G\gamma_p\frac{\sigma_n}{\tau_p}\tan\left[\mathrm{JRC}\lg\left(\frac{\mathrm{JCS}\cdot\tau_p}{G\gamma_p\sigma_n}\right)+\varphi_d\right]-0.0359\dot{\tau}-2.5422 \tag{8.21}$$

联立公式 (8.19)~(8.21)，可确定 Weibull 分布参数 m 和 F_0 分别为

$$
\begin{aligned}
m = & -\frac{F_p}{\ln\left(\frac{\tau_p}{G\gamma_p}\right)\gamma_p\left\{G - G\frac{\sigma_n}{\tau_p}\left[\tan\left(\mathrm{JRC}\lg\left(\frac{\mathrm{JCS}\cdot\tau_p}{G\gamma_p\sigma_n}\right)+\varphi_d\right)\right.\right.} \\
& \times \frac{F_p}{\left.\left.-\frac{\mathrm{JRC}}{\ln 10}\sec^2\left(\mathrm{JRC}\lg\left(\frac{\mathrm{JCS}\cdot\tau_p}{G\gamma_p\sigma_n}\right)+\varphi_d\right)\right]\right\}}
\end{aligned} \tag{8.22}
$$

$$
F_0 = \frac{F_p}{\left(-\ln\frac{\tau_p}{G\gamma_p}\right)^{\frac{1}{m}}} \tag{8.23}
$$

同样，上述粗糙结构面的损伤本构模型类似于 8.3 节建立的抗剪强度准则 (如式 (8.9) 所示)，保留了 Barton 对粗糙度的量化指标 JRC。

8.6.3　冲击剪切统计损伤本构的验证

为了验证本书建立的本构模型的正确性和适用性，对比分析不同加载条件下结构面的应力-应变理论曲线和试验曲线。为了反映不同加载率和法向荷载下理论模型的适用性，选取加载率分别为 239.945 GPa/s，273.102 GPa/s 和 320.688 GPa/s，法向应力分别等于 6.28 MPa，9.42 MPa 和 15.7 MPa 加载条件下的结果进行分析。在获得理论模型曲线时，需先确定模型中的各参数，其确定方法与 8.5 节中的相同，对于上述加载条件下的各参数值，如表 8.7 所示。

表 8.7　损伤本构模型的参数确定

法向荷载/MPa	加载率/(GPa/s)	JCS/MPa	JRC	$\varphi_d/(^\circ)$	剪切模量/MPa	τ_p/MPa	γ_p	m	F_0
6.28	239.945	62.8	6.7	15.64	112.75	13.294	0.179	1.067	20.441
9.42	273.102	62.8	6.7	15.64	139.98	14.568	0.167	0.994	23.403
15.7	320.688	62.8	6.7	15.64	145.15	18.452	0.226	0.991	32.719

根据确定的各参数，绘制各加载条件下的理论曲线，试验曲线和理论计算结果的对比分析如图 8.17 所示。可以发现，理论应力-应变曲线和相应试验曲线具有较好的吻合性，可描述冲击荷载下结构面的剪切峰前行为，而且能较准确地估算结构面的峰值剪切应力。但是，对于峰后计算曲线，计算结果与试验数据之间存在差异，这可能与结构面的峰后破坏模式有关。而且，结构面的峰后破坏模式本质上是复杂的，涉及很多影响因素，例如，试验机的刚度、试样强度、各向异性、脆性和晶粒尺寸等。所以由于这种峰后剪切行为的复杂性，本模型无法进行较好的描述。

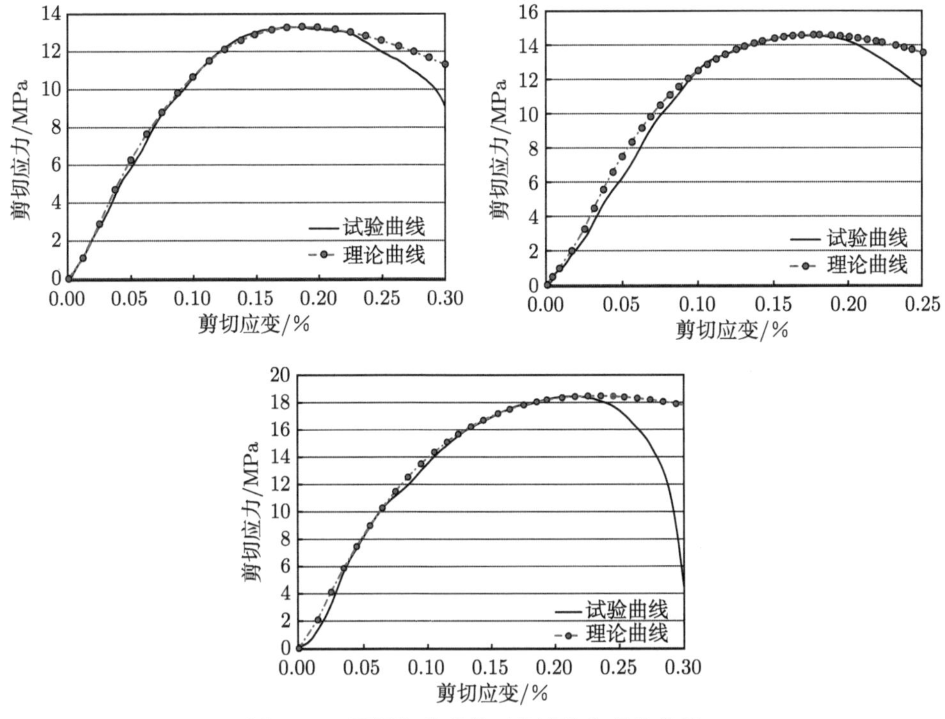

图 8.17 不同加载条件下的试验和理论曲线

8.7 主要结论

本章研究了冲击荷载下粗糙结构面的抗剪强度特性，分析了粗糙度、加载率和法向应力对抗剪强度的影响。同时，对抗剪强度参数的率效应进行分析，给出了可描述冲击荷载下结构面剪切行为的强度准则和损伤本构，具体得到以下结论：

(1) 粗糙度对结构面动态剪切强度有显著影响，随着粗糙度的增大，动态抗剪强度呈线性增大，并且增大的幅度呈减小趋势。

(2) 在给定的法向应力下，抗剪强度随着加载率的增大呈线性增大，说明在冲击荷载作用下，结构面抗剪强度存在明显的率效应。同时，在给定的加载率下，抗剪强度随着法向应力的增大呈线性增大。另外，对比法向应力对抗剪强度的影响，加载率对抗剪强度的影响更显著。

(3) 在不同加载率下抗剪强度参数黏聚力 (c_d) 随加载率的增大呈线性增大，而该过程中，内摩擦角 (φ_d) 基本保持不变。说明黏聚力具有明显的率效应，而内摩擦角可认为率无关。所以，不同于结构面的静态剪切特性，在冲击荷载下，不能忽略黏聚力对抗剪强度的贡献。

(4) 考虑加载率对结构面剪切特性的影响，建立了冲击荷载下结构面的抗剪强度准则并进行了验证，对比理论模型计算得到的抗剪强度值与相应试验值，其最大误差为 9%，说明本书所给强度准则可较好地描述冲击荷载下结构面剪切强度特征。

(5) 基于建立的强度准则，使用 Weibull 分布函数建立了结构面的剪切统计损伤本构，给出了可描述冲击荷载下结构面剪切损伤的理论模型。并对比理论应力-应变曲线和相应试验曲线，验证所给理论模型的正确性和适用性，结果显示两者具有较好的一致性，且所给模型不仅能较好地描述冲击荷载下结构面的剪切峰前行为，而且能较准确地估算结构面的峰值剪切应力。

第 9 章　粗糙结构面的冲击剪切变形特征

9.1　引　　言

第 8 章主要研究了粗糙结构面在冲击剪切荷载作用下的强度特征，但是剪切强度仅为岩体结构面力学性质的一个方面。结构面在外荷载作用下的变形演化规律对揭示岩体工程灾害的发生机理具有重要意义。声发射的采集频率和冲击荷载造成的噪声问题，导致采用的声发射监测技术对冲击剪切荷载作用下结构面的变形和损伤进行实时监测存在局限性。因此，为研究冲击荷载下结构面的变形特征，对本书第 8 章中建立的结构面冲击剪切试验系统进一步深化，添加了高速摄像装置和数字图像相关 (digital image correlation，DIC) 分析系统，进行了不同粗糙结构面在不同冲击剪切速率和法向应力条件下的结构面变形滑移试验。进一步分析了粗糙度、法向应力和冲击剪切速率对结构面滑移以及滑移速度的影响。为研究结构面在冲击荷载下的剪切滑移破坏模式，结合测试结果，给出了滑移过程的四阶段描述。同时，使用 SEM 微观分析手段，对冲击剪切后的结构面摩擦破裂面和岩壁内部进行了微观分析，最终确定了滑移破坏模式和剪切裂隙的扩展形态。研究结果对进一步揭示冲击剪切荷载作用下岩石结构面的滑移破坏机理有重要指导价值。

9.2　试验系统和试验方法

9.2.1　试验系统及其工作原理

为进行冲击荷载下结构面的剪切变形特征分析，在冲击剪切试验系统的基础上，需添加位移捕捉和分析系统，本研究中使用高速摄像机和散光灯进行试样的变形捕捉，通过 DIC 技术进行试样的变形分析，搭建完成的试验系统如图 9.1 所示。

在本试验中，所用超高速摄影系统为 FASTCAM SA1.1，采用的画幅为 813×116 像素，拍摄速度设为 62500 fps，即两图片之间的时间间隔为 16 μs。试验中，为了保证图像采集与冲击加载的同步，采用了应力波触发的形式，即当应力波信号触发示波器进行波形采集的同时，示波器发出一个同步负脉冲用来触发相机以及闪光灯进行图片采集。

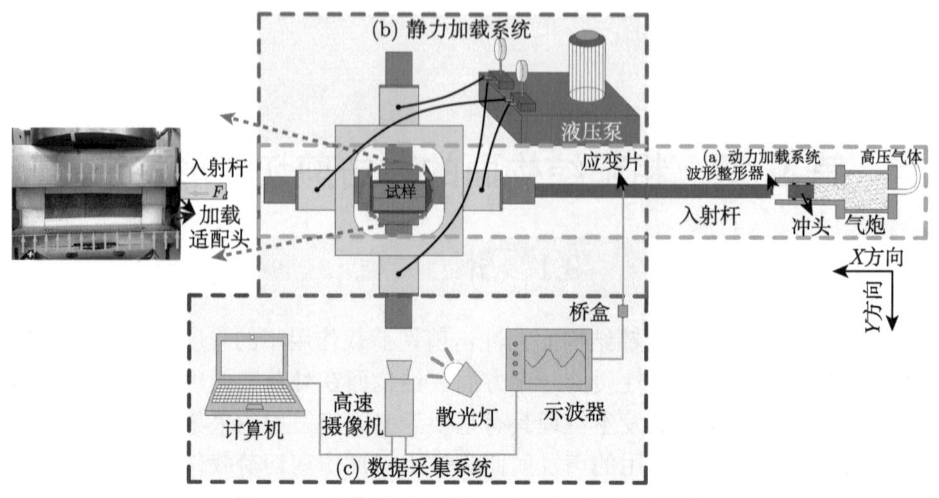

图 9.1　结构面冲击剪切变形试验系统示意图

使用 DIC 技术对采集的图片进行分析，以获得冲击过程中结构面的变形特征。二维 DIC 方法是通过对物体变形前后的数字图像进行相关处理，来实现表面位移场和应变场的测量 [232]。其工作原理如图 9.2 所示，是通过追踪同一像素点在不同变形图像中的位置，对比参照图和变形图的变形量来量化结构面的滑移位移 [226,227]。

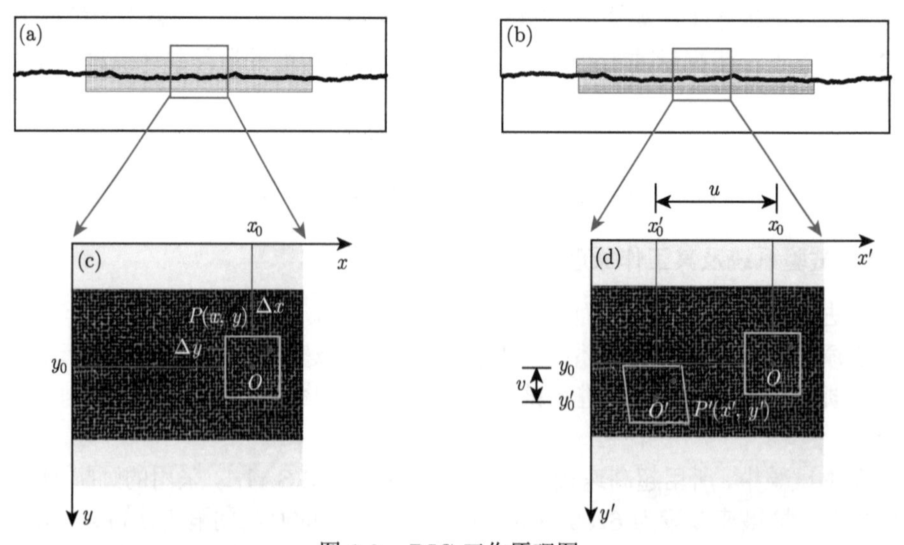

图 9.2　DIC 工作原理图

通常，通过在变形图像中跟踪以子点为中心的子图像，然后最小化或最大化相关系数，找到变形图像中子图像的位置，就可以确定该子集中心的位移分量。所以，

图 9.2(c) 中的 P 点变形到图 9.2(d) 中的 P' 点时，通过式 (9.1) 确定位移 [226,233]。

$$
\begin{aligned}
x' &= x_0 + \Delta x + u + \frac{\partial u}{\partial x}\Delta x + \frac{\partial u}{\partial y}\Delta y \\
y' &= y_0 + \Delta y + v + \frac{\partial v}{\partial x}\Delta x + \frac{\partial v}{\partial y}\Delta y
\end{aligned}
\tag{9.1}
$$

式中，u, v 分别为中点 O 在 x, y 方向的位移；Δx 和 Δy 是点 P 到点 O 的距离；$\frac{\partial u}{\partial x}, \frac{\partial u}{\partial y}, \frac{\partial v}{\partial x}$ 和 $\frac{\partial v}{\partial y}$ 为位移分量梯度。

9.2.2 试验方法和试验方案

在试验进行前，须对试验设备进行检查和校核。使用激光水平仪检测子弹、入射杆和试样是否在同一条直线上，同时校核设备是否处于同一水平面；之后，在入射杆粘贴应变片，在本试验中选择电阻为 1000 Ω 的应变片，采用半桥布置，即两应变片之间间隔 180° 的方式，在距离试样入射杆界面端约 830 mm 处粘贴 [221]；随后，将应变片通过集线盒与示波器相连，用于记录试验过程中的波形信息。

完成设备的检查和校核后，需检测各数据采集系统是否正常工作，通常做法是在不放试样的前提下，进行空杆冲击，在冲击时，需在入射杆撞击端粘贴一个整形器，在本试验中选取直径为 8.4 mm，厚度为 1 mm 的 AC1100 紫铜材料作为波形整形器 [221,233]，然后检查波形是否合理。

完成设备的调试之后，需对试样进行预处理，主要是在试样表面制作均匀分布的散斑。散斑的质量影响且决定了试验结果的正确性和有效性。目前，主要通过热转印、模板刻印和水转印等方法进行数字散斑场的制作 [233]。为了保证散斑的均匀性和一致性，本试验中使用计算机控制的机打散斑，如图 9.3(a) 所示，主要包括三部分：上层的透明保护层，底层的水溶胶贴纸以及在中间的数字印刷散斑场。使用水转印的方法将数字散斑粘贴到试样表面，具体使用方法是去掉上层透明保护层，然后将制作的数字印刷散斑场粘贴在试样表面，并喷洒适量水，按压后取掉水溶胶贴纸，即在试样表面形成预先设计好的散斑场，如图 9.3(b) 所示。

(a) 数字散斑

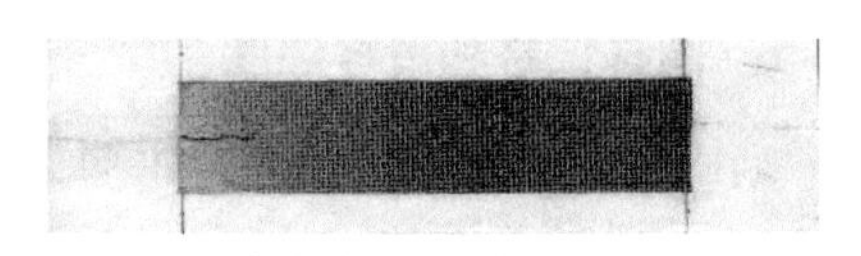

(b) 数字散斑在试件上的分布

图 9.3 数字图像相关试样

完成试样的预处理，进入试验的主体部分。首先将试样放入加载平台，然后对其施加法向荷载。当法向荷载施加到给定值时，对结构面试样进行轴向冲击荷载的加载。具体的加载过程是：冲击气压推动子弹，使子弹撞击入射杆，产生入射脉冲并沿入射杆传播，当应力波传递到入射杆和试样交界面时，入射杆和试样波阻抗之间的差异，使部分应力波在交界面处发生反射，同时另一部分应力波透射到试样，从而使试样被冲击加载。在加载过程中通过高速摄像捕捉加载过程中试样表面的散斑变化，结合 DIC 技术进行结构面的变形特征分析。

为研究冲击荷载下结构面的变形特征，本书将对具有不同粗糙度的结构面进行不同剪切速率和不同法向应力下的冲击剪切试验。试验中使用 Barton 定义的 JRC 来描述粗糙度，采用的粗糙度系数分别为 0.4，2.8，5.8，6.7 和 9.5。法向应力是根据试样所用材料的单轴抗压强度确定的，分别为 $0.05\sigma_c$，$0.10\sigma_c$，$0.15\sigma_c$，$0.20\sigma_c$ 和 $0.25\sigma_c$。采用的剪切速率主要为 3.67 m/s，4.69 m/s，5.43 m/s，6.33 m/s 和 6.78 m/s，试验计划如表 9.1 所示。

表 9.1 冲击荷载下结构面剪切变形试验计划

粗糙度系数	法向荷载/MPa	剪切速率/(m/s)
0.4, 2.8, 5.8, 6.7, 9.5	3.14	5.27
6.7	3.14, 6.28, 9.42, 12.56, 15.7	3.67
6.7	3.14, 6.28, 9.42, 12.56, 15.7	4.69
6.7	3.14, 6.28, 9.42, 12.56, 15.7	5.43
6.7	3.14, 6.28, 9.42, 12.56, 15.7	6.33
6.7	3.14, 6.28, 9.42, 12.56, 15.7	6.78

本书中剪切速率由公式 (9.2) 计算。

$$v_s = [\varepsilon_r(t) - \varepsilon_i(t)] \cdot v_b \tag{9.2}$$

式中，$\varepsilon_i(t)$ 为入射应变，$\varepsilon_r(t)$ 为反射应变，采用公式 (8.1) 进行计算；v_b 为弹性波在杆内的传播速度，在本试验系统中为 5023 m/s。

9.3 粗糙度对结构面冲击剪切变形的影响

9.3.1 滑移位移和滑移速度

为研究粗糙度对结构面冲击剪切变形特征的影响，对粗糙度系数分别为 0.4、2.8、5.8、6.7 和 9.5 的结构面进行法向荷载为 3.14 MPa、剪切速度为 5.27 m/s 的冲击剪切试验。为量化结构面粗糙度对其滑移位移和滑移速度的影响，选取位于结构面中间位置且靠近剪切面的 P 点 (图 9.4)，获取不同粗糙结构面滑移位移和滑移速度时程曲线 (即相应滑移位移时程曲线的导数)。通过图 9.5 可以发现，不同粗糙结构面的滑移位移呈现不同的特征。Yao 等 [133] 对光滑锯切面进行冲击剪切，结果显示，结构面滑移位移呈持续增大趋势，然后趋于平稳。在本试验结果中 (图 9.5)，当粗糙度较小 (JRC = 0.4) 时，在达到最大滑移位移之后同样趋于平稳，这与 Yao 等 [133] 的研究结果一致。但随着粗糙度增大到 2.8、5.8、6.7 和 9.5，在最大滑移位移之后分别发生了 0.1 mm、0.13 mm、0.16 mm 和 0.23 mm 的位移降，即随着粗糙度的增大产生了更大的位移降，说明粗糙结构面表面的起伏体在一定程度上阻碍了结构面的滑移，使结构面在滑移过程中发生了弹性回弹，而且弹性回弹量随着表面粗糙度的增加而增大。该现象可能是由于在结构面粗糙度较小时，结构面的抗剪强度较小，在剪切过程中起伏体会被直接剪断，所以不会发现明显的位移回弹。但随着粗糙度的增大，结构面表面的起伏体增大，在剪切过程中较难被剪断，同时提供了较大的阻力，使结构面发生位移回弹，并且起伏体越大，阻力越大，位移回弹量越大。另外，最后的滑移位移随着粗糙度的增大呈减小趋势，说明越粗糙的结构面会提供的变形阻力越大。

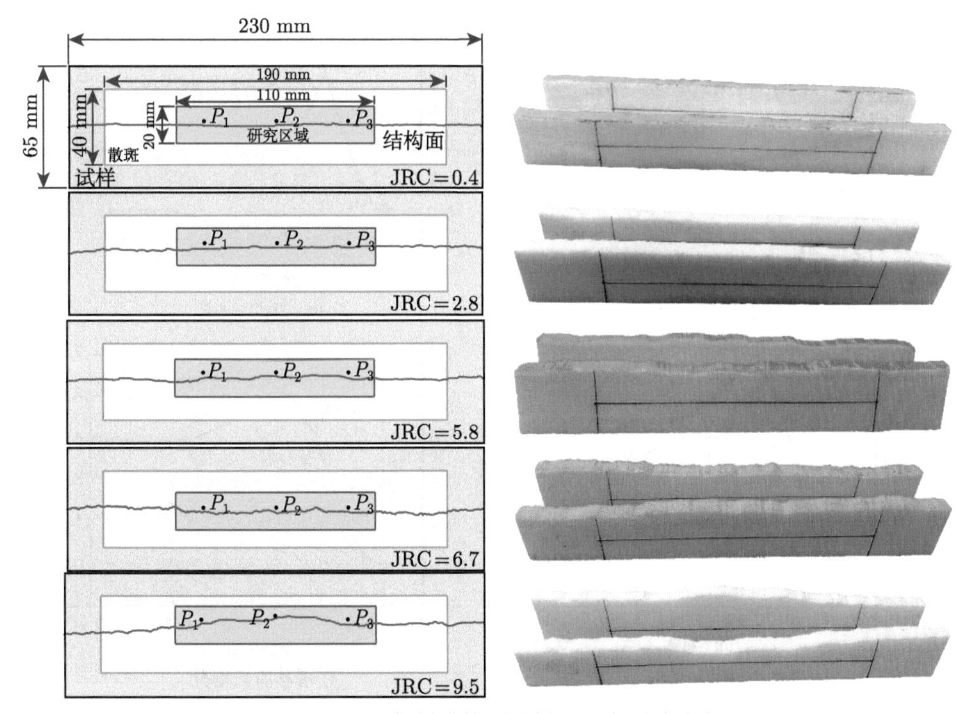

图 9.4 不同粗糙结构面试样及研究区域分布

此外，剪切位移和速度的时程曲线可以分为四个阶段，如图 9.5(f) 所示。在第一阶段 ($\mathrm{d}u/\mathrm{d}t \approx 0$)，位移很小，滑移速度约为零。在第二阶段 ($\mathrm{d}u/\mathrm{d}t > 0$)，位移急剧增加，直到达到最大值，而滑移速度首先增加，然后以近半正弦的形状降低。在第三阶段 ($du/dt < 0$)，滑移位移减小，滑移速度保持负值，这意味着结构面上盘发生了弹性回弹。在第四阶段 ($du/dt = 0$)，滑移位移和速度都趋于稳定。

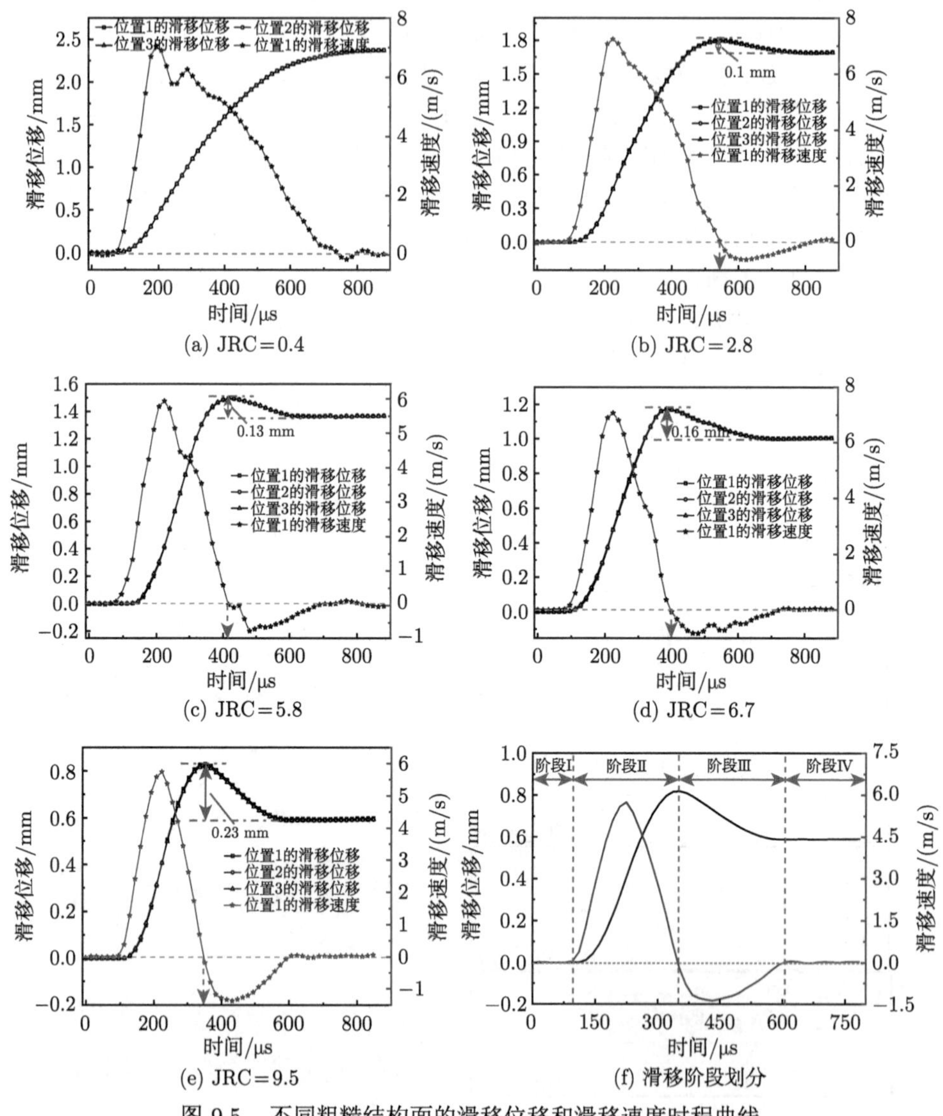

(a) JRC=0.4　(b) JRC=2.8

(c) JRC=5.8　(d) JRC=6.7

(e) JRC=9.5　(f) 滑移阶段划分

图 9.5　不同粗糙结构面的滑移位移和滑移速度时程曲线

通过图 9.6 可以发现，随着粗糙度系数从 0.4 增加到 9.5，滑移位移从 2.38 mm 减小到 0.82 mm，最大位移值降低了 65.55%，说明了结构面粗糙度影响其滑移位移。同时可以发现，随着粗糙度系数从 0.4 增加到 9.5，滑移速度从 11.53 mm/s

减小到 6.84 mm/s，说明了粗糙度对结构面的滑移速度有显著影响。随着粗糙度系数的增大，位移和滑移速度线性减小。

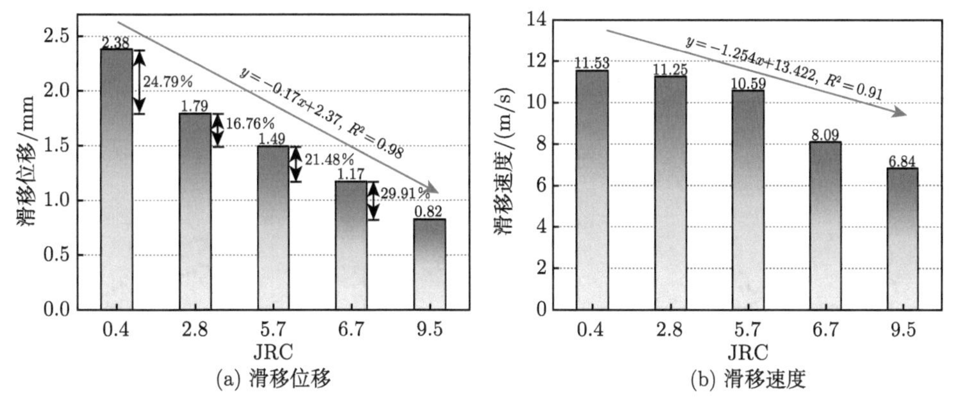

(a) 滑移位移 (b) 滑移速度

图 9.6 结构面粗糙度对滑移位移 (a) 和滑移速度 (b) 的影响

9.3.2 法向变形

为进一步分析冲击剪切过程中结构面的变形特征，取图 9.4 中点 P_1，P_2，P_3 进行法向位移研究，各点法向位移时程曲线如图 9.7 所示。当结构面粗糙度较小时 (如 JRC = 0.4，图 9.7(a))，结构面的法向位移为正值，即在冲击剪切过程中，结构面未发生明显剪胀。随着结构面粗糙度的增大，结构面开始产生剪胀，并且法向位移曲线大致可分为压缩和膨胀两个阶段。在冲击剪切初始阶段，结构面处于被压缩状态，法向位移以压缩为主。随着剪切的进行，压缩位移先逐渐增大后减小至零，当结构面发生剪胀时，法向变形转化为膨胀。结构面的最大压缩量也随表面粗糙度的增大而减小。进一步对比法向位移和剪切应力的时程曲线，发现压缩与剪胀的过渡点逐渐提前，例如，JRC 为 2.8 的结构面在 310 μs 出现过渡点，而更粗糙的结构面在 200 μs 附近出现过渡点。此外，不同粗糙结构面呈现不同的峰后法向位移变化规律。例如，当 JRC = 0.4 时，峰后法向变形仍然呈压缩状态，并且在峰后阶段显著增加。然而，随着粗糙度的增加 (即 JRC = 5.8，6.7 和 9.5 时)，结构面在峰后阶段出现显著膨胀。并且在滑移位移的弹性反弹开始时 (即滑移位移趋于减小的时刻，如图 9.5 中带三角形箭头的虚线所示)，剪胀量瞬间增大。

此外，试验结果还表明，虽然观察到不同选取点的法向位移值有一定的偏差和波动，但三个点的法向位移遵循相似的变化趋势。因此，结构面附近一点的法向位移可用于表征整个结构面的法向位移。分析 P_1 处的法向位移时程曲线，进一步研究结构面粗糙度对法向位移的影响。可以发现，随着结构面粗糙度的增加，最大压缩量呈减小趋势，而最大膨胀量呈增大趋势。这是因为粗糙度小的结构面具有较小的抗剪强度，当结构面发生滑动时，起伏体被直接剪断，因此法向位移只表现为压缩，几乎不存在膨胀。随着粗糙度的增加，起伏体的尺寸变大，在剪切过程中几乎不会被剪断，所以结构面趋于发生剪胀而压缩变形受到限制。

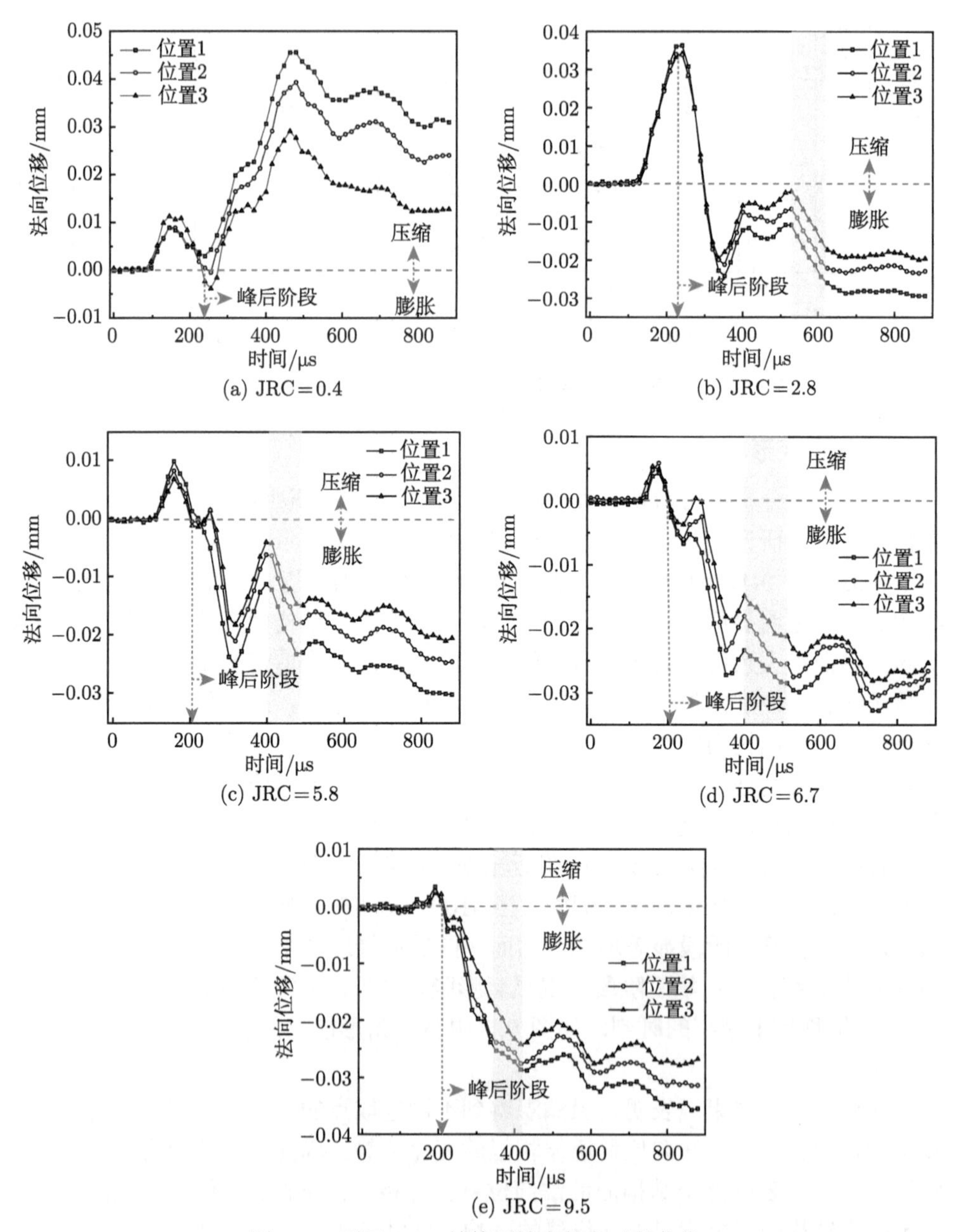

图 9.7　不同 JRC 结构面法向位移时程曲线

9.4 冲击剪切速率对结构面剪切变形的影响

9.4.1 滑移位移

为研究剪切速率对结构面冲击剪切变形特征的影响，对粗糙度系数为 6.7 的结构面进行法向荷载为 12.56 MPa，剪切速率分别为 3.67 m/s，4.69 m/s，5.43 m/s，6.33 m/s 和 6.78 m/s 的冲击剪切试验。图 9.8 给出了不同剪切速率下结构面 (x 从 0 到 105 mm，$y = 10$ mm) 在 400 μs 时 ($t = 0$ μs 代表应力波到达试件的冲击端) 的滑移位移空间分布情况，剪切方向如图 9.9 所示。

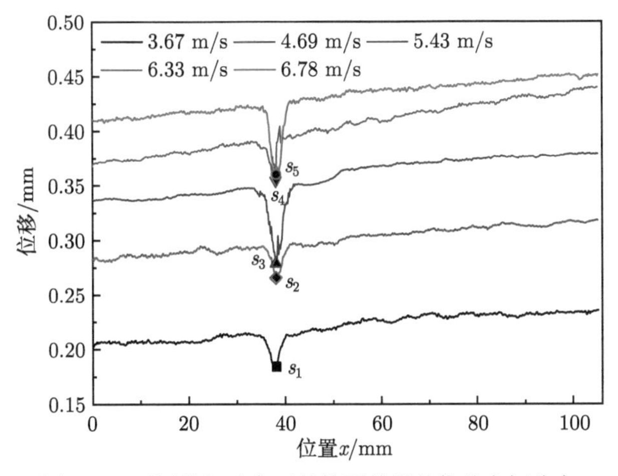

图 9.8 不同剪切速率下结构面的滑移位移空间分布

如图 9.8 所示，在不同的剪切速率下，结构面的滑移位移呈现类似的变化趋势，具有不同的值。以剪切速率为 5.43 m/s，法向荷载为 12.56 MPa 试验条件下的试件为例，应力波初始从试件的撞击端传入试件使撞击端附近区域首先产生滑移位移，随着波的传递，使整个结构面发生滑移。但是，在结构面的不同位置具有不同的位移特征。另外发现，在位置 $x = 38$ mm 附近，位移发生了明显的骤降。该现象可能是由结构面表面的粗糙形貌引起的。对比位移发生骤降的位置和试件形貌，在位置 $x = 38$ mm 处，试件存在明显的起伏体 (图 9.9)，引起了位移的骤降。进一步说明了结构面的几何形貌对其滑移位移有重要的影响。

同时，进一步分析不同粗糙结构面不同位置的位移曲线 (图 9.10)，可以发现，这种由结构面起伏引起的位移骤降是普遍存在的。为了显示结构面不同粗糙度对其位移的影响，选取了沿结构面不同 y 值处 (试样的上边缘定义为 $y = 0$) 的位移，结构面起伏越大，位移骤降幅值越大。

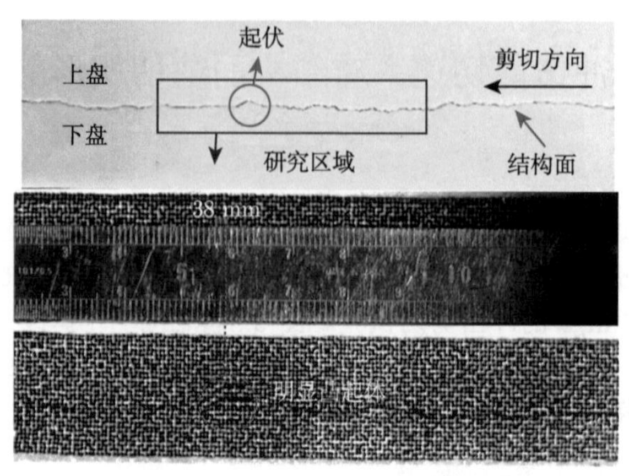

图 9.9　研究区域中明显起伏的位置

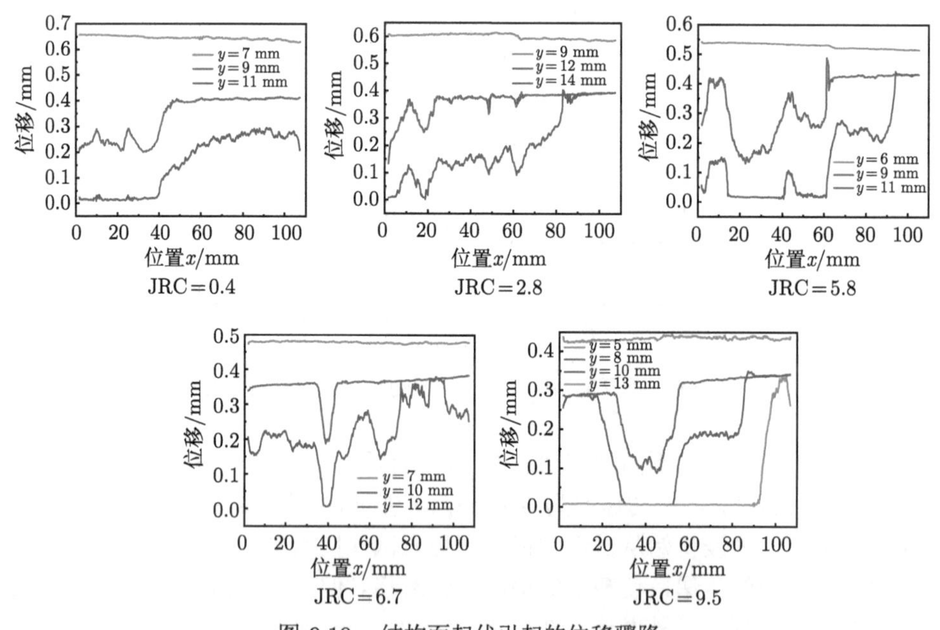

图 9.10　结构面起伏引起的位移骤降

为进一步研究剪切速率对滑移位移的影响，分析在法向荷载为 12.56 MPa 下不同剪切速率结构面的位移时程曲线。对于任意一沿结构面不同位置的位移曲线，绘制其上不同位置处的位移时程曲线，如图 9.11 所示。可以发现，位置 S_a (17, 10)，S (38, 10)，S_b (51, 10)，S_c (85, 10) 处的位移时程曲线具有相同的变化趋势，所以，可以选择其上任意位置进行位移时程分析。而在 9.3 节中，研究结果已表明结构面的粗糙度对其位移时程曲线有显著的影响，同时，图 9.11 显示，对于 JRC

= 6.7 的结构面，在位置 $x = 38$ mm 处，粗糙度对位移产生了明显的影响。所以，为了兼顾结构面粗糙度的影响，选择位置 S (38, 10) 进行不同剪切速率下结构面的位移时程分析。

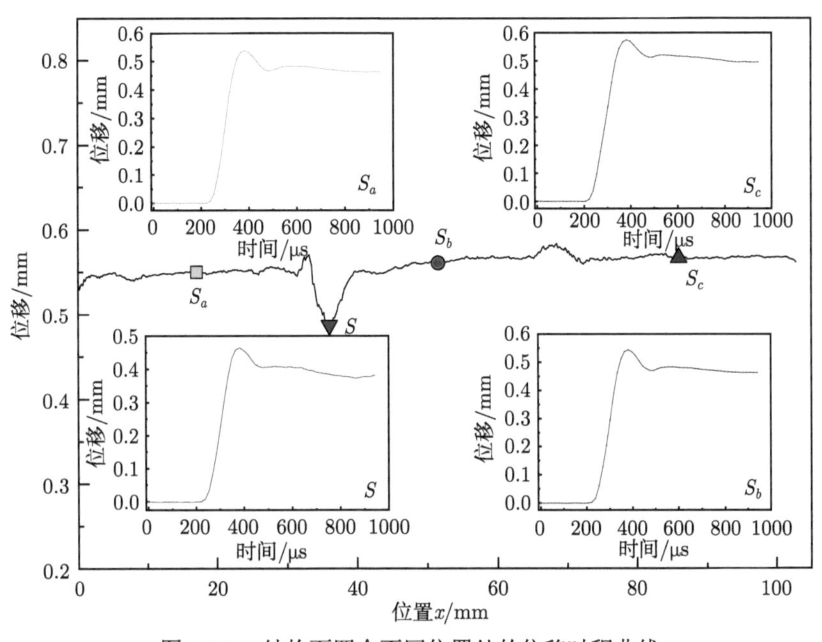

图 9.11 结构面四个不同位置处的位移时程曲线

不同剪切速率下结构面的位移时程曲线如图 9.12 所示。以剪切速率为 5.43 m/s，法向荷载为 12.56 MPa 试验条件下的试件为例 (图 9.12(c))，应力波在约 256 μs 时到达点 S，在这之前位移几乎为零，位移时程曲线的斜率也约为零。在 304 μs 时，位移开始急速增大并且在 416 μs 时达到最大滑移位移 0.55 mm，之后发生了微小的下降。在下降之后，滑移位移逐渐趋于平稳，约保持在 0.49 mm。

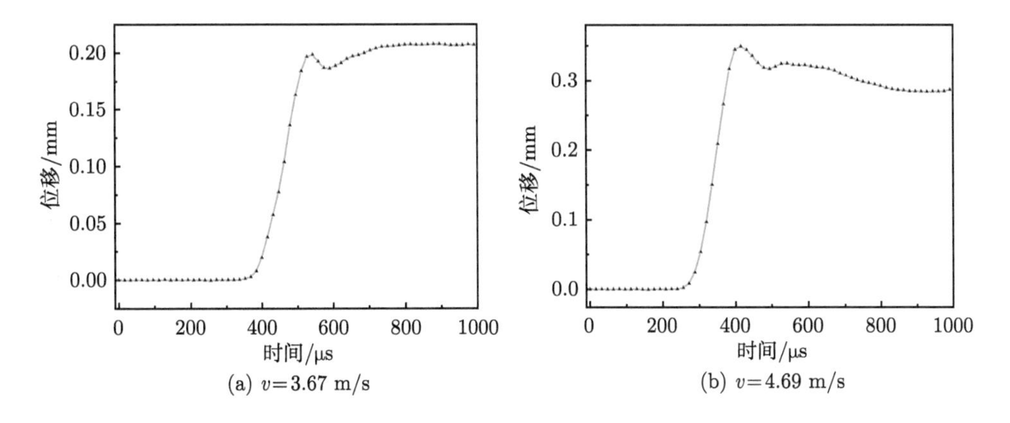

(a) v=3.67 m/s (b) v=4.69 m/s

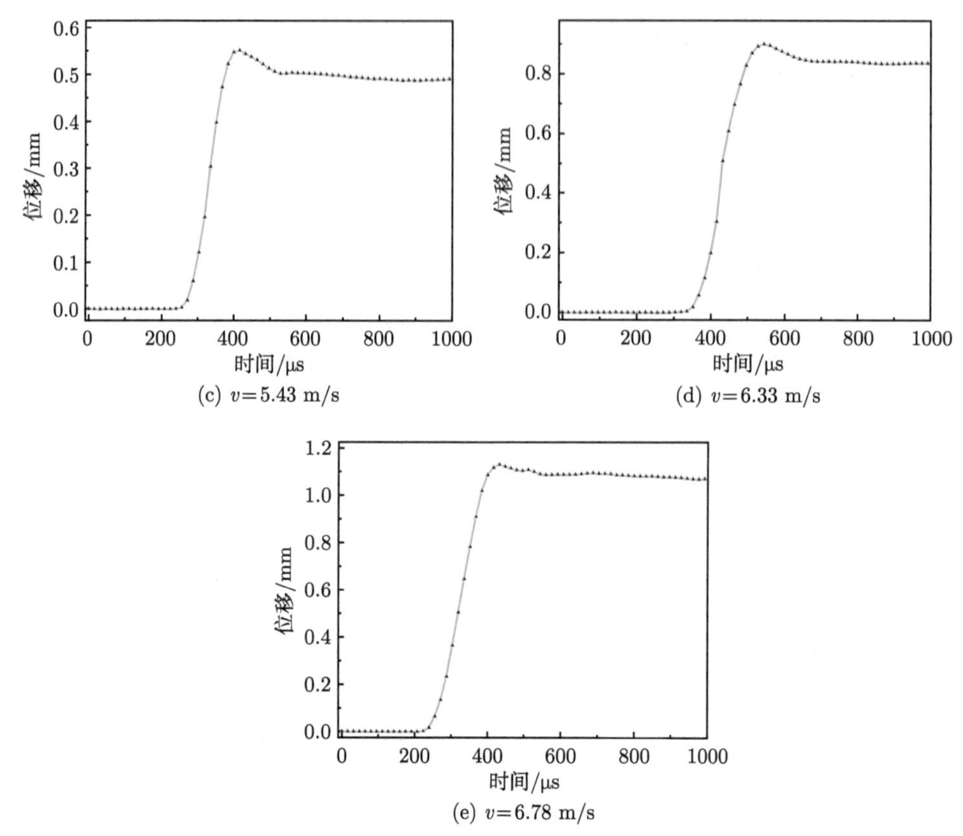

(c) $v=5.43$ m/s　　(d) $v=6.33$ m/s

(e) $v=6.78$ m/s

图 9.12　不同剪切速率下结构面的位移时程曲线

另外，从图 9.13(a) 可以发现，在法向应力 12.56 MPa 下，随着剪切速率从

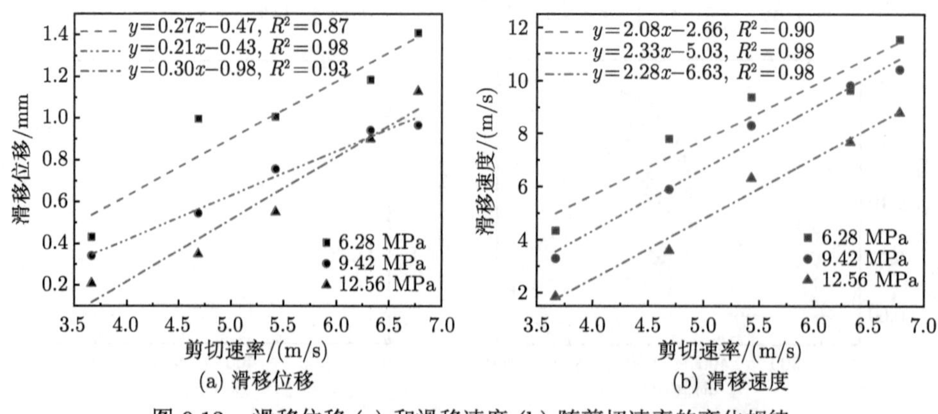

(a) 滑移位移　　(b) 滑移速度

图 9.13　滑移位移 (a) 和滑移速度 (b) 随剪切速率的变化规律

3.67 m/s 增加到 5.43 m/s，位移从 0.208 mm 增加到 1.130 mm，说明了剪切速率对结构面的滑移位移有显著的影响。在给定的法向应力下，随着剪切速率的增大，位移呈上升趋势，并且它们之间的关系符合线性描述。

9.4.2 滑移速度和加速度

为研究剪切速率对结构面滑移速度和加速度的影响，分析了粗糙度系数为 6.7 的结构面在法向荷载为 12.56 MPa，剪切速度分别为 3.67 m/s，4.69 m/s，5.43 m/s，6.33 m/s 和 6.78 m/s 试验条件下的滑移速度以及加速度特征，如图 9.14 所示。需要说明的是，图 9.14 中的速度和加速度曲线分别为相应位移时程曲线和速度时程曲线的导数。

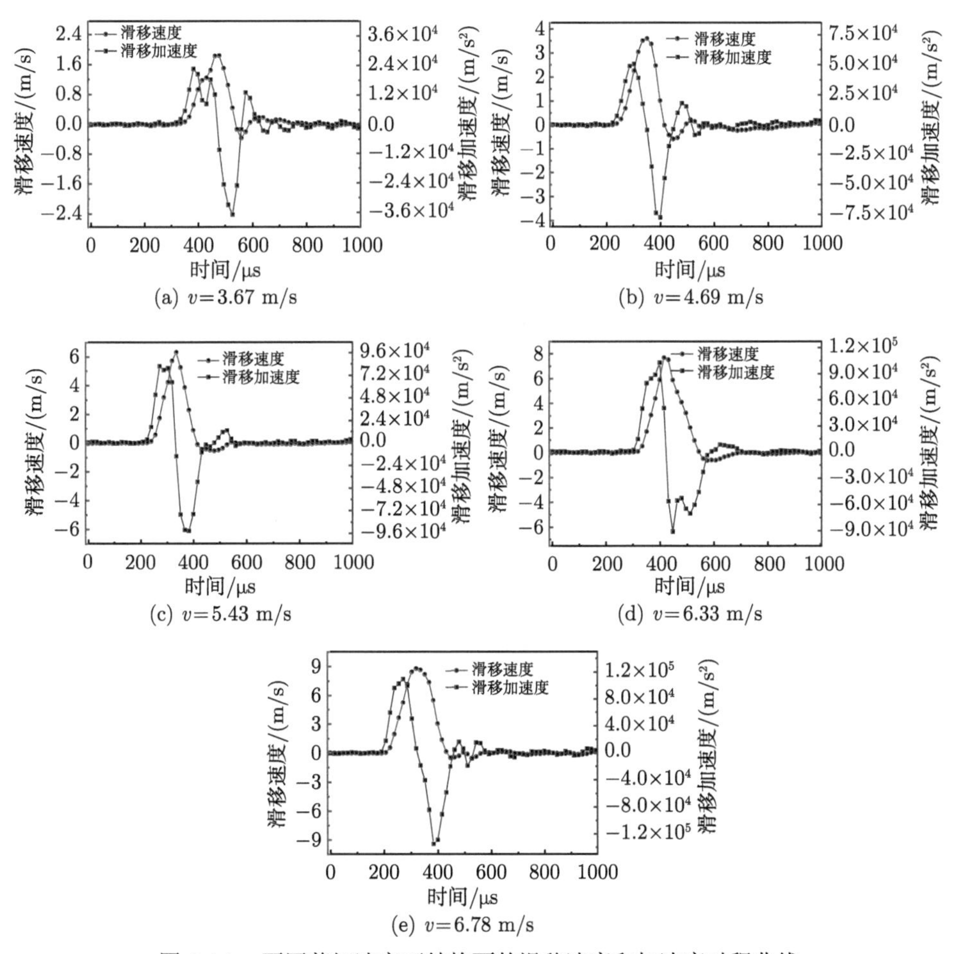

图 9.14 不同剪切速率下结构面的滑移速度和加速度时程曲线

进一步描述结构面滑移过程中滑移速度和加速度的特征，以剪切速率为 5.43 m/s、法向荷载为 12.56 MPa 试验条件下的试件为例，如图 9.14(c) 所示。可以发现，在约 256 μs 之前，滑移速度几乎为零。此后，滑移速度开始增长，并在达到峰值位移之前保持着这种增长趋势，直到到达其峰值 6.32 m/s。峰值之后，开始降低，最后减小到 0 附近。另外，从图 9.14(c) 还可以得到，在滑移起始，滑移加速度约为 0；随着滑移速度的增加，滑移加速度急速增大并达到其最大值；之后从其峰值开始减小。在滑移速度达到最大值时，滑移加速度降为 0，随着滑移的持续，在滑移速度峰后阶段滑移速度降低，滑移加速度变为负值。最后，滑移过程趋于稳定，滑移速度和加速度都趋于 0。

图 9.14 中的试验结果显示，剪切速率对结构面的滑移速度和加速度有显著的影响。如图 9.13(b) 所示，滑移速度随着剪切速率的增大而呈线性增大，例如，当法向应力为 12.56 MPa 时，剪切速率从 3.67 m/s 到 6.78 m/s 的过程中，滑移速度从 1.84 m/s 增大至 8.80 m/s。同时，在其他试验条件下，遵循同样的试验规律。

9.5　法向荷载对结构面冲击剪切变形的影响

9.5.1　滑移位移

为研究法向应力对结构面冲击剪切变形特征的影响，对粗糙度系数为 6.7 的结构面进行剪切速度为 4.69 m/s,法向应力分别为 3.14 MPa,6.28 MPa,9.42 MPa，12.56 MPa 和 15.70 MPa 的冲击剪切试验。图 9.15 给出了不同法向应力下结构面 (x 从 0 到 105 mm，$y = 10$ mm) 在 400 μs 时 ($t = 0$ μs 代表应力波到达试件的冲击端) 的滑移位移空间分布情况，剪切方向如图 9.9 所示 (即从右向左冲击)。

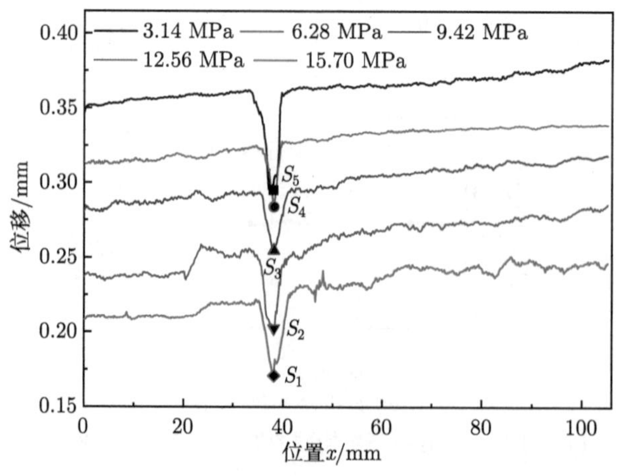

图 9.15　不同法向应力下结构面的滑移位移空间分布

可以看出，不同法向应力下结构面的滑移位移与不同剪切速率下结构面的滑移位移呈现类似的变化趋势。首先，滑移位移的变化受应力波传递的影响，呈现明显的边缘效应；另外，结构面表面的粗糙形貌影响着位移的大小和变化。为进一步研究法向应力对滑移位移的影响，对图 9.15 中 S_1，S_2，S_3，S_4 和 S_5 点的位移时程曲线进行分析，如图 9.16 所示。不同法向应力下结构面的位移时程曲线

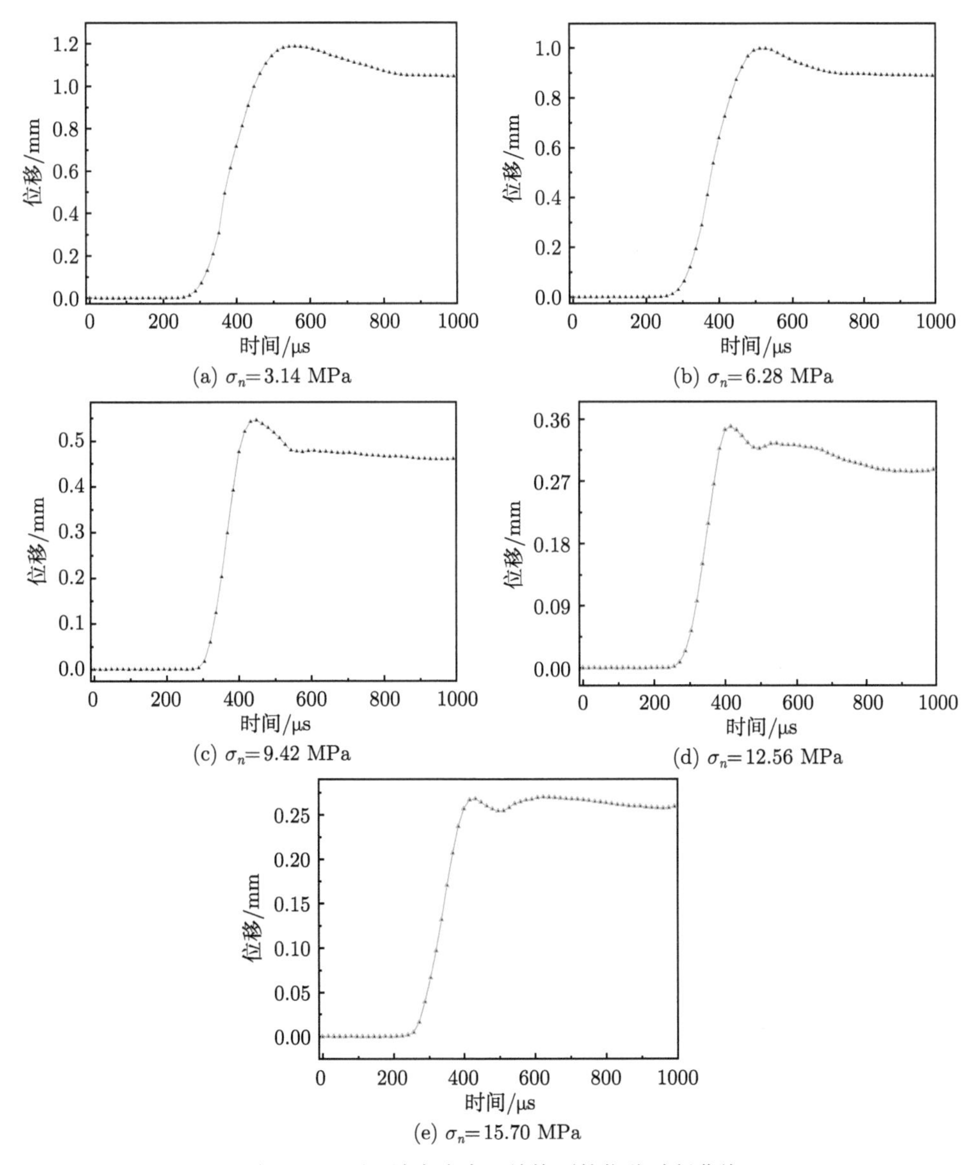

(a) σ_n=3.14 MPa　(b) σ_n=6.28 MPa　(c) σ_n=9.42 MPa　(d) σ_n=12.56 MPa　(e) σ_n=15.70 MPa

图 9.16　不同法向应力下结构面的位移时程曲线

与不同剪切速率下结构面的位移时程曲线呈现类似的变化趋势。根据变化趋势，可以分四个过程：① 应力波到达时，位移几乎为零，位移时程曲线斜率也约为零；② 位移开始急速增大直至达到其最大值；③ 峰值位移之后位移小幅下降；④ 滑移位移逐渐趋于平稳。

另外，在剪切速率 4.69 m/s 下，随着法向应力从 3.14 MPa 增加到 15.7 MPa，位移减小了 77.22%，说明了法向应力对结构面的滑移位移有显著的影响。另外，从图 9.17(a) 可以发现，在给定的剪切速率下，不同法向应力下的位移数据可使用最小二乘法进行线性拟合，所以随着法向应力的增大，位移呈线性减小。

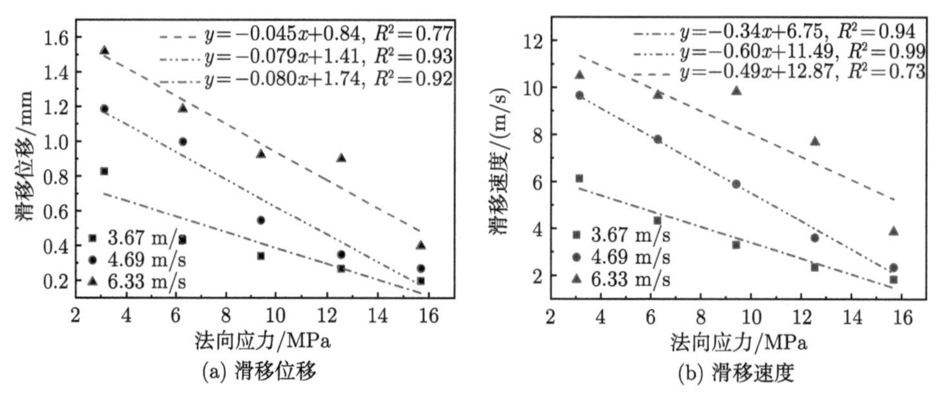

图 9.17　滑移位移 (a) 和滑移速度 (b) 随法向应力的变化规律

9.5.2　滑移速度和加速度

为研究法向应力对结构面滑移速度的影响，分析了粗糙度系数为 6.7 的结构面在剪切速度为 4.69 m/s，法向应力分别为 3.14 MPa，6.28 MPa，9.42 MPa，12.56 MPa 和 15.70 MPa 试验条件下的滑移速度以及加速度特征，如图 9.18 所示。图中的速度和加速度曲线确定方法和图 9.14 相同，即分别为相应位移时程曲线和速度时程曲线的导数。

如图 9.18 所示，不同法向应力下结构面滑移速度和加速度时程曲线和图 9.14 中不同剪切速率下结构面滑移速度和加速度时程曲线具有相似的变化趋势。根据滑移速度和加速度的变化特征，可以将冲击荷载下结构面滑移分为四个过程 (如图 9.19)：(I) 在滑移开始瞬间，滑移速度和加速度约为 $0(\mathrm{d}v/\mathrm{d}t\approx 0)$；(Ⅱ) 伴随着加速度的增大 $(\mathrm{d}v/\mathrm{d}t>0)$，滑移速度急速增长并增大到其最大值；(Ⅲ) 达到速度峰值之后开始减速，加速度方向改变 $(\mathrm{d}v/\mathrm{d}t<0)$；(Ⅳ) 当加速度逐渐趋于 0 时 $(\mathrm{d}v/\mathrm{d}t=0)$，滑移过程趋于稳定。

显然，法向应力对结构面的滑移速度和加速度有显著的影响，如图 9.17(b) 所示，随着法向应力的增大，滑移速度呈线性减小。将剪切速率分别设为 3.67 m/s，

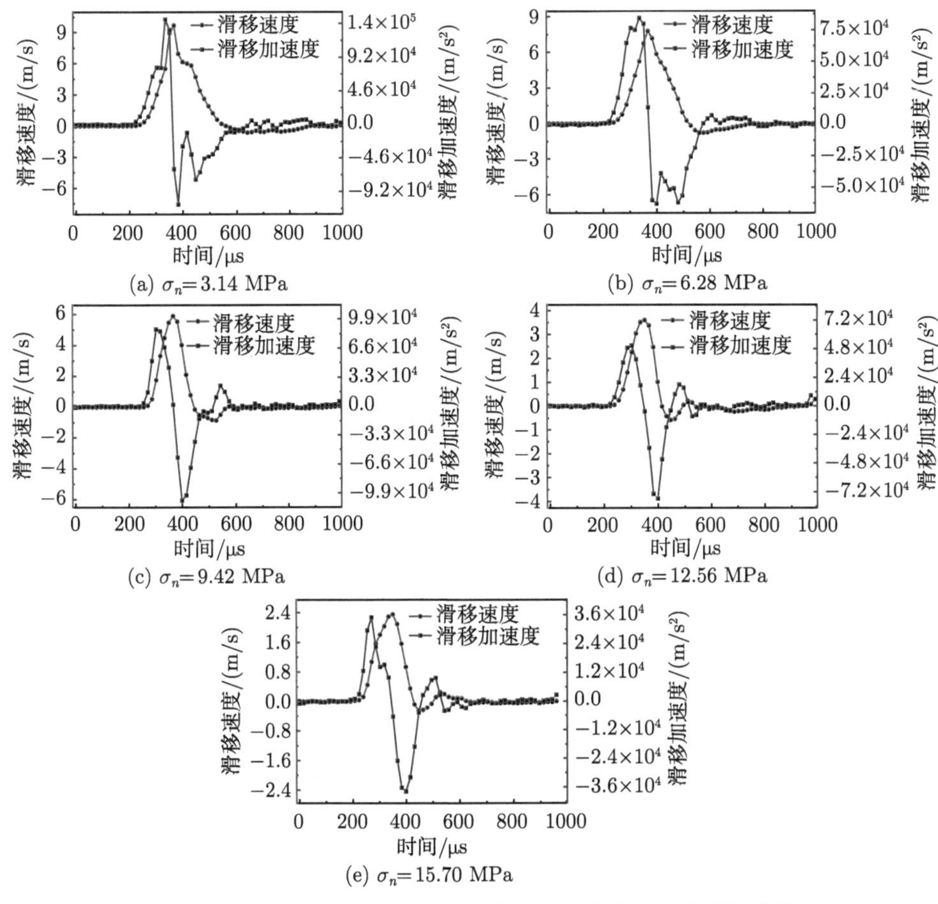

图 9.18 不同法向应力下结构面的滑移速度和加速度时程曲线

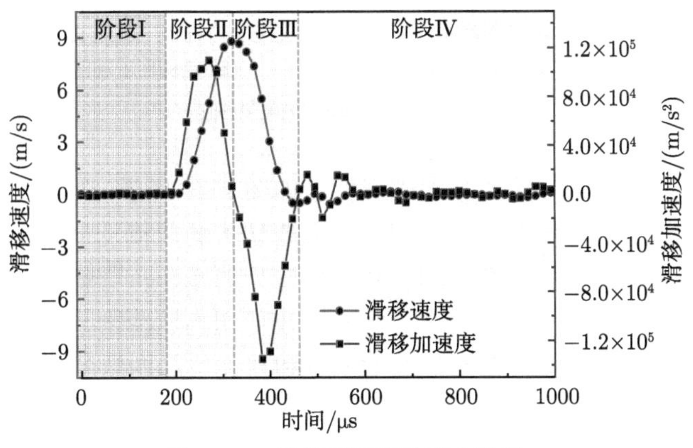

图 9.19 结构面滑移的四个阶段

4.69 m/s 和 6.33 m/s，当法向应力从 3.14 MPa 增大到 12.56 MPa 时，滑移速度分别减小了 69.93%，75.65%和 63.20%。所以，滑移速度随着法向应力的不同而不同。

9.6　滑移破坏模式分析与细观损伤

为进一步研究结构面的滑移破坏模式，对于冲击剪切滑移的结构面试件，选取代表性区域制备玻璃薄片，使用扫描电子显微镜 (SEM) 进行微观分析。本研究所用 SEM 由德国蔡司显微镜有限公司生产，型号为 ULTRA PLUS，分辨率为 0.8 nm，放大倍数为 12 倍 ~100 万倍，加速电压为 20~30 kV，如图 9.20(a) 所示。另外，在使用 SEM 进行微观扫描之前，需对剪切后的结构面进行试样制备。首先，使用环氧树脂将结构面及其周围的破坏区域进行固定，以保持原破坏形貌。根据结构面的起伏形貌，确定观察区域。然后，沿垂直于剪切面，平行于剪切方向切割研究区域内一结构面薄层，将其封装在玻璃片内，制备 SEM 观察试样，其尺寸为 ~3 cm×~2 cm，如图 9.20(b) 所示。将制备好的试样进行喷金处理，然后 SEM 扫描，本书使用的扫描条件为 15.0 kV 加速电压，100 和 200 放大倍率。

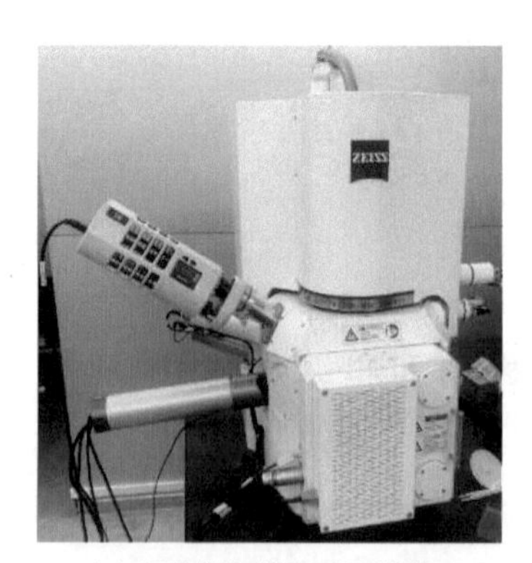

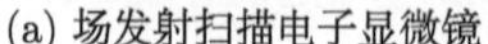

(a) 场发射扫描电子显微镜

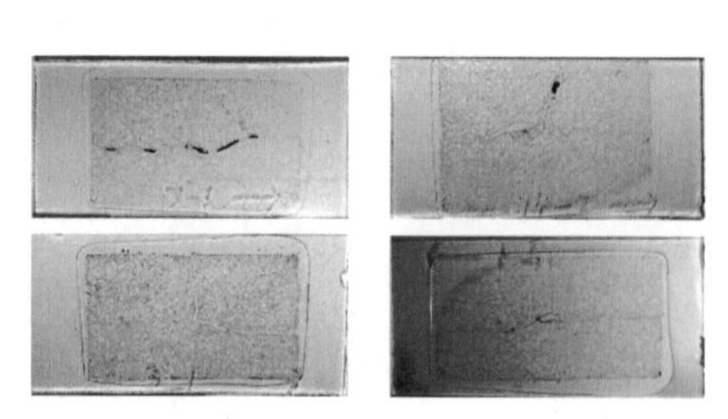

(b) 结构面玻璃薄片

图 9.20　结构面的微观扫描

不同加载条件下结构面的微观破裂特征如图 9.21 所示，可以发现，剪切带通常由大致平行于滑动方向的主裂缝构成，而剪切带的规模及形貌受剪切速率和法向应力的影响。随着剪切速率的增大和法向应力的减小，剪切带的尺度变大，剪切破裂的块度尺寸变大，密度变小。因此，在剪切高速冲击下结构面的主要破坏模式是剪切破坏，破裂面存在明显的剪切带和剪切引起的裂隙。

除了主裂隙带，在图 9.22 中可发现，由剪切引起的裂隙扩展也广泛存在。在不同的加载条件下，剪切裂隙的长度尺度会发生变化。剪切引起的裂隙扩展是滑移破坏模式中重要组成部分，如图 9.22 所示是典型的剪切裂隙扩展特征。可以发现，裂隙通常沿晶粒界面扩展并终止于晶粒内部。

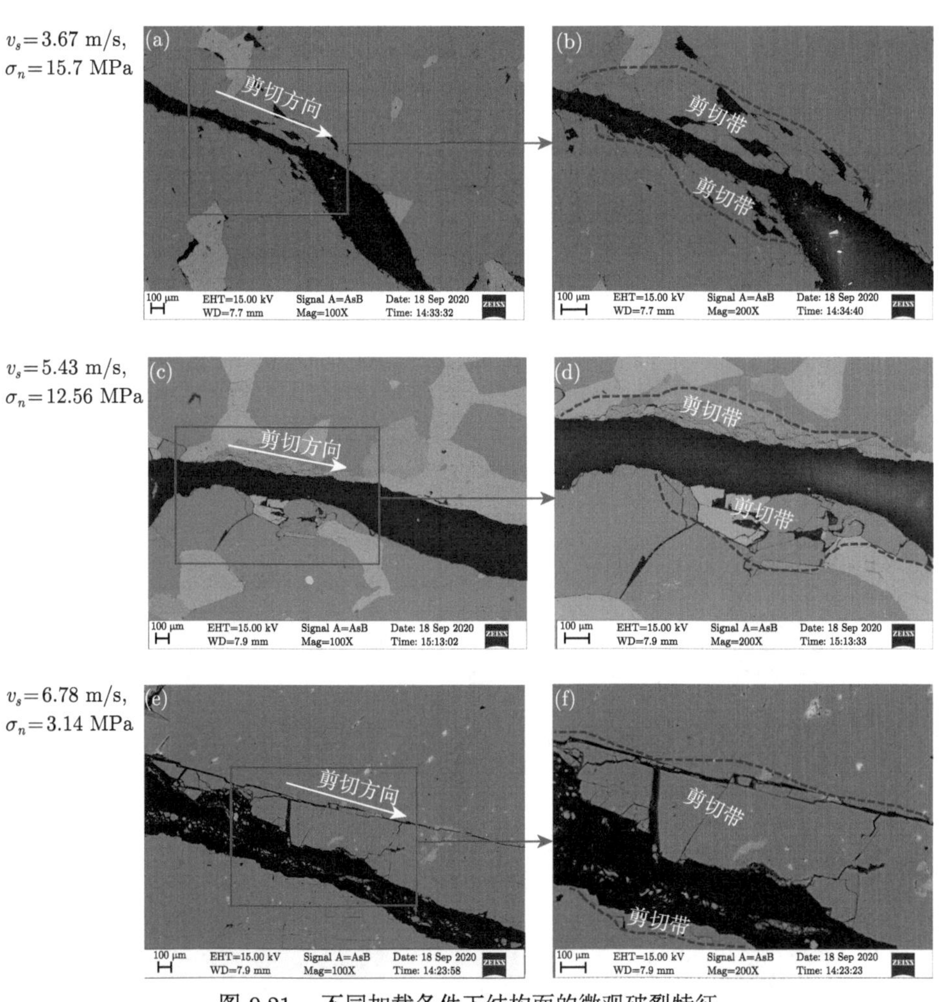

图 9.21 不同加载条件下结构面的微观破裂特征

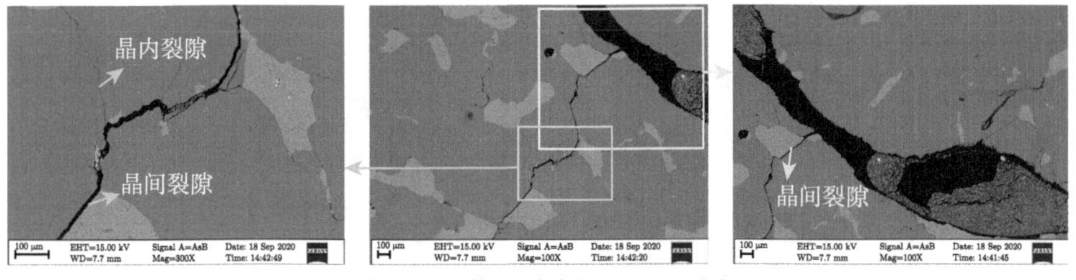

图 9.22 剪切裂隙扩展 SEM 图

为分析粗糙度对结构面滑移磨损特征的影响，对不同粗糙结构面的冲击剪切磨损面使用 SEM 进行微观分析，图 9.23 是粗糙度系数分别为 0.4，2.8，5.8，6.7 和 9.5 的结构面在法向荷载为 3.14 MPa，剪切速度为 5.27 m/s 试验条件下，冲

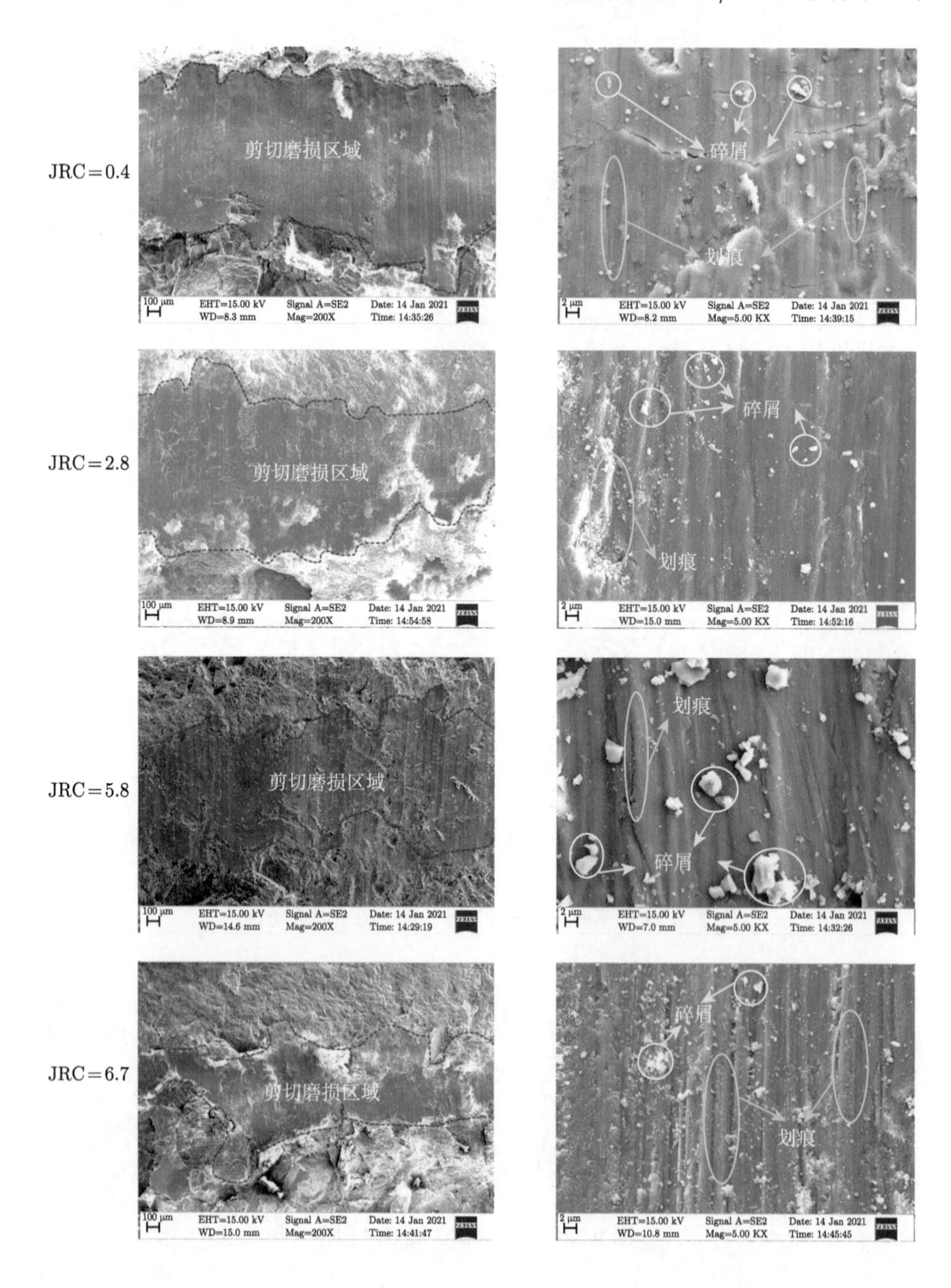

JRC = 9.5

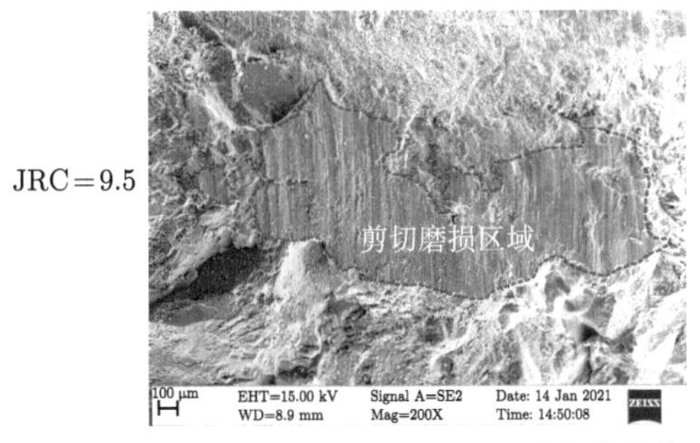

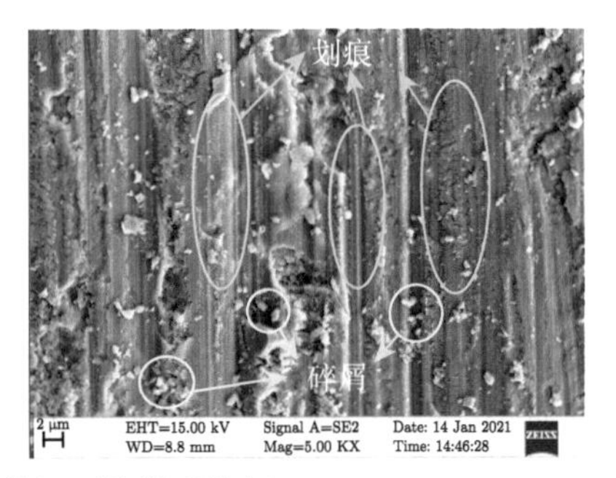

图 9.23 不同法向荷载作用下剪切面的微观特征

击剪切后试样的 SEM 微观特征。为了更好地获取结构面的磨损特征，保留原始的磨损痕迹，将冲击剪切后的试样直接进行 SEM 观察。如图 9.23 所示，剪切面上呈现出不同的纹理特征，这些纹理的方向大致平行于滑移方向 [235]。同时，随着结构面粗糙度的变化，存在不同的微观结构：剪切区域、磨损程度和碎裂颗粒。首先，剪切磨损区域的面积随着 JRC 的增加而减小，说明随着粗糙度的增大，结构面的剪切磨损减弱，同时，与前面的研究结果 (随粗糙度增大，结构面的抗剪强度增大) 也趋于一致。其次，随着 JRC 的增加，磨损后的质地趋于粗糙，磨损产生的破裂碎屑的密度增大。另外，可以发现，冲击荷载下，结构面的磨损面产生了明显的黏性。所以再一次说明了，不同于结构面的静直剪特性，冲击荷载作用下，不能忽略黏聚力对抗剪强度的贡献。

9.7 主要结论

本章研究了冲击荷载下粗糙结构面的剪切变形特性，分析了粗糙度、剪切速率和法向应力对滑移位移、滑移速度和滑移加速度的影响。同时分析了冲击荷载下结构面的滑移破坏模式和细观损伤特征，具体得到以下结论：

(1) 滑移位移随着粗糙度的增大呈减小趋势，随着剪切速率的增大呈线性增大，随着法向应力的增大而线性减小。同时，根据滑移位移变化趋势，大致可以分为四个过程：① 应力波到达时，位移几乎为零，位移时程曲线的斜率也约为零；② 位移开始急速增大直至达到其最大值；③ 峰值位移之后由于应力波卸载引起了位移小幅下降；④ 滑移位移逐渐趋于平稳。

(2) 滑移速度和加速度随着粗糙度的增大呈减小趋势，随着剪切速率的增大呈线性增大，随着法向应力的增大而线性减小。同时，可以将冲击荷载下结构面滑移分为四个过程：① 在滑移开始瞬间，滑移速度和加速度都约为 0($\mathrm{d}v/\mathrm{d}t \approx 0$)；② 伴随着加速度的增大 ($\mathrm{d}v/\mathrm{d}t > 0$)，滑移速度急速增长并增大到其最大值；③ 达到速度峰值之后开始减速，加速度方向改变 ($\mathrm{d}v/\mathrm{d}t < 0$)；④ 当加速度逐渐

趋于 0 时 ($\mathrm{d}v/\mathrm{d}t = 0$)，滑移过程趋于稳定。

(3) 为进一步研究滑移破坏模式，对冲击剪切滑移的结构面试件使用 SEM 进行微观分析，可以观察到不同荷载条件下的剪切带。剪切带通常由大致平行于滑动方向的主裂缝构成，而剪切带的规模及形貌受剪切速率和法向应力的影响。随着剪切速率的增大和法向应力的减小，剪切带的尺度变大，剪切破裂的块度尺寸变大，密度变小。因此，在剪切高速冲击下结构面的主要破坏模式是剪切破坏，破裂面存在明显的剪切带和剪切引起的裂隙。同时，对于粗糙剪切面，随着粗糙度的增大，剪切区域的面积减小，黏性磨损质地趋于粗糙，碎裂颗粒密度增加。

第 10 章 扰动荷载下结构面的剪切滑移特性研究

10.1 引　　言

本书的第 7~9 章主要讨论了剪切速率对岩石结构面剪切力学性质及变形和损伤破裂规律的影响。对于岩体结构面而言，其动力力学性质不仅仅表现在剪切速率上，在初始静荷载下的扰动力学性质也是结构面动力力学特性重要的内容之一。在实际的地下工程中，随着掌子面的不断掘进，在初始静应力下的围岩结构面必将受到工程开挖扰动 (机械振动、爆破) 等影响，这种扰动主要体现为不同频率和幅值的应力波。应力波作用于富含结构面的围岩体，经历多次应力波循环扰动作用，稳定的结构面围岩会再次发生破坏。可见，循环扰动荷载对地下工程岩体的稳定具有重要影响。岩体工程中涉及的扰动荷载在实验室试验中可进一步简化为循环加卸载的作用，但在以往的研究中关于循环扰动诱发结构面活化失稳的试验研究较少，导致工程扰动诱发非连续岩体失稳破坏的机理尚不清晰，无法揭示循环扰动下引起结构面滑移的动力响应特征。本章通过 MTS 岩石三轴试验系统，在含贯通结构面花岗岩试样的轴向方向施加循环扰动荷载，实现动静组合下的三轴剪切滑移试验，探究不同循环扰动荷载 (幅值、频率) 和初始静应力水平对结构面剪切滑移的影响。以此揭示循环扰动荷载对断层 (或结构面) 滑移失稳的活化的诱发机理，为深部地下工程岩体长期稳定提供理论指导。

10.2 试样制备及测试方案

加工标准圆柱形试样 (尺寸为 50 mm×100 mm)，将圆柱体试样根据预设的倾斜角度 (θ) 进行锯切 (θ 为轴向方向与预制结构面之间的夹角)，制备含 50° 倾角的贯通结构面的试样。对结构面表面采用 100 目 (约 150 μm) 的砂轮 (见图 10.1(a)) 进行打磨加工，制备具有相近微观粗糙度的结构面试样，三轴剪切试验试样的制备情况如图 10.1(b) 所示。

采用 MahrMarSurf XC20 接触式粗糙度轮廓测量仪进行结构面表面起伏度的测量 (如图 10.1(c) 所示)。该仪器探针的尖端尺寸为 1 μm，垂直测量精度为 5 nm，结构面表面的起伏测量曲线如图 10.1(d) 所示。由测试结果可知，100 目砂轮打磨后的结构面表面起伏范围约为 10 μm。结构面粗糙度可用 RMS 参数定量表征，其计算方法为 [236]

$$\text{RMS} = \left(\frac{1}{L} \int_0^L y^2(x) \, \mathrm{d}x \right)^{1/2} \tag{10.1}$$

式中，L 为测量长度，$y(x)$ 为偏离轮廓中心线的高度，dx 为两个相邻采样点之间的距离。对于长为 20 mm 的测量路径，100 目打磨后结构面粗糙度的 RMS 参数值为 5.111 μm。

(a) 100 目标准砂轮

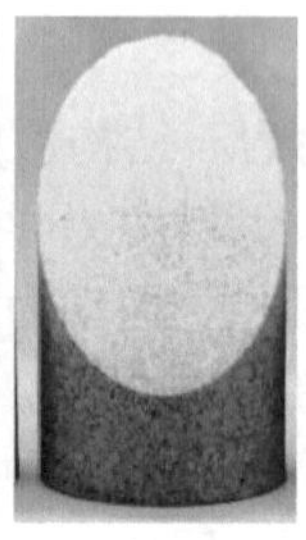

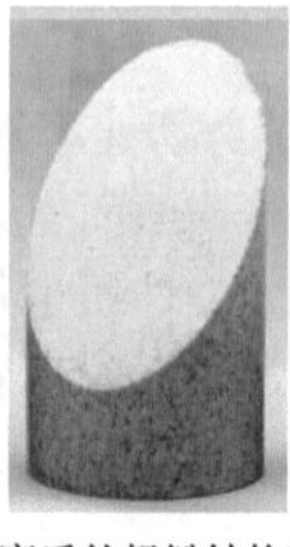

(b) 100 目砂轮打磨后的粗糙结构面

(c) MahrMarSurf XC20接触式轮廓仪

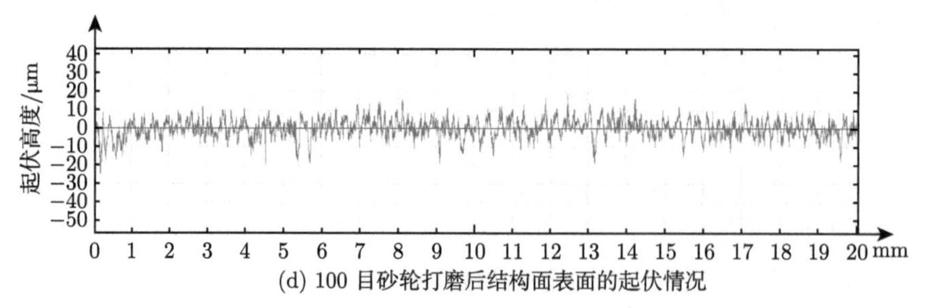

(d) 100 目砂轮打磨后结构面表面的起伏情况

图 10.1 三轴试验试样的制备

本章进行两类三轴试验：轴向静力加载和 “静力 + 扰动” 组合加载。三轴静力加载试验为扰动加载试验的方案设计提供了强度参数依据。两类三轴剪切滑移试验的围压值均选取 40 MPa。结构面倾角为 50°，结构面表面采用 100 目的标准砂轮打磨，具体试验方案如表 10.1 所示。

循环扰动试验在 MTS815.03 岩石刚性压力机上完成。在循环扰动试验之前，首先进行常规三轴剪切滑移试验，确定静载应力下结构面的剪切峰值强度，用以确定循环扰动荷载的初始扰动荷载和扰动幅值。

扰动试验的操作流程主要包括如下步骤，对试样进行轴向预加载，使试样上端部表面与刚性试验机压头接触，停止加载。之后按照 10 MPa/min 的速率施加静水压至 40 MPa。然后，采用轴向位移控制，开始轴向加载，加载速率为 0.002 mm/s，轴向位移控制方式加载至低于设定的轴向应力 30 kN。此时，为了精确控制轴向应力大小，改用应力控制加载，加载速率为 0.3 kN/s，加载至设定的轴向应力水平 (即扰动荷载的下限值)。扰动试验开始之前，轴向应力需要保持稳定约为 300 s。待轴向应力稳定后，开始轴向循环扰动加载。其循环扰动试验的加载路径示意图如图 10.2(a) 和 (b) 所示。其整个加载过程可分为 3 个阶段：静态加载阶段、荷载稳定阶段、循环扰动加载阶段。在本试验中所有方案的循环扰动加载应力上限峰值均小于三轴静力加载的剪切峰值应力。试验过程中采集了轴向应变 ε_1、环向应变 ε_r 与轴向应力 σ_1 等数据。

表 10.1 结构面剪切试验方案

试验类型	控制因素	试样编号	角度/(°)	围压/MPa	轴向静应力比/%	幅值/MPa	频率/Hz
常规三轴	—	67、77、93			—	—	—
		96			70		
	轴向静应力比	94			75	26	1
		92			80		
		89					0.2
扰动三轴	扰动频率	59	50	40	80	26	0.5
		92					1
		78				20	
	扰动幅值	80			80	25	1
		80B				30	

注：表中轴向静应力比是轴向静应力与静力加载下的三轴的峰值强度之比。

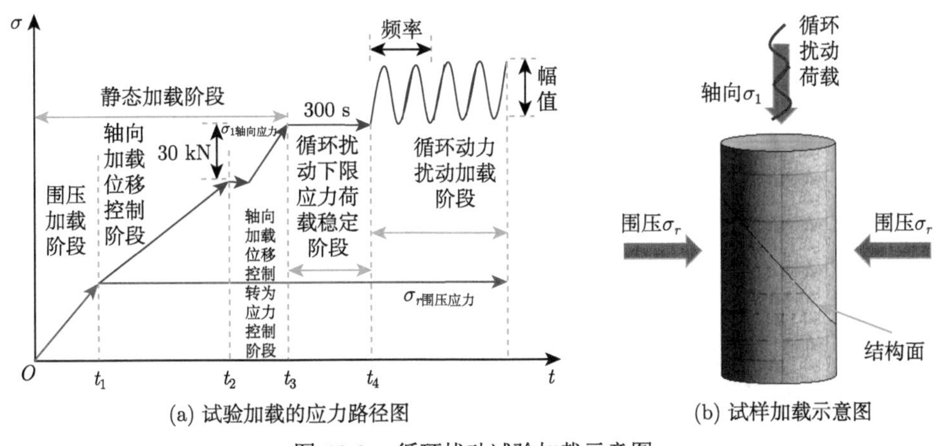

图 10.2 循环扰动试验加载示意图

10.3 常规三轴静荷载下结构面剪切滑移分析

10.3.1 应力-应变曲线特征

图 10.3 为三组常规三轴剪切滑移试验和一组扰动滑移试验的应力-应变曲线。从图中可以看出，三组静力条件下的剪切滑移试验曲线具有较好的重复性，

三组试样的平均峰值剪切强度约 270 MPa，峰值强度可作为扰动试验参数设置的参考值。78 号试样为动力循环扰动剪切滑移试验，与静荷载下的常规剪切滑移试验对比，可以发现在扰动荷载施加之前的曲线与静力三轴剪切试验基本保持一致。

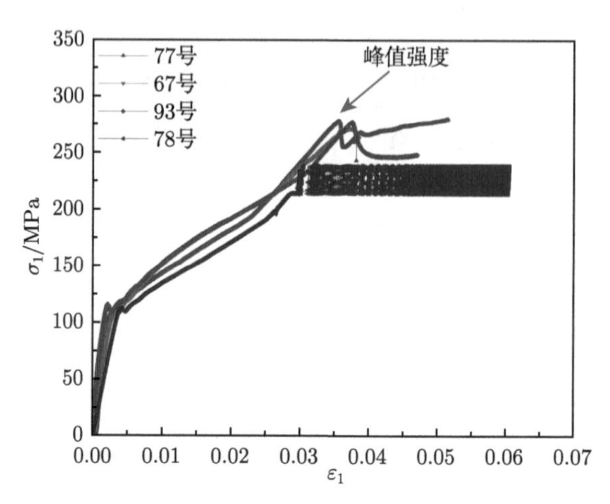

图 10.3　三组静荷载和一组循环扰动荷载下的三轴结构面剪切滑移曲线对比结果

10.3.2　常规三轴剪切试验的破坏特征

图 10.4 为经过常规三轴剪切滑移试验后结构面的破坏形态。可以看出，结构面滑移过程中，表面的碎裂颗粒磨损成粉末的现象比较明显，且表面端部边界出现明显的弧状擦痕 (图中紫色划线部分)，边界上的磨损更剧烈，呈现出碎屑小块体的剥离脱落 (图中黄色框选部分)。且 77 号结构面表面的磨损粉尘成块堆砌分布 (图中红色画圈部分)。整体上看，常规三轴剪切下的表面损伤主要由滑移阶段的摩擦所致。

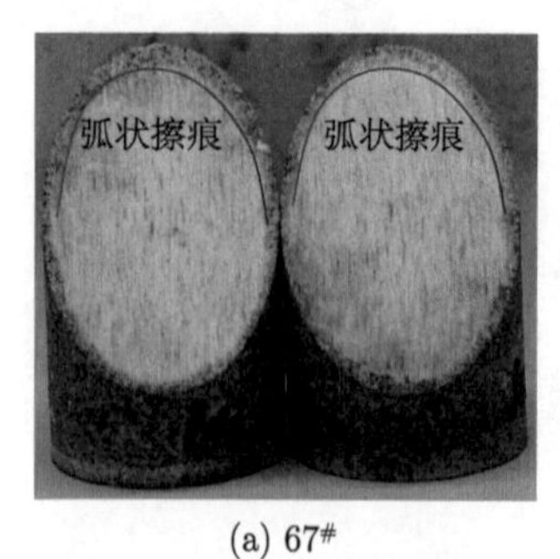

(a) 67#

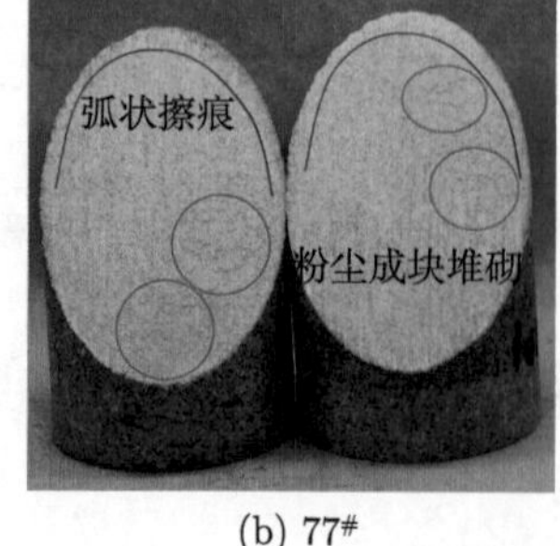

(b) 77#

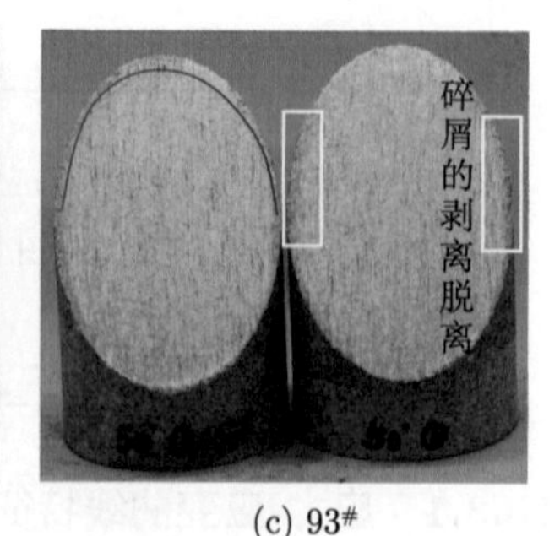

(c) 93#

图 10.4　常规三轴条件下花岗岩结构面的破坏形态

10.4　扰动荷载下的结构面剪切滑移分析

10.4.1　轴向静应力水平对结构面剪切滑移的影响

1. 应力-应变曲线的特征

图 10.5 为不同轴向静应力比下结构面在循环扰动下的应力-应变曲线。由图可知，试样先进行静力阶段加载至不同的轴向静应力水平 (70%、75%、80%)，然后维持轴向静应力水平约 300 s 不变，之后在轴向施加幅值 26 MPa、频率 1 Hz 的循环扰动荷载。当轴向静应力比为 70%时，循环扰动阶段的轴向应变基本不变，无滑移趋势；轴向静应力比为 75%时，在初始循环扰动阶段，结构面产生了 10 次失稳黏滑事件，轴向应变突增。此时，结构面并没有发生剪切破坏而失去承载能力，在错动黏滑之后，界面的承载能力又逐渐恢复上升至循环扰动下限值，之后持续进行正常的循环扰动荷载施加，轴向应变小幅度增加，最后维持不变，结构面又逐渐趋于无滑移状态；而 80%高轴向静应力比时，初次循环扰动的瞬间，结构面被活化诱发失稳滑移，应变突增显著，其瞬间造成的应力降和应变值的增幅均大于 75%的初始静应力比。可见，80%的初始轴向静应力对结构面的损伤最大，轴向应力无法回升而继续承载，最终导致结构面失稳滑移破坏。

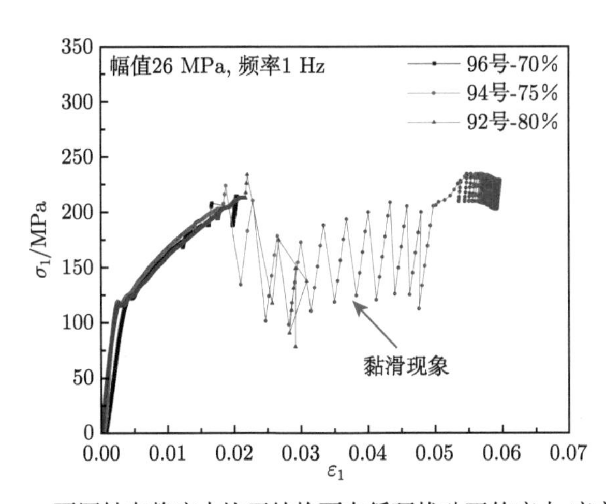

图 10.5　不同轴向静应力比下结构面在循环扰动下的应力-应变曲线

在静载阶段，轴向加载的能量不断在结构面内积聚。当处于 300 s 的初始静应力维持阶段时，轴向静力加载导致结构面内储存的能量没有有效释放。循环扰动加载阶段时，在扰动应力的加载上升阶段，结构面内将继续吸收扰动荷载提供的瞬时能量。当结构面内积聚存储的剪切应变能打破围压对结构面的能量限制时，便诱发了结构面的错动而导致失稳滑移。相反，若不能克服结构面的应变能限制，结构面将不会产生失稳滑移现象。在扰动应力下降阶段，轴向应变小幅回缩，此时，结构面内的部分能量得到瞬时释放，结构面内储存的瞬时能量有所降低，因此结构面将处于稳定状态，不会产生错动而失稳滑移。

图 10.6 为初始静应力比为 75%的循环扰动下，10 次黏滑事件的信息统计。由图可以看出，初次失稳滑移后，形成了较大的应力降，并释放较高的能量。而之后的 9 次黏滑事件，随着结构面错动黏滑次数的增加，每次黏滑时的应变增量和瞬时错动的滑移速率都在不断减小，滑移速率由黏滑轴向位移差/(黏滑时间 $\times\cos\theta$) 计算获得，其中 θ 为轴向 σ_1 方向与预制结构面间的夹角。结构面每一次的错动黏滑必将导致应力的释放，应力跌落的幅度随着黏滑次数的增加呈现出先减小后增大的趋势。由于前 4 次错动黏滑的速率较高，结构面的摩擦咬合效应不明显，应力跌落很大，但跌落的幅度在不断减小，此时的结构面并未完全摩擦咬合稳定。而后 6 次的错动黏滑事件随着结构面间摩擦咬合效应的逐步强化，其滑移速率衰减加快，说明结构面处于逐渐稳定的过程中。最后由于围压的作用，轴向应变增量出现了回弹现象 (负值)，见图 10.6 中第 10 次黏滑。随着摩擦咬合效应更进一步的强化，最终结构面紧密咬合形成了一种摩擦互锁的稳定状态。在后续的循环扰动下，扰动应力逐渐恢复，结构面的滑移位移逐渐降低。可见在 70%的轴向静应力比条件下，结构面的滑移经历了初始黏滑失稳到摩擦咬合稳定的过程。对比 80%初始静应力比可知，结构面初次扰动导致错动失稳滑移后，在后续的扰动下，结构面没有重新咬合稳定，最终导致结构面剪切滑移破坏。

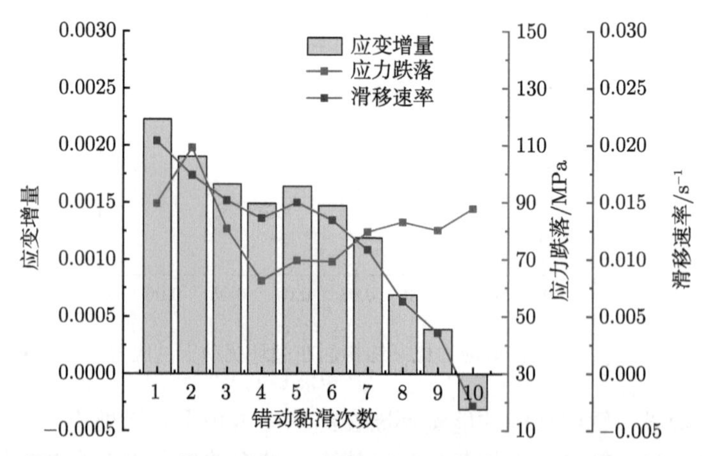

图 10.6　75%-扰动下的 10 次错动失稳黏滑事件特性的数据统计

由以上分析可知，扰动初始静应力水平是诱发结构面滑移失稳破坏的主导因素之一。静应力水平的不同，代表了结构面内初始能量的储存存在差异。初始静应力比越大，结构面内储存的初始能量越高，结构面失稳滑移时所需外界输入的瞬时能量就越小，更易诱发结构面的失稳滑移破坏。循环扰动施加前，结构面内初始积累的应变能有一个阈值，当结构面在扰动过程中累积的应变能接近门槛值时，结构面才更易被活化诱发失稳滑移现象。

2. 应力-应变时程曲线特征

在不同初始轴向静应力比下，结构面循环扰动作用下的应力-应变时程曲线如图 10.7 所示。在初始循环扰动加载的瞬间，其应力的增加将导致轴向和环向应变的突增，产生瞬时的错动滑移，但结构面并不一定会因此失稳滑移或造成应力跌落。当初始静应力比为 70%时，除了初始扰动应力值为 214.52 MPa 时造成了应变的突增，在接下来的 2100 次循环扰动下，应变曲线保持近似水平演化，结构面始终处于无滑移的稳定状态 (如图 10.7(a) 所示)。当初始静应力比为 75%，初始循环扰动的应力上升至 224.77 MPa 时，结构面瞬间错动失稳滑移，且在 6 s 内发生了 10 次错动黏滑事件。而这 10 次错动黏滑的应变呈现出跳跃突增 (如图 10.7(e) 所示)，在此之后的 1800 次的循环扰动中，应变呈现出水平的稳定演化 (如图 10.7(d) 所示)。当初始静应力比为 80%，初次循环扰动应力上升至 234.44 MPa 时，结构面发生了错动失稳滑移，引起了结构面的剪切滑移破坏而无法继续承载。由此可见，静应力水平越高，循环扰动诱发结构面发生错动失稳滑移的可能性就越大。

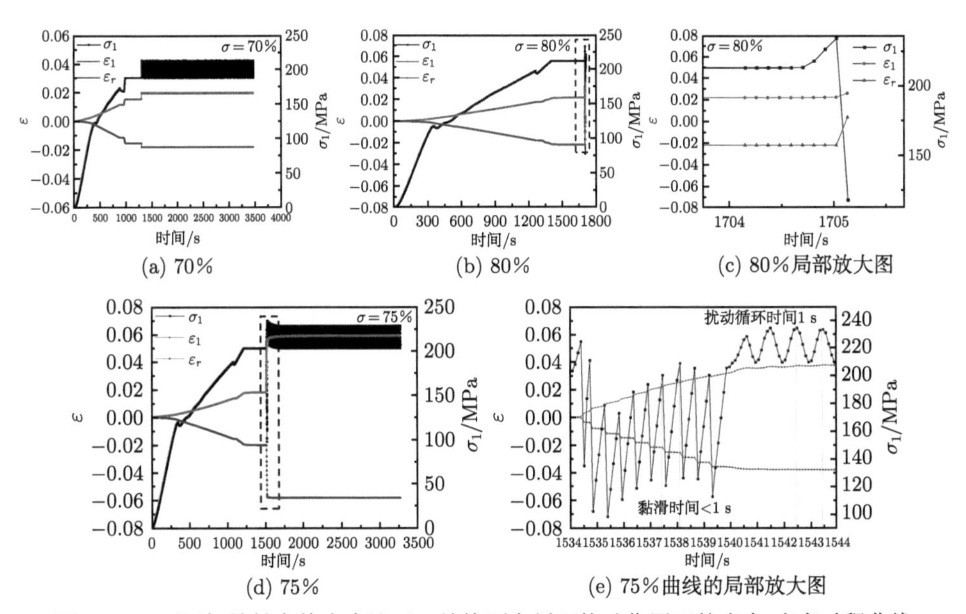

(a) 70%　(b) 80%　(c) 80%局部放大图

(d) 75%　(e) 75%曲线的局部放大图

图 10.7 不同初始轴向静应力比下，结构面在循环扰动作用下的应力-应变时程曲线

3. 不同初始静应力水平时循环扰动作用下结构面的破坏特征

在不同初始静应力水平下循环扰动后试样结构面的破坏形态，如图 10.8 所示。70%的初始静应力水平时，循环扰动阶段未产生滑移，处于稳定状态，结构面上擦痕和磨损都很小。在 75%的初始静应力水平时，扰动前期虽在 6 s 内诱发了 10 次黏滑现象，但之后的循环加载又逐渐处于稳定状态。因其静应力水平较小，即使产生黏滑，其结构面表面上的磨损碎屑并不明显，但摩擦痕迹要比 70%时更加明显。在 70%、75%的初始静应力水平下，两者结构面的边缘上较完整，并没有破碎颗粒的掉落，表面损伤均较小。80%的初始静应力水平下，结构面在扰动初始便诱发了滑移破坏，其表面上的擦痕最显著，结构面边缘上有碎屑脱落。

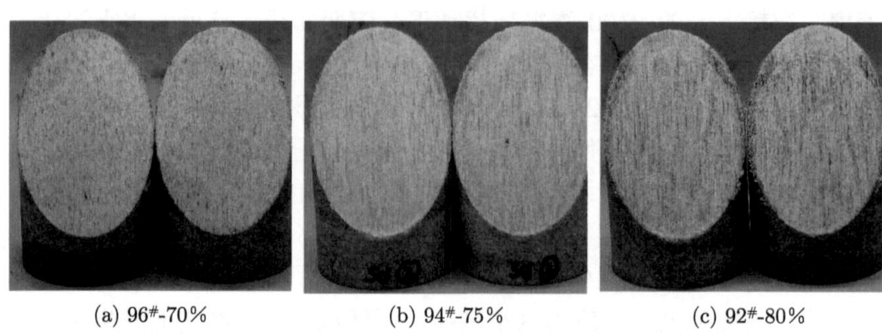

(a) 96#-70%　(b) 94#-75%　(c) 92#-80%

图 10.8 不同初始静应力水平下循环扰动后试样结构面的破坏形态

10.4.2 扰动频率对结构面剪切滑移的影响

1. 应力-应变曲线的特征

图 10.9 给出了扰动幅值为 26 MPa，不同循环扰动频率 (0.2 Hz、0.5 Hz 和 1 Hz) 作用下结构面的应力-应变曲线。0.2 Hz 的循环扰动下结构面的力学性质与初始静应力为 70%的演化过程相似。随着循环扰动次数的增加，应变基本保持稳定，结构面处于稳定状态。由 0.5 Hz 扰动曲线的特征可知，在扰动初期结构面的轴向应变较小，随着扰动周期的增加，扰动曲线分布逐渐密集，结构面逐渐处于稳定状态。随着扰动的持续作用，结构面的稳定状态被打破，结构面开始稳定滑移，其应力-应变曲线逐渐由密到疏，单个扰动周期内的应变逐渐变大。而在之后的扰动过程中，结构面由于摩擦咬合作用逐渐强化，曲线又由疏变密，单个扰动周期内的应变值逐渐减小，结构面逐渐趋于稳定状态。0.5 Hz 下的整个扰动过程中，结构面并未发生明显的失稳滑移现象。可以看出，扰动曲线整体的演化呈现密-疏-密的特征。频率为 1 Hz 时的扰动试验与初始静应力水平为 80%时为同一个测试试样，此处不再累述。

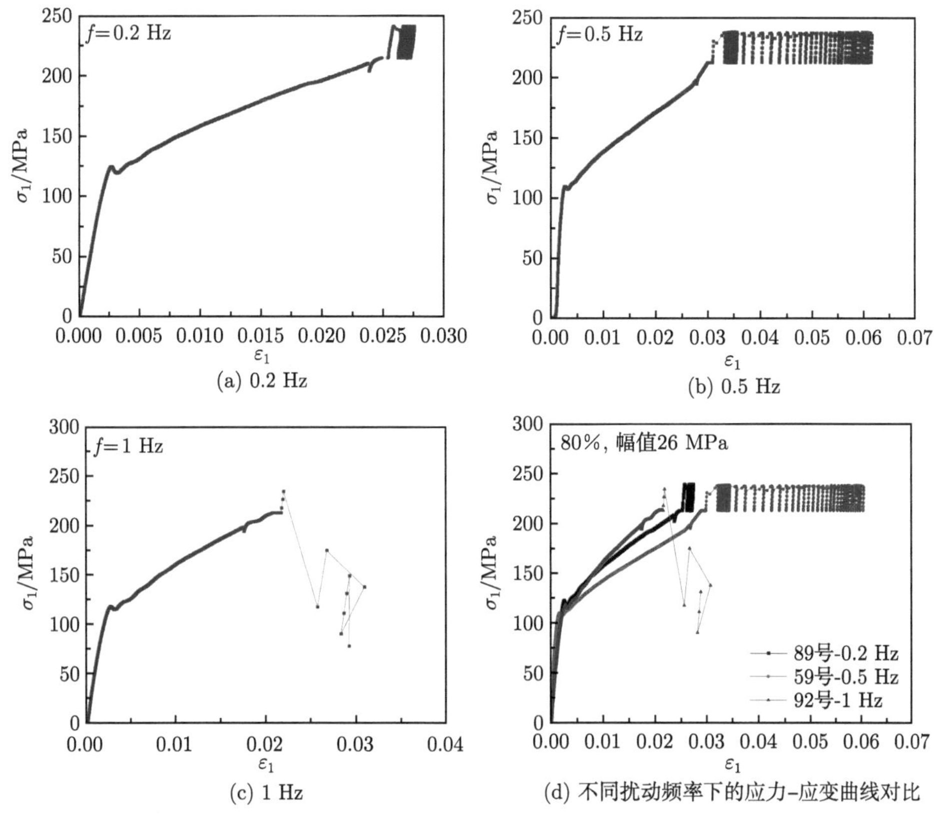

(a) 0.2 Hz

(b) 0.5 Hz

(c) 1 Hz

(d) 不同扰动频率下的应力-应变曲线对比

图 10.9 不同循环扰动频率下的结构面的应力-应变曲线特征

2. 应力-应变时程曲线的特征

图 10.10 为不同循环扰动频率下，结构面的应力-应变时程曲线。0.2 Hz 频率下共循环扰动了 378 次，扰动力学性质的演化过程与初始静应力为 70%时变化相似，可以看出，在扰动加载阶段，应力与应变的变化在时间轴上都呈现出规则的周期性正余弦曲线，应变随着扰动循环加载而波动变化，应变差接近为 0，结构面整体没有产生滑移。0.5 Hz 的扰动频率下共循环扰动了 98 次，在循环扰动初期，结构面经历了一段无滑移的平静期，该平静期内的应变增长微小。70 次循环扰动后，结构面的稳定状态被打破而开始稳定滑移，此时结构面经历了由无滑移状态到稳定滑移状态的过渡。由图 10.11 给出的 0.5 Hz 扰动下的放大图可知，70 次循环之后的每一次扰动均会引起结构面滑移量的小幅突增，且单个扰动周期内滑移的应变增量有逐渐减小的趋势。可见，结构面滑移过程中，再次表现出结构面的摩擦咬合能力在不断强化。因此，0.5 Hz 频率扰动下的结构面处于稳定滑移状态，整个扰动过程并没有发生明显的失稳滑移现象，且结构面逐渐趋于稳定

状态。

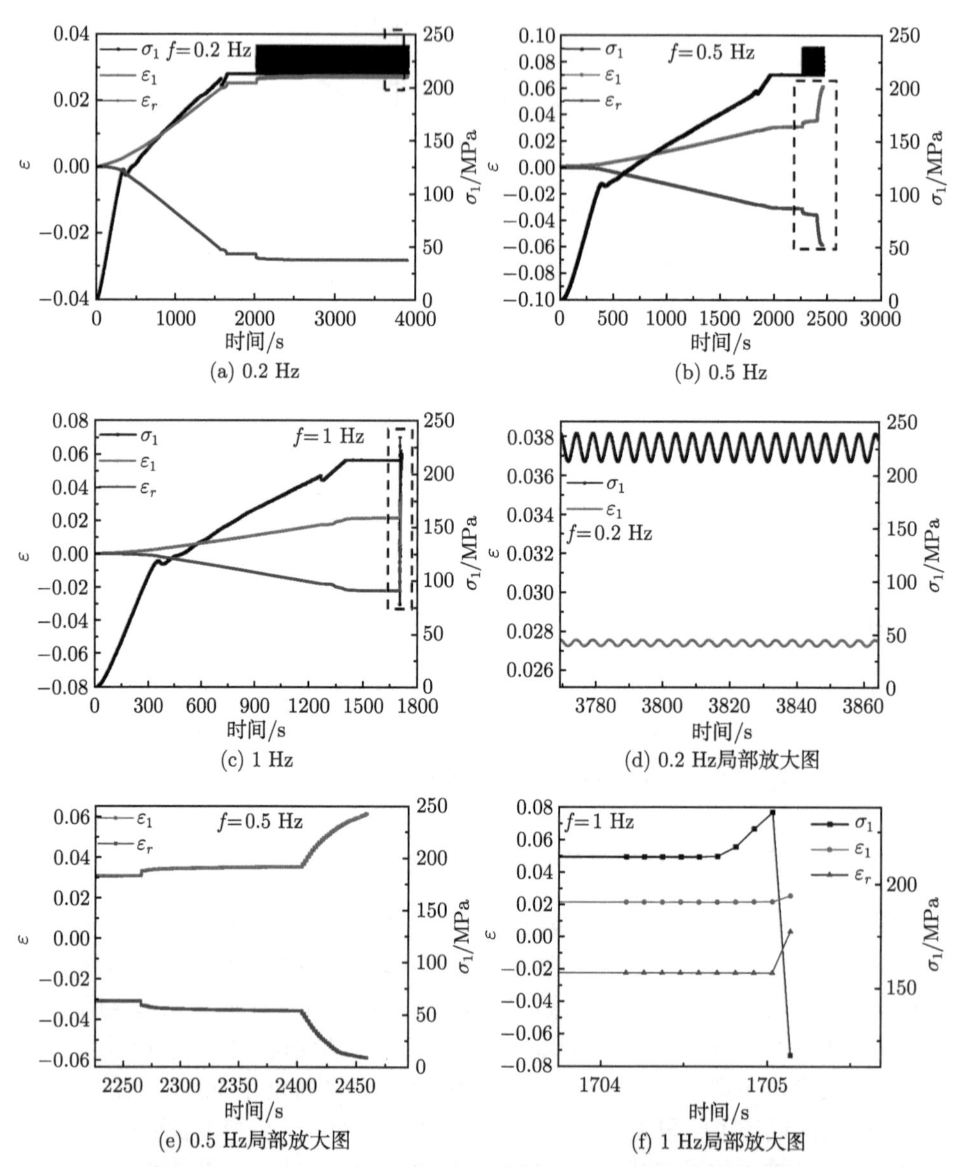

图 10.10　不同循环扰动频率下的结构面应力-应变时程曲线特征

随着扰动频率的增大 (0.2~1 Hz 时)，结构面由稳定滑移转至失稳滑移。扰动频率越大，结构面加-卸载的速率就越高，导致在相同时间输入到结构面内的能量就越高，结构面内累积的应变能更易克服结构面滑动的能量限制，打破结构面的相对稳定状态，增大了结构面滑移失稳的可能性。

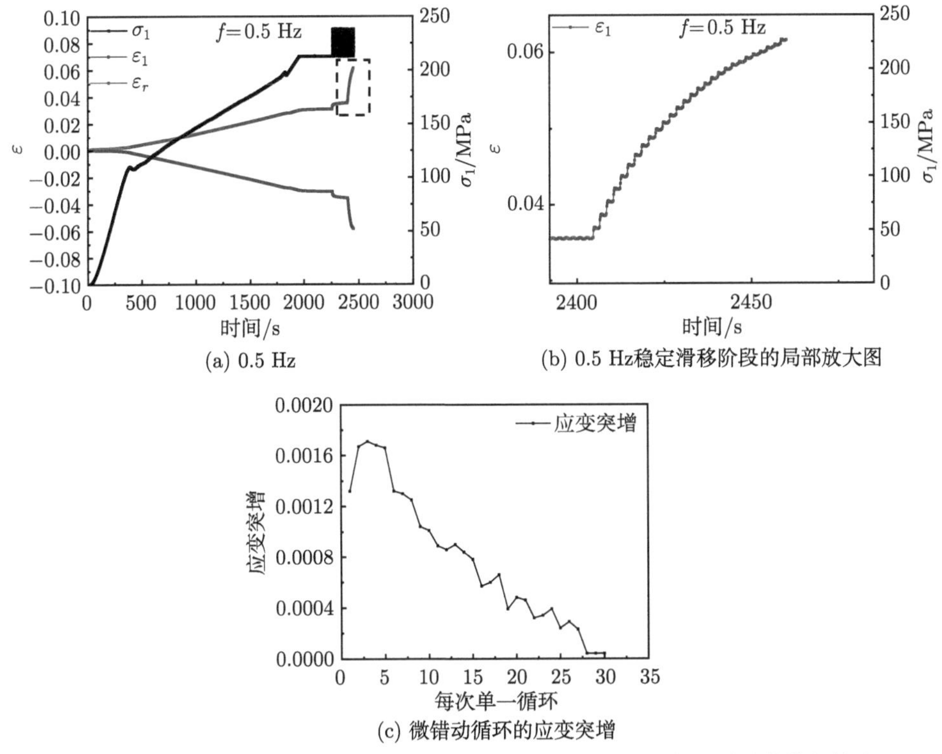

(a) 0.5 Hz

(b) 0.5 Hz稳定滑移阶段的局部放大图

(c) 微错动循环的应变突增

图 10.11 扰动频率为 0.5 Hz 时的稳定滑移非线性阶段应变突增量的数据统计

3. 不同扰动频率下结构面的破坏特征

图 10.12 为不同循环扰动频率下试样结构面的破坏形态。0.2 Hz 频率下的循环扰动过程中应变差值约为 0，导致结构面表面的磨损程度最小。对于 0.5 Hz 下的循环扰动而言，结构面保持稳定滑移，滑移位移相对较大，结构面的磨损程度较 0.2 Hz 大，但结构面表面整体上较为光滑，擦痕较浅显。1 Hz 频率下的扰动加载，结构面表面的摩擦痕迹显著，划痕明显，端部出现断裂弧状痕迹，结构面

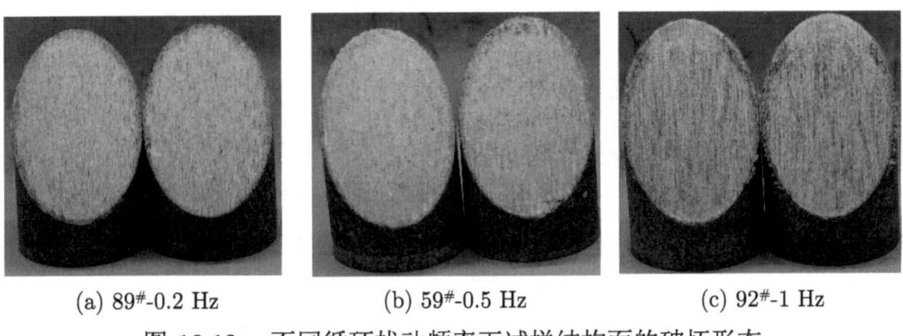

(a) 89#-0.2 Hz (b) 59#-0.5 Hz (c) 92#-1 Hz

图 10.12 不同循环扰动频率下试样结构面的破坏形态

边缘磨损也相对较大。

10.4.3　扰动幅值对结构面剪切滑移的影响

1. 应力-应变曲线的特征

图 10.13 为扰动频率为 1 Hz，扰动幅值分别为 20 MPa、25 MPa 和 30 MPa 时结构面的应力-应变曲线。其中，循环扰动幅值为 20 MPa 时的扰动累计应变较小。循环扰动幅值为 25 MPa 时的结构面滑移明显。扰动幅值为 20 MPa 和 25 MPa 的结构面均未发生错动失稳滑移。当循环扰动幅值为 30 MPa，初始扰动应力上升至 237.4 MPa 时，结构面发生了失稳滑移，造成很大应力跌落，并产生黏滑现象。扰动幅值为 30 MPa 时的瞬时冲击力较大，造成结构面无法继续摩擦咬合，初始扰动诱发了 3 次失稳黏滑，导致应变突增。图 10.14 给出 3 次黏滑事件的信息统计结果，可见失稳滑移时的应变增量、应力跌落幅度、瞬时滑移速率都随着黏滑次数的增加而逐渐减小，说明结构面在逐渐摩擦咬合，并逐渐趋向于稳定状态，但由于扰动幅值过大，导致滑移面克服了结构面的摩擦咬合能力而最终失稳滑移破坏。

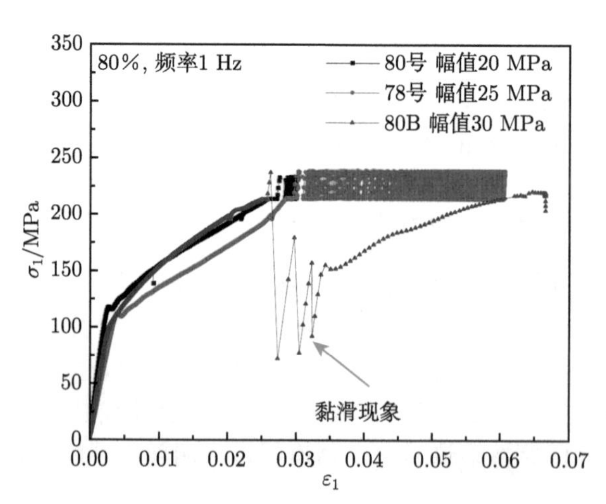

图 10.13　不同扰动幅值下结构面的应力-应变曲线

2. 应力-应变时程曲线的特征

图 10.15 为不同循环扰动幅值下结构面的应力-应变时程曲线。从中可知，扰动幅值为 20 MPa 时，共计扰动了 3600 个循环周期，整个演化过程呈现出与 0.2 Hz 扰动频率时相似的特征。扰动幅值 30 MPa 下，一经扰动便导致结构面剪切滑移破坏。而扰动幅值在 25 MPa 下，共循环扰动了 1560 个周期，在 70 次扰动后，被活化开始滑移，进入非线性稳定滑移阶段。该阶段，结构面滑移变形虽

在增加，增量却在逐渐减小，滑移应变曲线的演化逐渐平滑，表明滑移逐渐趋于稳定状态。还可以看出，在整个扰动阶段，结构面并未出现失稳滑移现象。这与 0.5 Hz 的扰动频率下结构面滑移变形演化规律相似。

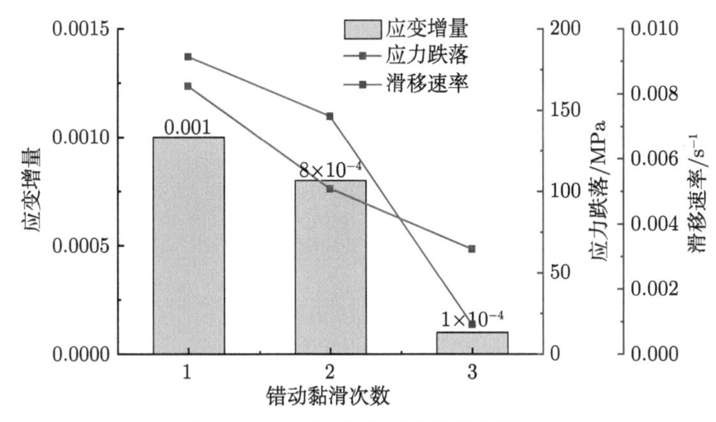

图 10.14 3 次黏滑事件的数据统计

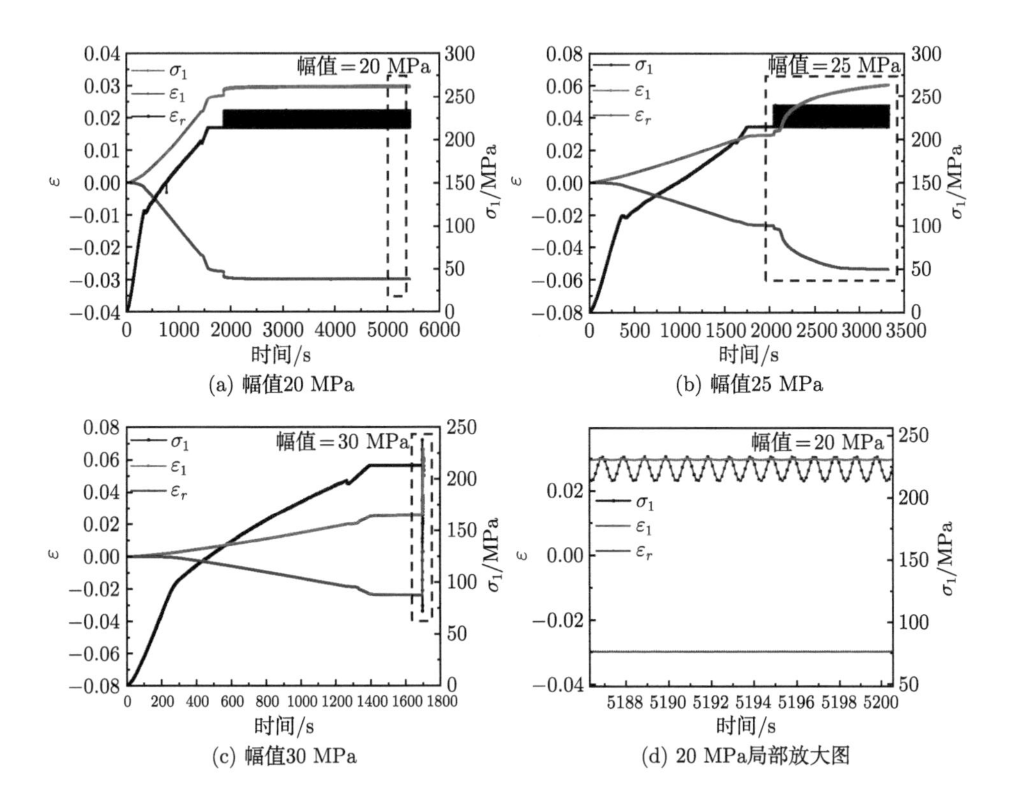

(a) 幅值20 MPa

(b) 幅值25 MPa

(c) 幅值30 MPa

(d) 20 MPa局部放大图

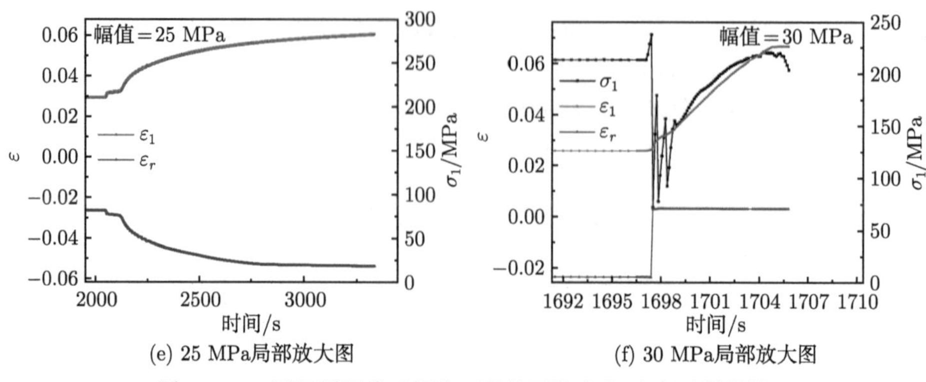

(e) 25 MPa局部放大图 (f) 30 MPa局部放大图

图 10.15 不同循环扰动幅值下结构面的应力-应变时程曲线

图 10.16(a) 为幅值 25 MPa 时轴向应变在扰动过程中的演化过程，其中框选的局部放大如图 10.16(b) 所示。从图中可以看出，扰动过程中轴向应变的累积过程，结构面在扰动过程中发生了 10 次明显的滑移现象，且每一次滑移后都会有应变的突增。但滑移并未引起整个结构面的失稳。对 10 次明显滑移信息进行统计，统计结果如图 10.16(c) 所示。由图可知，随着扰动时间的增加，结构面滑移之间

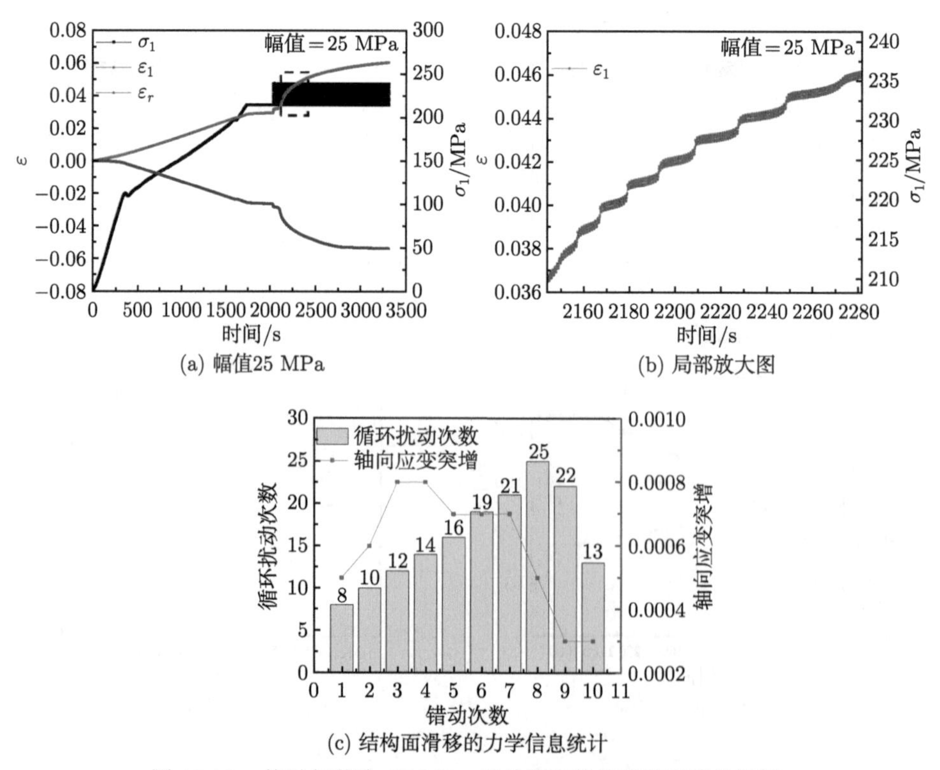

(a) 幅值25 MPa (b) 局部放大图

(c) 结构面滑移的力学信息统计

图 10.16 扰动幅值为 25 MPa 时结构面的扰动滑移演化规律

的循环扰动次数呈现出先增大后减小的趋势，滑移应变的突增量也呈现出相同的规律。由此说明扰动过程中，结构面的摩擦咬合效应正在逐渐强化，体现出结构面在滑移过程中具有明显的摩擦咬合的自稳定能力。

综上可知，扰动幅值的差异代表了单个循环周期内输入到结构面的应变能不同。扰动幅值越大，扰动荷载在单个周期内能量的提供越高，则转化到结构面内的能量就越多，由此增加了结构面活化的可能性。扰动荷载是结构面活化失稳滑移的触发条件，起着催化作用。滑移开始后，当扰动的作用效果最终未能克服结构面摩擦咬合作用时，结构面最终不会发生失稳滑移，会逐渐趋于稳定状态。反之，结构面无法持续承载，会发生失稳滑移，直至结构面滑移破坏。

3. 不同循环扰动幅值下结构面的破坏特征

不同循环扰动幅值下结构面的破坏形态见图 10.17 所示。扰动幅值为 20 MPa 时，结构面始终处于无滑移状态，结构面表面磨损产生的粉尘颗粒相对较小。扰动幅值为 25 MPa 时，滑移持续时间较长，结构面之间的摩擦损伤较大，结构面的颗粒粉末呈堆砌分布。扰动幅值为 30 MPa 时，初次循环扰动冲击较大，造成瞬间剪切破坏，剪切滑移应变剧增，致使结构面的磨损擦痕明显。循环扰动造成的三次冲击型黏滑，致使结构面表面形成较多碎屑，在结构面边缘也呈现出碎块颗粒的剥落现象。

(a) 78#-20 MPa

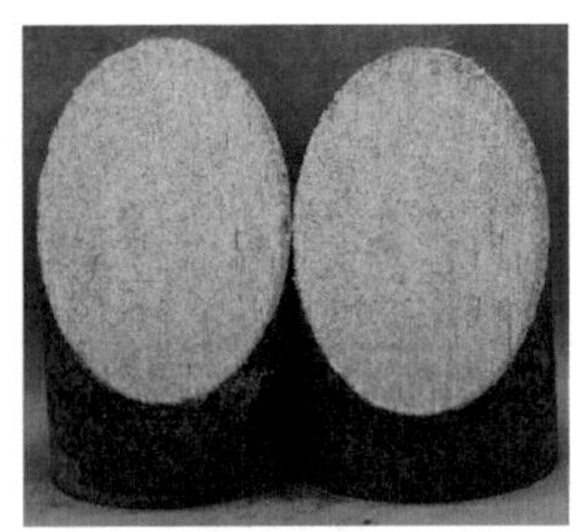
(b) 80#-25 MPa

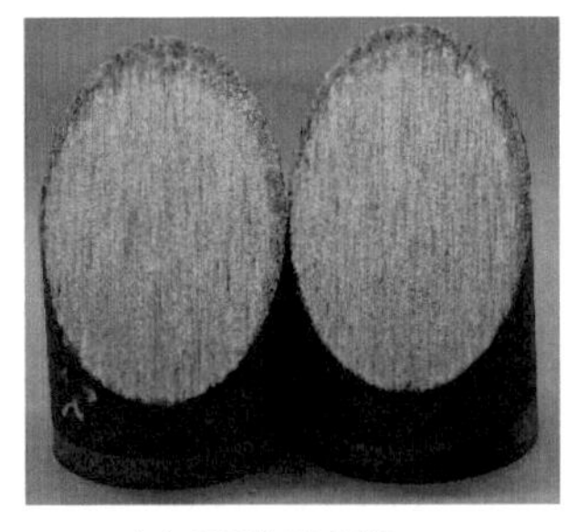
(c) 80B#-30 MPa

图 10.17　不同循环扰动幅值下结构面的破坏形态

10.5　扰动荷载下结构面的损伤分析

10.5.1　循环扰动条件下结构面的宏观损伤特性

通过结构面轮廓仪量测结构面的形貌特征，其量测的方向为垂直于结构面的剪切滑移方向，见图 10.18。通过探针的点接触量测得到结构面的二维形貌数据，并计算出结构面表面起伏参数 RMS。

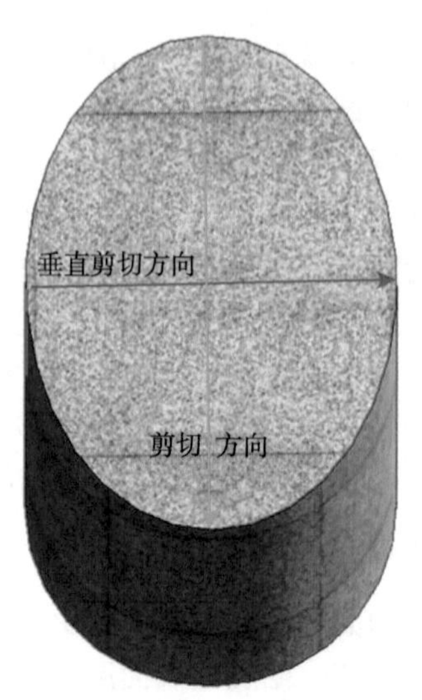

图 10.18　结构面二维形貌量测方向示意图

由图 10.19 可知，随着扰动初始静应力水平的增高，结构面表面在相同扰动荷载作用下，结构面的起伏范围越来越大，曲线的波动也增大，其结构面粗糙度参数 RMS 逐渐增大。可见，初始静应力水平越高，颗粒之间的接触摩擦咬合会更加紧密，造成结构面的磨损就越大，相应地结构面的形貌特征变得更加粗糙，表面上的凹凸现象更显著。

基于单条测线的量测数据，难免会产生误差，因此应在结构面表面中部位置

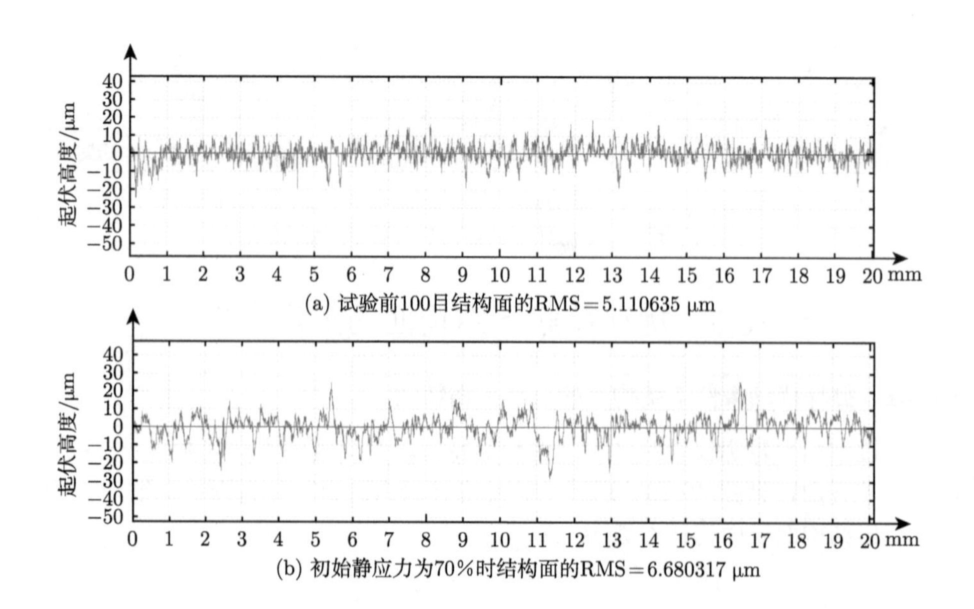

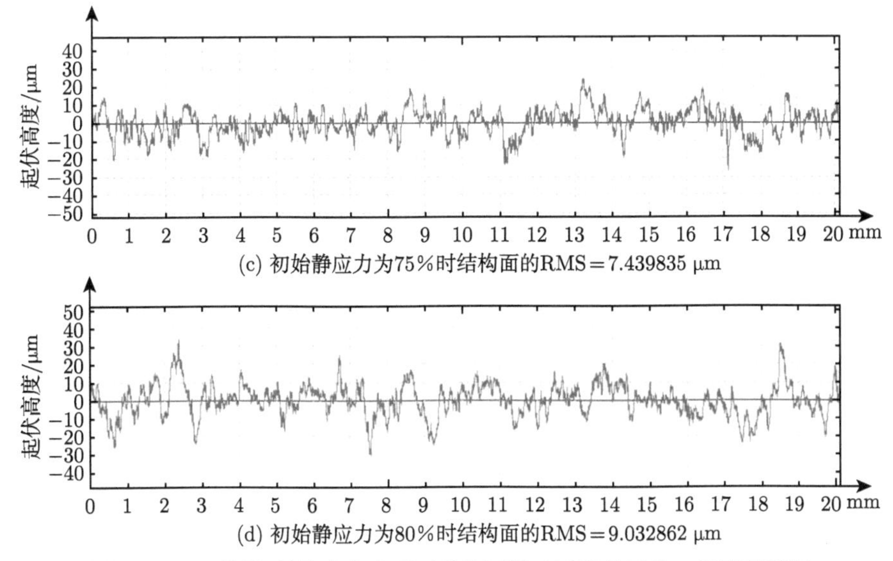

(c) 初始静应力为75%时结构面的RMS = 7.439835 μm

(d) 初始静应力为80%时结构面的RMS = 9.032862 μm

图 10.19 不同初始静应力水平下结构面扰动试验前后的二维形貌特征

处沿垂直剪切方向上任意选取 4 条线进行量测，取 RMS 的平均值为参考值进行分析，会更加真实准确。不同工况下循环扰动试验后结构面的粗糙度参数 RMS 的计算结果见表 10.2 所示。可以发现，不同工况条件下，4 条线 RMS 的平均值随幅值、初始静应力比、频率的增大而逐渐增大。且初始静应力因素比其他因素 (幅值与频率) 的影响更加显著。

表 10.2 各试验方案下多条探测线条的 RMS 计算结果及平均值

扰动因素		试样编号	第 1 条	第 2 条	第 3 条	第 4 条	平均值
初始静应力比	70%	96	6.680317	6.155814	7.131313	6.445637	6.60327025
	75%	94	7.679969	7.246625	8.014998	7.439835	7.59535675
	80%	92	11.43429	9.811307	9.032862	7.833684	9.52803575
频率	0.2 Hz	89	8.216192	6.876944	7.209357	7.830175	7.533167
	0.5 Hz	59	8.786178	9.031574	9.126663	8.913514	8.96448225
	1 Hz	92	11.43429	9.811307	9.032862	7.833684	9.52803575
幅值	20 MPa	80	6.335573	5.906742	7.128434	7.128664	6.62485325
	25 MPa	78	7.750562	7.361969	7.684559	7.75609	7.638295
	30 MPa	80B	—	—	—	—	—

10.5.2 试验后结构面的微观结构分析

对试验后的结构面进行切割制备小试样，利用 SEM 对试验后结构面表面进行观测，分析剪切滑移后结构面形貌的微观结构破裂特征。试验后结构面表面的 SEM 扫描结果如图 10.20 所示。图 10.20 为各试样结构面表面局部放大 100 倍后的 SEM 图。由扰动幅值为 25 MPa 时的 SEM 扫描结果可知，试样表面沿剪

切方向 (图中红线箭头表示剪切方向) 出现小突起剪切脱落的特点。尤其是在表面擦痕的低洼处或空隙位置均有碎屑的分布，这种低洼形貌是由剪切滑移过程中结构面的滑移错动形成的。

(a) 78号试样-25 MPa-1 Hz　　(b) 59号试样-26 MPa-0.5 Hz

(c) 94#-75%-26 MPa-1 Hz　　(d) 94#-75%-26 MPa-1 Hz

(e) 92#-80%-26 MPa-1 Hz

图 10.20　结构面 SEM 微观破裂图

当扰动频率为 0.5 Hz 时，低洼处同样呈现出碎屑的堆砌分布，且整体上的断面形貌沿剪切擦痕方向呈较厚的层状结构分布，且各层面上均比较整洁，碎屑分布较少。扰动初始静应力为 75%时，初始扰动诱发了 10 次黏滑事件，导致结构面表面形貌多呈现为较平整的薄鳞片状分布，表面上的碎屑分布较少。因多次错动的影响，在结构面的局部范围内存在棱角状的蜂窝特征 (图 10.20 中绿色画圈部分)。当扰动初始静应力为 80%时，结构面在初始扰动的瞬间诱发了较大的错动失稳滑移后，又仅在几秒内发生了剪切滑移破坏，因此在 300 倍放大下，可以明显地观察到断面上出现了结构面微观颗粒的断裂，形成了沿垂直剪切划痕方向的水平张拉裂纹 (图中红箭头)，且断口处片状碎块与断层泥分布更加明显。

10.6 主 要 结 论

本章采用贯通结构面进行不同初始静应力水平下的不同循环扰动 (幅值、频率) 剪切滑移试验，探究结构面受外界扰动作用下的滑移特性，并对诱发剪切滑移破坏的机理进行解释。本章还对其结构面剪切试验前后的微观形貌特征进行了分析总结，主要获得如下结论：

(1) 随着扰动控制因素的增大，结构面由最初的无滑移逐渐转化为稳定滑移或失稳滑移。在中等强度的控制因素下，结构面的滑移状态会随着摩擦咬合作用的不断加强而逐渐向稳定状态过渡，导致滑移面最终趋于稳定状态。

(2) 控制因素到达或超过门槛值时，循环扰动的瞬时克服了结构面的摩擦力，而诱发滑移破坏，使结构面无法再继续摩擦咬合而持续承载。

(3) 循环扰动试验前后，随控制因素 (静应力水平、扰动幅值与频率) 强度的增大，结构面表面二维形貌的起伏范围越大，结构面表面粗糙度参数 RMS 值也逐渐增大，剪切后结构面的形貌特征变得更加粗糙。初始静应力因素比扰动幅值和频率对结构面形貌特征的影响更加凸显。

(4) 剪切试验后结构面表面的 SEM 扫描结果表明，在未剪切滑移破坏前，结构面的损伤主要为沿剪切方向的擦痕，且多呈层状或薄鳞片状结构分布，结构面表面上存在碎屑的分布。当结构面发生剪切滑移破坏后，结构面上形成了沿垂直剪切方向的水平张拉裂纹，存在明显的台阶状断口，断口处有较多片状碎块与断层泥的分布。

参考文献

[1] ZHOU H, MENG F, ZHANG C, et al. Analysis of rockburst mechanisms induced by structural planes in deep tunnels[J]. Bulletin of Engineering Geology and the Environment, 2015, 74(4): 1435-1451.

[2] 深部开采势在必行? http://www.chinamining.org.cn/index.php?a=show&c=index&catid=6&id=3790&m=content.[2013-8-19].

[3] 中国交通运输发展. https://www.gov.cn/zhengce/2016-12/29/content_5154095.htm.[2016-12-29].

[4] ORTLEPP W, STACEY T. Rockburst mechanisms in tunnels and shafts[J]. Tunnelling and Underground Space Technology, 1994, 9(1): 59-65.

[5] ZHANG C, FENG X T, ZHOU H, et al. Case histories of four extremely intense rockbursts in deep tunnels[J]. Rock Mechanics and Rock Engineering, 2012, 45(3): 275-288.

[6] 邓荣贵, 张倬元. 锦屏 I 级水电站坝区岩体结构面特征研究 [J]. 地质灾害与环境保护, 1996, 7(1): 35-40, 53.

[7] WU D, CHEN F, TANG L, et al. Influence of weak interlayer filling state on the failure patterns of natural rock joints[J]. International Journal of Geomechanics, 2022, 22(7): 04022086.

[8] GOODMAN R E. Methods of Geological Engineering in Discontinuous Rocks[M]. New York: West Group, 1976.

[9] XU S, FREITAS M H. Use of a rotary shear box for testing the shear strength of rock joints[J]. Géotechnique, 1988, 38(2): 301-309.

[10] PAPALIANGAS T, HENCHER S, LUMSDEN A, et al. The effect of frictional fill thickness on the shear strength of rock discontinuities[C]. International Journal of Rock Mechanics and Mining Sciences & Geomechanics Abstracts: 30, Elsevier, 1993: 81-91.

[11] XU B, YAN C, XU S. Analysis of the bedding landslide due to the presence of the weak intercalated layer in the limestone[J]. Environmental Earth Sciences, 2013, 70(6): 2817-2825.

[12] LUO Z, ZHANG Y, DU S, et al. Experimental study on shear performance of saw-tooth rock joint with weak interlayer under different moisture contents and filling degrees[J]. Frontiers in Earth Science, 2023, 10: 982937.

[13] 郭志. 起伏结构面内软弱夹层厚度的力学效应 [J]. 水文地质工程地质, 1982, (1): 34-36.

[14] TIAN Y, LIU Q, MA H, et al. New peak shear strength model for cement filled rock joints[J]. Engineering Geology, 2018, 233: 269-280.

[15] SHE C X, SUN F T. Study of the peak shear strength of a cement-filled hard rock joint[J]. Rock Mechanics and Rock Engineering, 2018, 51(3): 713-728.

[16] LADANYI B, ARCHAMBAULT G. Shear strength and deformability of filled indented joints[C]. Proc. Int. Symp. on Geotechnics of Structurally Complex Formations, Capri, 1977: 317-326.

[17] EHRLE H. Model materials for shear tests of filled joints[C]. Mechanics of Jointed and Faulted Rock, CRC Press, 2020: 371-374.

[18] ZHAO Y, ZHANG L, WANG W, et al. Experimental study on shear behavior and a revised shear strength model for infilled rock joints[J]. International Journal of Geomechanics, 2020, 20(9): 04020141.

[19] 李鹏, 刘建. 不同含水率软弱结构面剪切蠕变试验及模型研究 [J]. 水文地质工程地质, 2009, 36(6): 49-53, 67.

[20] 许江, 雷娇, 刘义鑫, 等. 充填物性质影响结构面剪切特性试验研究 [J]. 岩土力学, 2019, 40(11): 4129-4137.

[21] 许江, 郻君宇, 刘义鑫, 等. 不同充填度下岩体剪切-渗流耦合试验研究 [J]. 岩土力学, 2019, 40(9): 3416-3424, 3434.

[22] 许江, 瞿佳美, 刘义鑫, 等. 循环剪切荷载作用下充填物对结构面剪切特性影响试验研究 [J]. 岩土力学, 2019, 40(5): 1627-1637.

[23] ZHAO Y, LI Y, CHANG L, et al. Shear behaviors of clay-infilled joint with different water contents: experiment and model[J]. Arabian Journal of Geosciences, 2021, 14(17): 1724.

[24] KUTTER H, RAUTENBERG A, OTHERS. The residual shear strength of filled joints in rock[C]. 4th ISRM Congress, International Society for Rock Mechanics and Rock Engineering, 1979.

[25] JAHANIAN H, SADAGHIANI M H. Experimental study on the shear strength of sandy clay infilled regular rough rock joints[J]. Rock Mechanics and Rock Engineering, 2015, 48(3): 907-922.

[26] MIRZAGHORBANALI A, NEMCIK J, AZIZ N. Effects of cyclic loading on the shear behaviour of infilled rock joints under constant normal stiffness conditions[J]. Rock mechanics and rock engineering, 2014, 47(4): 1373-1391.

[27] 范文臣, 曹平, 张科. 不同压剪切应力比作用下节理类岩石材料破坏模式的试验研究 [J]. 中南大学学报: 自然科学版, 2015, 46(3): 926-932.

[28] 魏继红, 王武超, 杨圆圆, 等. 重复剪切作用下充填物对结构面力学性质的影响 [J]. 工程地质学报, 2017, 25(6): 1482-1490.

[29] SAADAT M, TAHERI A. A cohesive discrete element based approach to characterizing the shear behavior of cohesive soil and clay-infilled rock joints[J]. Computers and Geotechnics, 2019, 114: 103109.

[30] SHRIVASTAVA A K, RAO K S. Physical modeling of shear behavior of infilled rock joints under CNL and CNS boundary conditions[J]. Rock Mechanics and Rock Engineering, 2018, 51(1): 101-118.

[31] 徐磊, 任青文. 不同充填度岩石分形节理抗剪强度的数值模拟 [J]. 煤田地质与勘探, 2007, 35(3): 52-55.

[32] WANG X, WANG R, ZHANG Z. Numerical analysis method of shear properties of infilled joints under constant normal stiffness condition[J]. Advances in Civil Engineering, 2018, 2018: 1-13.

[33] CHENG J, ZHANG H, WAN Z. Numerical simulation of shear behavior and permeability evolution of rock joints with variable roughness and infilling thickness[J]. Geofluids, 2018, 2018: 1-11.

[34] HUTSON R W, DOWDING C H. Joint asperity degradation during cyclic shear[J]. International Journal of Rock Mechanics and Mining Sciences & Geomechanics Abstracts, 1990, 27(2): 109-119.

[35] HUANG X, HAIMSON B C, PLESHA M E, et al. An investigation of the mechanics of rock joints—Part I. Laboratory investigation[J]. International Journal of Rock Mechanics and Mining Sciences & Geomechanics Abstracts, 1993, 30(3): 257-269.

[36] PEREIRA J P, de FREITAS M H. Mechanisms of shear failure in artificial fractures of sandstone and their implication for models of hydromechanical coupling[J]. Rock Mechanics and Rock Engineering, 1993, 26(3): 195-214.

[37] WANG W, SCHOLZ C H. Wear processes during frictional sliding of rock: a theoretical and experimental study[J]. Journal of Geophysical Research, 1994, 99(B4): 6789.

[38] KARAMI A, STEAD D. Asperity degradation and damage in the direct shear test: a hybrid FEM/DEM approach[J]. Rock Mechanics and Rock Engineering, 2008, 41(2): 229-266.

[39] PARK J W, SONG J J. Numerical simulation of a direct shear test on a rock joint using a bonded-particle model[J]. International Journal of Rock Mechanics and Mining Sciences, 2009, 46(8): 1315-1328.

[40] ASADI M S, RASOULI V, BARLA G. A bonded particle model simulation of shear strength and asperity degradation for rough rock fractures[J]. Rock Mechanics and Rock Engineering, 2012, 45(5): 649-675.

[41] INDRARATNA B, THIRUKUMARAN S, BROWN E T, et al. A technique for three-dimensional characterisation of asperity deformation on the surface of sheared rock joints[J]. International Journal of Rock Mechanics and Mining Sciences, 2014, 70: 483-495.

[42] INDRARATNA B, THIRUKUMARAN S, BROWN E T, et al. Modelling the shear behaviour of rock joints with asperity damage under constant normal stiffness[J]. Rock Mechanics and Rock Engineering, 2015, 48(1): 179-195.

[43] HONG E S, KWON T H, SONG K I, et al. Observation of the degradation characteristics and scale of unevenness on three-dimensional artificial rock joint surfaces subjected to shear[J]. Rock Mechanics and Rock Engineering, 2016, 49(1): 3-17.

[44] SINGH H K, BASU A. Shear behaviors of “real” natural un-matching joints of granite with equivalent joint roughness coefficients[J]. Engineering Geology, 2016, 211: 120-134.

[45] ASADI M S, RASOULI V, BARLA G. A laboratory shear cell used for simulation of shear strength and asperity degradation of rough rock fractures[J]. Rock Mechanics & Rock Engineering, 2013, 46(4): 683-699.

[46] MORADIAN Z A, BALLIVY G, RIVARD P. Correlating acoustic emission sources with damaged zones during direct shear test of rock joints[J]. Canadian Geotechnical Journal, 2012, 49(6): 710-718.

[47] GRASSELLI G, WIRTH J, EGGER P. Quantitative three-dimensional description of a rough surface and parameter evolution with shearing[J]. International Journal of Rock Mechanics and Mining Sciences, 2002, 39(6): 789-800.

[48] GRASSELLI G, EGGER P. Constitutive law for the shear strength of rock joints based on three-dimensional surface parameters[J]. International Journal of Rock Mechanics and Mining Sciences, 2003, 40(1): 25-40.

[49] LI K H, CAO P, ZHANG K, et al. Macro and meso characteristics evolution on shear behavior of rock joints[J]. Journal of Central South University, 2015, 22(8): 3087-3096.

[50] TANG Z C, WONG L N Y. New criterion for evaluating the peak shear strength of rock joints under different contact states[J]. Rock Mechanics and Rock Engineering, 2016, 49(4): 1191-1199.

[51] JIANG Q, SONG L, YAN F, et al. Experimental investigation of anisotropic wear damage for natural joints under direct shearing test[J]. International Journal of Geomechanics, 2020, 20(4): 04020015.

[52] JIANG Q, YANG B, YAN F, et al. New method for characterizing the shear damage of natural rock joint based on 3D engraving and 3D scanning[J]. International Journal of Geomechanics, 2020, 20(2): 06019022.

[53] Pattonf D. Multiple modes of shear failureinsrock[C]. Proceedings of 1st Cong. Int. Soc. Rock Mech. Lisbon, 1966: 509-513.

[54] WAN W, LIU J, LIU J. Effects of asperity angle and infill thickness on shear characteristics under constant normal load conditions[J]. Geotechnical and Geological Engineering, 2018, 36(4): 2761-2767.

[55] ZHAO Z, PENG H, WU W, et al. Characteristics of shear-induced asperity degradation of rock fractures and implications for solute retardation[J]. International Journal of Rock Mechanics and Mining Sciences, 2018, 105: 53-61.

[56] LIU R, LOU S, LI X, et al. Anisotropic surface roughness and shear behaviors of rough-walled plaster joints under constant normal load and constant normal stiffness conditions[J]. Journal of Rock Mechanics and Geotechnical Engineering, 2020, 12(2): 338-352.

[57] KOU M, LIU X, TANG S, et al. Experimental study of the prepeak cyclic shear mechanical behaviors of artificial rock joints with multiscale asperities[J]. Soil Dynamics and Earthquake Engineering, 2019, 120: 58-74.

[58] MA H, TIAN Y, LIU Q, et al. Experimental study on the influence of height and dip angle of asperity on the mechanical properties of rock joints[J]. Bulletin of Engineering

Geology and the Environment, 2021, 80(1): 443-471.

[59] ZHANG X, JIANG Q, KULATILAKE P H S W, et al. Influence of asperity morphology on failure characteristics and shear strength properties of rock joints under direct shear tests[J]. International Journal of Geomechanics, 2019, 19(2): 04018196.

[60] CHEN Y, LIANG W, SELVADURAI A P S, et al. Influence of asperity degradation and gouge formation on flow during rock fracture shearing[J]. International Journal of Rock Mechanics and Mining Sciences, 2021, 143: 104795.

[61] YUAN Z, YE Y, LUO B. Exploring the effect of asperity order on mechanical character of joint specimen from the perspective of damage[J]. Geofluids, 2021, 2021: 1-17.

[62] CHO N, MARTIN C D, SEGO D C. Development of a shear zone in brittle rock subjected to direct shear[J]. International Journal of Rock Mechanics and Mining Sciences, 2008, 45(8): 1335-1346.

[63] BAHAADDINI M, HAGAN P C, MITRA R, et al. Experimental and numerical study of asperity degradation in the direct shear test[J]. Engineering Geology, 2016, 204: 41-52.

[64] BAHAADDINI M, SHARROCK G, HEBBLEWHITE B K. Numerical direct shear tests to model the shear behaviour of rock joints[J]. Computers and Geotechnics, 2013, 51: 101-115.

[65] SAADAT M, TAHERI A. A numerical study to investigate the influence of surface roughness and boundary condition on the shear behaviour of rock joints[J]. Bulletin of Engineering Geology and the Environment, 2020, 79(5): 2483-2498.

[66] SAADAT M, TAHERI A, KAWAMURA Y. Incorporating asperity strength into rock joint constitutive model for approximating asperity damage: an insight from DEM modelling[J]. Engineering Fracture Mechanics, 2021, 248: 107744.

[67] SAADAT M, TAHERI A, KAWAMURA Y. Investigating asperity damage of natural rock joints in polycrystalline rocks under confining pressure using grain-based model[J]. Computers and Geotechnics, 2021, 135: 104144.

[68] XU B, LIU X, ZHOU X, et al. Investigation on the macro-meso fatigue damage mechanism of rock joints with multiscale asperities under pre-peak cyclic shear loading[J]. Soil Dynamics and Earthquake Engineering, 2021, 151: 106958.

[69] 郭玮钰, 张昌锁, 王晨龙, 等. 岩石结构面直剪力学特征的颗粒流宏细观分析 [J]. 计算力学学报, 2023, 40(2): 237-248.

[70] 蒋宇静, 张孙豪, 栾恒杰, 等. 剪切载荷作用下岩体结构面动态接触特征数值模拟 [J]. 煤炭学报, 2022, 47(1): 233-245.

[71] 马成荣, 刘静, 黄曼, 等. 基于颗粒流直剪试验的结构面细观颗粒运移规律研究 [J]. 绍兴文理学院学报 (自然科学), 2022, 42(10): 9-17.

[72] 赵科. 煤体结构面剪切力学特性的数值模拟研究 [J]. 煤炭科学技术, 2021, 49(12): 89-95.

[73] 杨志东, 陈世江, 常建平. 不同粗糙度结构面直剪的颗粒流数值模拟 [J]. 地下空间与工程学报, 2019, 15(S2): 648-656, 665.

[74] LIU Q, TIAN Y, JI P, et al. Experimental investigation of the peak shear strength criterion based on three-dimensional surface description[J]. Rock Mechanics and Rock

Engineering, 2018, 51(4): 1005-1025.
[75] GUI Y, XIA C, DING W, et al. Modelling shear behaviour of joint based on joint surface degradation during shearing[J]. Rock Mechanics and Rock Engineering, 2019, 52(1): 107-131.
[76] LI Y, WU W, LI B. An analytical model for two-order asperity degradation of rock joints under constant normal stiffness conditions[J]. Rock Mechanics and Rock Engineering, 2018, 51(5): 1431-1445.
[77] GHAZVINIAN A H, TAGHICHIAN A, HASHEMI M, et al. The shear behavior of bedding planes of weakness between two different rock types with high strength difference[J]. Rock Mechanics and Rock Engineering, 2010, 43(1): 69-87.
[78] LI Y, SONG L, JIANG Q, et al. Shearing performance of natural matched joints with different wall strengths under direct shearing tests[J]. Geotechnical Testing Journal, 2018, 41: 20160315.
[79] LEE H S, PARK Y J, CHO T F, et al. Influence of asperity degradation on the mechanical behavior of rough rock joints under cyclic shear loading[J]. International Journal of Rock Mechanics and Mining Sciences, 2001, 38(7): 967-980.
[80] SAINOKI A, MITRI H S. Dynamic modelling of fault-slip with Barton's shear strength model[J]. International Journal of Rock Mechanics and Mining Sciences, 2014, 67: 155-163.
[81] SAINOKI A, MITRI H S. Evaluation of fault-slip potential due to shearing of fault asperities[J]. Canadian Geotechnical Journal, 2015, 52(10): 1417-1425.
[82] SAINOKI A, MITRI H S. Simulating intense shock pulses due to asperities during fault-slip[J]. Journal of Applied Geophysics, 2014, 103: 71-81.
[83] MENG F, ZHOU H, WANG Z, et al. Experimental study on the prediction of rockburst hazards induced by dynamic structural plane shearing in deeply buried hard rock tunnels[J]. International Journal of Rock Mechanics and Mining Sciences, 2016, 86: 210-223.
[84] LI Y, WU W, TANG C, et al. Predicting the shear characteristics of rock joints with asperity degradation and debris backfilling under cyclic loading conditions[J]. International Journal of Rock Mechanics and Mining Sciences, 2019, 120: 108-118.
[85] PLESHA M E. Constitutive models for rock discontinuities with dilatancy and surface degradation[J]. International Journal for Numerical and Analytical methods in Geomechanics, 1987, 11(4): 345-362.
[86] QIU X, PLESHA M E, HUANG X, et al. An investigation of the mechanics of rock joints—Part Ⅱ. Analytical investigation[J]. International Journal of Rock Mechanics and Mining Sciences & Geomechanics Abstracts, 1993, 30(3): 271-287.
[87] JAFARI M K, HOSSEINI K A, PELLET F, et al. Evaluation of shear strength of rock joints subjected to cyclic loading[J]. Soil Dynamics and Earthquake Engineering, 2003, 23(7): 619-630.
[88] MORADIAN Z A, BALLIVY G, RIVARD P, et al. Evaluating damage during shear

tests of rock joints using acoustic emissions[J]. International Journal of Rock Mechanics and Mining Sciences, 2010, 47(4): 590-598.

[89] ISHIDA T, KANAGAWA T, KANAORI Y. Source distribution of acoustic emissions during an in-situ direct shear test: implications for an analog model of seismogenic faulting in an inhomogeneous rock mass[J]. Engineering Geology, 2010, 110(3-4): 66-76.

[90] ZHOU H, MENG F, ZHANG C, et al. Investigation of the acoustic emission characteristics of artificial saw-tooth joints under shearing condition[J]. Acta Geotechnica, 2016, 11(4): 925-939.

[91] WANG J H, CHEN K C, LEU P L, et al. Precursor times of abnormal b-values prior to mainshocks[J]. Journal of Seismology, 2016, 20(3): 905-919.

[92] MENG F, ZHOU H, WANG Z, et al. Influences of shear history and infilling on the mechanical characteristics and acoustic emissions of joints[J]. Rock Mechanics and Rock Engineering, 2017, 50(8): 2039-2057.

[93] MENG F, ZHOU H, WANG Z, et al. Characteristics of asperity damage and its influence on the shear behavior of granite joints[J]. Rock Mechanics and Rock Engineering, 2018, 51(2): 429-449.

[94] 郭佳奇, 程立攀, 朱斌忠, 等. 持续开挖效应下结构面剪切力学性质与能量特征研究 [J]. 岩土力学, 2023, 44(1): 131-143.

[95] 丁秀丽, 刘通灵, 黄书岭, 等. 中等蚀变结构面剪切变形破坏特性及统计损伤模型 [J]. 岩石力学与工程学报, 2022, 41(11): 2161-2172.

[96] 金嘉怡, 朱泽威, 陈忠清, 等. 结构面剪切条件下岩石声发射特征研究 [J]. 土工基础, 2021, 35(5): 621-623, 634.

[97] 王强, 周扬一, 李元辉, 等. 基于声发射监测的含天然弱面辉绿岩变形和强度特性实验研究 [J]. 岩石力学与工程学报, 2019, 38(S02): 3646-3653.

[98] 王强, 冯强. 采用预制结构面试件模拟含天然结构面辉绿岩的实验 [J]. 现代矿业, 2020, 36(12): 72-76.

[99] 江权, 杨冰, 刘畅, 等. 岩石自然结构面刻录制作方法及其直剪条件下磨损特征分析 [J]. 岩石力学与工程学报, 2018, 37(11): 2478-2488.

[100] 江权, 宋磊博. 3D 打印技术在岩体物理模型力学试验研究中的应用研究与展望 [J]. 岩石力学与工程学报, 2018, 37(1): 23-37.

[101] 熊祖强, 江权, 龚彦华, 等. 基于三维扫描与打印的岩体自然结构面试样制作方法与剪切试验验证 [J]. 岩土力学, 2015, 36(6): 1557-1565.

[102] CHEON D S, JUNG Y B, PARK E S, et al. Evaluation of damage level for rock slopes using acoustic emission technique with waveguides[J]. Engineering Geology, 2011, 121(1-2): 75-88.

[103] ATAPOUR H, MOOSAVI M. The influence of shearing velocity on shear behavior of artificial joints[J]. Rock Mechanics and Rock Engineering, 2014, 47(5): 1745-1761.

[104] LIN K, LIU H, WEI C, et al. Effects of shear rate on cyclic behavior of dry stack masonry joint[J]. Construction and Building Materials, 2017, 157: 809-817.

[105] CRAWFORD A, CURRAN J. The influence of shear velocity on the frictional resistance

of rock discontinuities[C]. International Journal of Rock Mechanics and Mining Sciences & Geomechanics Abstracts: 18, Elsevier, 1981: 505-515.

[106] LI H, FENG H, LIU B. Study on strength behaviors of rock joints under different shearing deformation velocities[J]. Chinese Journal of Rock Mechanics and Engineering, 2006, 25(12): 2435-2440.

[107] MIRZAGHORBANALI A, NEMCIK J, AZIZ N. Effects of shear rate on cyclic loading shear behaviour of rock joints under constant normal stiffness conditions[J]. Rock Mechanics and Rock Engineering, 2014, 47(5): 1931-1938.

[108] BUDI G, RAO K, DEB D. Laboratory modelling of rock joints under shear and constant normal loading[J]. International Journal of Research in Engineering and Technology, 2014, 3(4): 190-200.

[109] TANG Z C, WONG L N Y. Influences of normal loading rate and shear velocity on the shear behavior of artificial rock joints[J]. Rock Mechanics and Rock Engineering, 2016, 49(6): 2165-2172.

[110] WANG G, ZHANG X, JIANG Y, et al. Rate-dependent mechanical behavior of rough rock joints[J]. International Journal of Rock Mechanics and Mining Sciences, 2016, 83: 231-240.

[111] LIU T T, LI J C, LI H B, et al. Influence of shearing velocity on shear mechanical properties of planar filled joints[J]. Yantu Lixue/Rock and Soil Mechanics, 2017, 38(7): 1967-1973, 1989.

[112] Curran J H, Leong P K. Influence of shear velocity on rock joint strength[C]. ISRM Congress, ISRM, 1983: ISRM-5CONGRESS-1983-037.

[113] Li B, Jiang Y, Wang G. Evaluation of shear velocity dependency of rock fractures by using repeated shear tests[C]. ISRM Congress, ISRM, 2011: ISRM-12CONGRESS-2011-117.

[114] SCHNEIDER H. The time dependence of friction of rock joints[J]. Bulletin of the International Association of Engineering Geology, 1977, 16(1): 235-239.

[115] SCHNEIDER H J. Influence of machine stiffness and shear rate on the friction behaviour of rock joints[J]. Bulletin of the International Association of Engineering Geology, 1975, 14(1): 109-112.

[116] ATAPOUR H, MOOSAVI M. Some effects of shearing velocity on the shear stress-deformation behaviour of hard—soft artificial material interfaces[J]. Geotechnical and Geological Engineering, 2013, 31(5): 1603-1615.

[117] 郑博文, 祁生文. 岩体结构面动态剪切试验研究现状评述 [J]. 地球物理学进展, 2015, 30(4): 1971-1980.

[118] KANA D D, FOX D J, HSIUNG S M. Interlock/friction model for dynamic shear response in natural jointed rock[J]. International Journal of Rock Mechanics & Mining Sciences & Geomechanics Abstracts, 1996, 33(4): 371-386.

[119] FOX D J, KAA D D, HSIUNG S M. Influence of interface roughness on dynamic shear behavior in jointed rock[J]. International Journal of Rock Mechanics and Mining

Sciences, 1998, 35(7): 923-940.

[120] 李海波, 冯海鹏, 刘博. 不同剪切速率下岩石节理的强度特性研究 [J]. 岩石力学与工程学报, 2006, 25(12): 2435-2440.

[121] 刘博, 李海波, 刘亚群. 循环剪切荷载作用下岩石节理变形特性试验研究 [J]. 岩土力学, 2013, 34(9): 2475-2481, 2488.

[122] 刘博, 李海波, 朱小明. 循环剪切荷载作用下岩石节理强度劣化规律试验模拟研究 [J]. 岩石力学与工程学报, 2011, 30(10): 2033-2039.

[123] 尹敬涵, 崔臻, 盛谦, 等. 循环荷载作用下岩石劈裂结构面剪切力学特性演化与影响因素研究 [J]. 岩土力学, 2023, 44(1): 109-118.

[124] HOMAND F, BELEM T, SOULEY M. Friction and degradation of rock joint surfaces under shear loads[J]. International Journal for Numerical and Analytical Methods in Geomechanics, 2001, 25(10): 973-999.

[125] FATHI A, MORADIAN Z, RIVARD P, et al. Shear mechanism of rock joints under pre-peak cyclic loading condition[J]. International Journal of Rock Mechanics and Mining Sciences, 2016, 83: 197-210.

[126] 许江, 陈奕安, 焦峰, 等. 循环荷载条件下充填厚度对结构面剪切力学特性影响试验研究 [J]. 采矿与安全工程学报, 2021, 38(1): 146-156.

[127] NEMCIK J, MIRZAGHORBANALI A, AZIZ N. An elasto-plastic constitutive model for rock joints under cyclic loading and constant normal stiffness conditions[J]. Geotechnical and Geological Engineering, 2014, 32(2): 321-335.

[128] 朱小明, 李海波, 刘博. 循环剪切荷载作用下含二阶起伏体模拟岩石节理力学特性研究 [J]. 岩土力学, 2014, 35(2): 371-379.

[129] 刘新荣, 邓志云, 刘永权, 等. 峰前循环剪切作用下岩石节理损伤特征与剪切特性试验研究 [J]. 岩石力学与工程学报, 2018, 37(12): 2664-2675.

[130] 刘新荣, 许彬, 周小涵, 等. 软弱层峰前循环剪切宏细观累积损伤机制研究 [J]. 岩土力学, 2021, 42(5): 1291-1303.

[131] QI S, ZHENG B, WU F, et al. A new dynamic direct shear testing device on rock joints[J]. Rock Mechanics and Rock Engineering, 2020, 53(10): 4787-4798.

[132] LI H, DENG J, YIN J, et al. An experimental and analytical study of rate-dependent shear behaviour of rough joints[J]. International Journal of Rock Mechanics and Mining Sciences, 2021, 142: 104702.

[133] YAO W, WANG C, XIA K, et al. An experimental system to evaluate impact shear failure of rock discontinuities[J]. Review of Scientific Instruments, 2021, 92(3): 034501.

[134] ATTEWELL P B, FARMER I W. Fatigue behaviour of rock[J]. International Journal of Rock Mechanics and Mining Sciences & Geomechanics Abstracts, 1973, 10(1): 1-9.

[135] TAO Z, MO H. An experimental study and analysis of the behaviour of rock under cyclic loading[J]. International Journal of Rock Mechanics and Mining Sciences & Geomechanics Abstracts, 1990, 27(1): 51-56.

[136] BAGDE M N, PETROŠ V. Waveform effect on fatigue properties of intact sandstone in uniaxial cyclical loading[J]. Rock Mechanics and Rock Engineering, 2005, 38(3): 169-

196.

[137] BAGDE M N, PETROŠ V. Fatigue and dynamic energy behaviour of rock subjected to cyclical loading[J]. International Journal of Rock Mechanics and Mining Sciences, 2009, 46(1): 200-209.

[138] BAGDE M N, PETROŠ V. Fatigue properties of intact sandstone samples subjected to dynamic uniaxial cyclical loading[J]. International Journal of Rock Mechanics and Mining Sciences, 2005, 42(2): 237-250.

[139] XIAO J Q, DING D X, XU G, et al. Inverted S-shaped model for nonlinear fatigue damage of rock[J]. International Journal of Rock Mechanics and Mining Sciences, 2009, 46(3): 643-648.

[140] XIAO J Q, DING D X, JIANG F L, et al. Fatigue damage variable and evolution of rock subjected to cyclic loading[J]. International Journal of Rock Mechanics and Mining Sciences, 2010, 47(3): 461-468.

[141] SONG H, ZHANG H, FU D, et al. Experimental analysis and characterization of damage evolution in rock under cyclic loading[J]. International Journal of Rock Mechanics and Mining Sciences, 2016, 88: 157-164.

[142] FAN J, CHEN J, JIANG D, et al. Fatigue properties of rock salt subjected to interval cyclic pressure[J]. International Journal of Fatigue, 2016, 90: 109-115.

[143] SCHOLZ C H, KOCZYNSKI T A. Dilatancy anisotropy and the response of rock to large cyclic loads[J]. Journal of Geophysical Research: Solid Earth, 1979, 84(B10): 5525-5534.

[144] FUENKAJORN K, PHUEAKPHUM D. Effects of cyclic loading on mechanical properties of Maha Sarakham salt[J]. Engineering Geology, 2010, 112(1): 43-52.

[145] LIU E, HE S. Effects of cyclic dynamic loading on the mechanical properties of intact rock samples under confining pressure conditions[J]. Engineering Geology, 2012, 125: 81-91.

[146] LIU E, HUANG R, HE S. Effects of frequency on the dynamic properties of intact rock samples subjected to cyclic loading under confining pressure conditions[J]. Rock Mechanics and Rock Engineering, 2012, 45(1): 89-102.

[147] TIEN Y M, LEE D H, JUANG C H. Strain, pore pressure and fatigue characteristics of sandstone under various load conditions[J]. International Journal of Rock Mechanics and Mining Sciences & Geomechanics Abstracts, 1990, 27(4): 283-289.

[148] YOSHINAKA R, TRAN T V, OSADA M. Pore pressure changes and strength mobilization of soft rocks in consolidated-undrained cyclic loading triaxial tests[J]. International Journal of Rock Mechanics and Mining Sciences, 1997, 34(5): 715-726.

[149] MIAO S, PAN P Z, YU P, et al. Fracture behaviour of two microstructurally different rocks exposed to high static stress and cyclic disturbances[J]. Rock Mechanics and Rock Engineering, 2022, 55(6): 3621-3644.

[150] ZHU X Y, CHEN X D, DAI F. Mechanical properties and acoustic emission characteristics of the bedrock of a hydropower station under cyclic triaxial loading[J]. Rock

Mechanics and Rock Engineering, 2020, 53(11): 5203-5221.

[151] WANG Z, LI S, QIAO L, et al. Fatigue behavior of granite subjected to cyclic loading under triaxial compression condition[J]. Rock Mechanics and Rock Engineering, 2013, 46(6): 1603-1615.

[152] MENG Q, LIU J, HUANG B, et al. Effects of confining pressure and temperature on the energy evolution of rocks under triaxial cyclic loading and unloading conditions[J]. Rock Mechanics and Rock Engineering, 2022, 55(2): 773-798.

[153] ZHONG C, ZHANG Z, RANJITH P G, et al. The role of pore pressure on the mechanical behavior of coal under undrained cyclic triaxial loading[J]. Rock Mechanics and Rock Engineering, 2022, 55(3): 1375-1392.

[154] ZHOU Y, SHENG Q, LI N, et al. The dynamic mechanical properties of a hard rock under true triaxial damage-controlled dynamic cyclic loading with different loading rates: a case study[J]. Rock Mechanics and Rock Engineering, 2022, 55(4): 2471-2492.

[155] FAN J, JIANG D, LIU W, et al. Discontinuous fatigue of salt rock with low-stress intervals[J]. International Journal of Rock Mechanics and Mining Sciences, 2019, 115: 77-86.

[156] WANG Y, LIU D, HAN J, et al. Effect of fatigue loading-confining stress unloading rate on marble mechanical behaviors: an insight into fracture evolution analyses[J]. Journal of Rock Mechanics and Geotechnical Engineering, 2020, 12(6): 1249-1262.

[157] LI X, GONG F, TAO M, et al. Failure mechanism and coupled static-dynamic loading theory in deep hard rock mining: a review[J]. Journal of Rock Mechanics and Geotechnical Engineering, 2017, 9(4): 767-782.

[158] SINGH P K, ROY M P, PASWAN R K, et al. Blast vibration effects in an underground mine caused by open-pit mining[J]. International Journal of Rock Mechanics and Mining Sciences, 2015, 80: 79-88.

[159] SU G, HU L, FENG X, et al. True triaxial experimental study of rockbursts induced by ramp and cyclic dynamic disturbances[J]. Rock Mechanics and Rock Engineering, 2018, 51(4): 1027-1045.

[160] YANG S Q, XU P, RANJITH P G. Damage model of coal under creep and triaxial compression[J]. International Journal of Rock Mechanics and Mining Sciences, 2015, 80: 337-345.

[161] BROWN E T, HUDSON J A. Fatigue failure characteristics of some models of jointed rock[J]. Earthquake Engineering & Structural Dynamics, 1973, 2(4): 379-386.

[162] LI N, CHEN W, ZHANG P, et al. The mechanical properties and a fatigue-damage model for jointed rock masses subjected to dynamic cyclical loading[J]. International Journal of Rock Mechanics and Mining Sciences, 2001, 38(7): 1071-1079.

[163] LIU Y, DAI F, FAN P, et al. Experimental investigation of the influence of joint geometric configurations on the mechanical properties of intermittent jointed rock models under cyclic uniaxial compression[J]. Rock Mechanics and Rock Engineering, 2017, 50(6): 1453-1471.

[164] CAO R, YAO R, MENG J, et al. Failure mechanism of non-persistent jointed rock-like specimens under uniaxial loading: laboratory testing[J]. International Journal of Rock Mechanics and Mining Sciences, 2020, 132: 104341.

[165] ZOU C, WONG L N Y, LOO J J, et al. Different mechanical and cracking behaviors of single-flawed brittle gypsum specimens under dynamic and quasi-static loadings[J]. Engineering Geology, 2016, 201: 71-84.

[166] XU Y, DAI F, DU H. Experimental and numerical studies on compression-shear behaviors of brittle rocks subjected to combined static-dynamic loading[J]. International Journal of Mechanical Sciences, 2020, 175: 105520.

[167] LI G, LIU S, LU R, et al. Experimental study on mechanical properties and failure laws of granite with artificial flaws under coupled static and dynamic loads[J]. Materials, 2022, 15(17): 6105.

[168] JAFARI M K, PELLET F, BOULON M, et al. Experimental study of mechanical behaviour of rock joints under cyclic loading[J]. Rock Mechanics and Rock Engineering, 2004, 37(1): 3-23.

[169] JAEGER J C. Friction of rocks and stability of rock slopes[J]. Géotechnique, 1971, 21(2): 97-134.

[170] YANG S Q, TIAN W L, RANJITH P G. Experimental investigation on deformation failure characteristics of crystalline marble under triaxial cyclic loading[J]. Rock Mechanics and Rock Engineering, 2017, 50(11): 2871-2889.

[171] LIU Y, DAI F, FENG P, et al. Mechanical behavior of intermittent jointed rocks under random cyclic compression with different loading parameters[J]. Soil Dynamics and Earthquake Engineering, 2018, 113: 12-24.

[172] GATELIER N, PELLET F, LORET B. Mechanical damage of an anisotropic porous rock in cyclic triaxial tests[J]. International Journal of Rock Mechanics and Mining Sciences, 2002, 39(3): 335-354.

[173] PEREIRA J P. Rolling friction and shear behaviour of rock discontinuities filled with sand[J]. International Journal of Rock Mechanics and Mining Sciences, 1997, 34(3): 244.e1-244.e17.

[174] MENG F, ZHOU H, ZHANG C, et al. Evaluation methodology of brittleness of rock based on post-peak stress-strain curves[J]. Rock Mechanics and Rock Engineering, 2015, 48(5): 1787-1805.

[175] COLOMBO I S, MAIN I G, FORDE M C. Assessing damage of reinforced concrete beam using “b -value” analysis of acoustic emission signals[J]. Journal of Materials in Civil Engineering, 2003, 15(3): 280-286.

[176] GOEBEL T H W, SAMMIS C G, BECKER T W, et al. A comparison of seismicity characteristics and fault structure between stick-slip experiments and nature[J]. Pure and Applied Geophysics, 2015, 172(8): 2247-2264.

[177] MURALHA J, GRASSELLI G, TATONE B, et al. ISRM Suggested method for laboratory determination of the shear strength of rock joints [J]. Rock Mechanics and Rock

Engineering, 2014, 47(1): 291-302.

[178] TSE R, CRUDEN D M. Estimating joint roughness coefficients[J]. International Journal of Rock Mechanics and Mining Sciences & Geomechanics Abstracts, 1979, 16(5): 303-307.

[179] BARTON N, CHOUBEY V. The shear strength of rock joints in theory and practice[J]. Rock Mechanics, 1977, 10(1): 1-54.

[180] TATONE B S A, GRASSELLI G. A new 2D discontinuity roughness parameter and its correlation with JRC[J]. International Journal of Rock Mechanics and Mining Sciences, 2010, 47(8): 1391-1400.

[181] MENG F, WONG L N Y, ZHOU H, et al. Comparative study on dynamic shear behavior and failure mechanism of two types of granite joint[J]. Engineering Geology, 2018, 245: 356-369.

[182] YANG Z Y, CHIANG D Y. An experimental study on the progressive shear behavior of rock joints with tooth-shaped asperities[J]. International Journal of Rock Mechanics and Mining Sciences, 2000, 37(8): 1247-1259.

[183] Grasselli G. Shear strength of rock joints based on quantified surface description[D]. Switzerland: École Polytechnique Fédérale de Lausanne, 2001.

[184] OHNAKA M, SHEN L F. Scaling of the shear rupture process from nucleation to dynamic propagation: implications of geometric irregularity of the rupturing surfaces[J]. Journal of Geophysical Research: Solid Earth, 1999, 104(B1): 817-844.

[185] SCUDERI M M, CARPENTER B M, MARONE C. Physicochemical processes of frictional healing: effects of water on stick-slip stress drop and friction of granular fault gouge[J]. Journal of Geophysical Research: Solid Earth, 2014, 119(5): 4090-4105.

[186] SCUDERI M M, CARPENTER B M, JOHNSON P A, et al. Poromechanics of stick-slip frictional sliding and strength recovery on tectonic faults[J]. Journal of Geophysical Research: Solid Earth, 2015, 120(10): 6895-6912.

[187] BYERLEE J D. Frictional characteristics of granite under high confining pressure[J]. Journal of Geophysical Research, 1967, 72(14): 3639-3648.

[188] BYERLEE J. Friction of rocks[J]. Pure and Applied Geophysics, 1978, 116(4): 615-626.

[189] MARONE C. Fault zone strength and failure criteria[J]. Geophysical Research Letters, 1995, 22(6): 723-726.

[190] BEELER N M, HICKMAN S H, WONG T F. Earthquake stress drop and laboratory-inferred interseismic strength recovery[J]. Journal of Geophysical Research: Solid Earth, 2001, 106(B12): 30701-30713.

[191] RENARD F, BEAUPRÊTRE S, VOISIN C, et al. Strength evolution of a reactive frictional interface is controlled by the dynamics of contacts and chemical effects[J]. Earth and Planetary Science Letters, 2012, 341-344: 20-34.

[192] PETIT J P. Criteria for the sense of movement on fault surfaces in brittle rocks[J]. Journal of Structural Geology, 1987, 9(5): 597-608.

[193] KIM Y S, PEACOCK D C P, SANDERSON D J. Fault damage zones[J]. Journal of

Structural Geology, 2004, 26(3): 503-517.

[194] ENGELDER J T. Microscopic wear grooves on slickensides: indicators of paleoseismicity[J]. Journal of Geophysical Research, 1974, 79(29): 4387-4392.

[195] SCHOLZ C H, ENGELDER J T. The role of asperity indentation and ploughing in rock friction — I: asperity creep and stick-slip[J]. International Journal of Rock Mechanics and Mining Sciences & Geomechanics Abstracts, 1976, 13(5): 149-154.

[196] BRIDEAU M A, STEAD D, ROOTS C, et al. Geomorphology and engineering geology of a landslide in ultramafic rocks, Dawson City, Yukon[J]. Engineering Geology, 2007, 89(3): 171-194.

[197] RECHES Z, LOCKNER D A. Fault weakening and earthquake instability by powder lubrication[J]. Nature, 2010, 467(7314): 452-455.

[198] MENG F, WONG L N Y, ZHOU H, et al. Asperity degradation characteristics of soft rock-like fractures under shearing based on acoustic emission monitoring[J]. Engineering Geology, 2020, 266: 105392.

[199] BYERLEE J, SUMMERS R. A note on the effect of fault gouge thickness on fault stability[J]. International Journal of Rock Mechanics and Mining Sciences & Geomechanics Abstracts, 1976, 13(1): 35-36.

[200] MARONE C, RALEIGH C B, SCHOLZ C H. Frictional behavior and constitutive modeling of simulated fault gouge[J]. Journal of Geophysical Research: Solid Earth, 1990, 95(B5): 7007-7025.

[201] MAIR K, FRYE K M, MARONE C. Influence of grain characteristics on the friction of granular shear zones[J]. Journal of Geophysical Research: Solid Earth, 2002, 107(B10): ECV 4-1-ECV 4-9.

[202] JACKSON R E, DUNN D E. Experimental sliding friction and cataclasis of foliated rocks[J]. International Journal of Rock Mechanics and Mining Sciences & Geomechanics Abstracts, 1974, 11(6): 235-249.

[203] ENGELDER J T, LOGAN J M, HANDIN J. The sliding characteristics of sandstone on quartz fault-gouge[J]. Pure and Applied Geophysics, 1975, 113(1): 69-86.

[204] CHEN X, CARPENTER B M, RECHES Z. Asperity failure control of stick-slip along brittle faults[J]. Pure and Applied Geophysics, 2020, 177(7): 3225-3242.

[205] POWER W L, TULLIS T E. Euclidean and fractal models for the description of rock surface roughness[J]. Journal of Geophysical Research: Solid Earth, 1991, 96(B1): 415-424.

[206] MENG F, SONG J, YUE Z, et al. Failure mechanisms and damage evolution of hard rock joints under high stress: insights from PFC2D modeling[J]. Engineering Analysis with Boundary Elements, 2022, 135: 394-411.

[207] DIETERICH J H. Time-dependent friction and the mechanics of stick-slip[J]. Pure and Applied Geophysics, 1978, 116(4): 790-806.

[208] OKUBO P G, DIETERICH J H. Effects of physical fault properties on frictional instabilities produced on simulated faults[J]. Journal of Geophysical Research: Solid Earth,

1984, 89(B7): 5817-5827.

[209] TAL Y, GOEBEL T, AVOUAC J P. Experimental and modeling study of the effect of fault roughness on dynamic frictional sliding[J]. Earth and Planetary Science Letters, 2020, 536: 116133.

[210] MORAD D, SAGY A, TAL Y, et al. Fault roughness controls sliding instability[J]. Earth and Planetary Science Letters, 2022, 579: 117365.

[211] BYERLEE J D, BRACE W F. Stick slip, stable sliding, and earthquakes—effect of rock type, pressure, strain rate, and stiffness[J]. Journal of Geophysical Research, 1968, 73(18): 6031-6037.

[212] LEEMAN J R, SAFFER D M, SCUDERI M M, et al. Laboratory observations of slow earthquakes and the spectrum of tectonic fault slip modes[J]. Nature Communications, 2016, 7(1): 11104.

[213] MEI C, BARBOT S, WU W. Period-multiplying cycles at the transition between stick-slip and stable sliding and implications for the parkfield period-doubling tremors[J]. Geophysical Research Letters, 2021, 48(7): e2020GL091807.

[214] MENG F, WONG L N Y, GUO T. Frictional behavior and micro-damage characteristics of rough granite fractures[J]. Tectonophysics, 2022, 842: 229589.

[215] SUMMERS R, BYERLEE J. A note on the effect of fault gouge composition on the stability of frictional sliding[J]. International Journal of Rock Mechanics & Mining Sciences & Geomechanics Abstracts, 1977, 14(3): 155-160.

[216] HAYMAN N W, DUCLOUÉ L, FOCO K L, et al. Granular controls on periodicity of stick-slip events: kinematics and force-chains in an experimental fault[J]. Pure and Applied Geophysics, 2011, 168(12): 2239-2257.

[217] MENG F, ZHOU H, LI S, et al. Shear behaviour and acoustic emission characteristics of different joints under various stress levels[J]. Rock Mechanics and Rock Engineering, 2016, 49(12): 4919-4928.

[218] JIANG Q, FENG X, GONG Y, et al. Reverse modelling of natural rock joints using 3D scanning and 3D printing[J]. Computers and Geotechnics, 2016, 73: 210-220.

[219] GUTENBERG B, RICHTER C F. Frequency of earthquakes in California[J]. Bulletin of the Seismological Society of America, 1994, 34(4): 185-188.

[220] XIA K. Dynamic rock tests using split Hopkinson (Kolsky) bar system—a review[J]. Journal of Rock Mechanics and Geotechnical Engineering, 2015, 7(1): 27-59.

[221] LINDHOLM U S. Some experiments with the split hopkinson pressure bar[J]. Journal of the Mechanics and Physics of Solids, 1964, 12(5): 317-335.

[222] CHEN R, LI K, XIA K, et al. Dynamic fracture properties of rocks subjected to static pre-load using notched semi-circular bend method[J]. Rock Mechanics and Rock Engineering, 2016, 49(10): 3865-3872.

[223] WU W, ZHAO J. Effect of water content on P-wave attenuation across a rock fracture filled with granular materials[J]. Rock Mechanics and Rock Engineering, 2015, 48(2): 867-871.

[224] ZHAO J. An overview of some recent progress in rock dynamics research[M]//Advances in Rock Dynamics and Applications. London: Taylor & Francis Group CRC Press, 2011.

[225] MA G W, LI J C, ZHAO J. Three-phase medium model for filled rock joint and interaction with stress waves[J]. International Journal for Numerical and Analytical Methods in Geomechanics, 2011, 35(1): 97-110.

[226] GAO G, YAO W, XIA K, et al. Investigation of the rate dependence of fracture propagation in rocks using digital image correlation (DIC) method[J]. Engineering Fracture Mechanics, 2015, 138: 146-155.

[227] CAO W G, ZHAO H, LI X, et al. Statistical damage model with strain softening and hardening for rocks under the influence of voids and volume changes[J]. Canadian Geotechnical Journal, 2010, 47(8): 857-871.

[228] 游强, 王军保. 岩石破坏过程中的损伤统计本构模型 [J]. 桂林理工大学学报, 2011, 31(2): 225-228.

[229] 刘红岩, 张力民, 苏天明, 等. 节理岩体损伤本构模型及工程应用 [M]. 北京：冶金工业出版社, 2016.

[230] 蒋维, 邓建, 李隐. 基于对数正态分布的岩石损伤本构模型研究 [J]. 地下空间与工程学报, 2010, 6(6): 1190-1194.

[231] 李海潮, 张升. 基于修正 Lemaitre 应变等价性假设的岩石损伤模型 [J]. 岩土力学, 2017, 38(5): 1321-1326, 1334.

[232] DAI F, XIA K, ZHENG H, et al. Determination of dynamic rock Mode-I fracture parameters using cracked chevron notched semi-circular bend specimen[J]. Engineering Fracture Mechanics, 2011, 78(15): 2633-2644.

[233] RUBINO V, ROSAKIS A J, LAPUSTA N. Full-field ultrahigh-speed quantification of dynamic shear ruptures using digital image correlation[J]. Experimental Mechanics, 2019, 59(5): 551-582.

[234] YANG J, RONG G, HOU D, et al. Experimental study on peak shear strength criterion for rock joints[J]. Rock Mechanics and Rock Engineering, 2016, 49(3): 821-835.

[235] LI X, CAO W G, SU Y H. A statistical damage constitutive model for softening behavior of rocks[J]. Engineering Geology, 2012, 143-144: 1-17.

[236] ZHOU X, HE Y, SHOU Y. Experimental investigation of the effects of loading rate, contact roughness, and normal stress on the stick-slip behavior of faults[J]. Tectonophysics, 2021, 816: 229027.